Joel Bigley

Engenharia da Serendipidade: Usando a Liderança para se Tornar Afortunado

Joel Bigley

Engenharia da Serendipidade: Usando a Liderança para se Tornar Afortunado

ScienciaScripts

Imprint

Cover image: Disponibilizado pelo autor

This book is a translation from the original published under ISBN 978-620-6-77441-9.

Publisher:
Sciencia Scripts
is a trademark of
Dodo Books Indian Ocean Ltd. and OmniScriptum S.R.L publishing group

120 High Road, East Finchley, London, N2 9ED, United Kingdom
Str. Armeneasca 28/1, office 1, Chisinau MD-2012, Republic of Moldova, Europe
Printed at: see last page
ISBN: 978-620-8-06736-6

Engenharia da Serendipidade: Usando a Liderança para se Tornar Afortunado

Joel Bigley. Ed. D.

Índice

Agradecimentos

Quero agradecer à minha mulher, que continua a ser paciente comigo enquanto trabalho, pesquiso temas de interesse e depois escrevo sobre eles.

JOEL BIGLEY

Prefácio

A literatura sugere que a serendipidade é uma ocorrência aleatória e não planeada com implicações positivas para o benfeitor (Chen, 2023; Taunton, 2002; Van Rensburg, 2023). A ideia, amplamente abordada na literatura, é criar colisões tão rapidamente quanto possível, com uma intensidade adequada, de modo a que algo de bom venha a borbulhar e seja selecionado para utilização. Várias pessoas poderiam encontrar-se num local, ter uma conversa e construir um império empresarial. Outra possibilidade seria comprar mais bilhetes de lotaria bilhetes de lotaria pode dar-te mais hipóteses de ganhar. A esperança num evento de probabilidade muito baixa é a razão pela qual os pagamentos da lotaria estão a atingir níveis extraordinários. As pessoas gastam mais dinheiro para aumentar a probabilidade de algo de bom lhes acontecer. Quando esta crença é aceite, as receitas fiscais da agência governamental patrocinadora aumentam. A lotaria é essencialmente um outro imposto em que uma pessoa recebe uma recompensa significativa, mas paga uma parte apreciável em impostosenquanto os restantes não recebem nada pelas suas despesas. Para alguns, a esperança de ganhar é suficientemente atraente para gastar fundos discricionários nas probabilidades. Estar no sítio certo à hora certa e fazer algo único que compensa em grande escala não é o tipo de serendipidade que vou discutir neste livro. Em vez disso, concentrar-me-ei em como a engenharia promove os resultados favoráveis do planeado sobre o não planeado. É possível controlar e influenciar a serendipidade.

O risco de perda é muito elevado na lotaria. A serendipidade na engenharia inclui um baixo risco de fracasso porque o esforço é intencional. As probabilidades de alcançar um resultado valioso são muito elevadas quando o resultado é projetado. Algumas pessoas sabem que têm uma necessidade, enquanto outras não. Consequentemente, o valor pode ser esperado ou uma surpresa. Quando nos colocamos numa posição em que é provável que ocorra o acaso, estamos a tentar intencionalmente vencer as probabilidades de obter um resultado valioso. As probabilidades são tão elevadas que está apenas a fazer com que o acaso aconteça. A probabilidade não é um fator. Não é necessário o envolvimento de outras pessoas para experimentar a serendipidade. Pode ajudar, mas não é obrigatório. A literatura sugere que não se pode vencer as probabilidades sozinho. As epifanias e as ideias criativas significativas que fazem com que a serendipidade aconteça podem vir da interação com outros e sem interação (McCay-Peet & Toms, 2010). A interação pode ser estimulante, tal como o pode ser o pensamento profundo sem o ruído do ambiente.

A diferença entre as pessoas sugere que a ideação criativa pode acontecer de forma diferente, dependendo da personalidade da pessoa que está a inventar o seu futuro (Kier & McMullen, 2018). Divertir-se com outras pessoas pode ou não despoletar um pensamento criativo. Algumas das realizações mais notáveis acontecem quando um génio solitário se concentra numa iniciativa sozinho (Glaeser, 2012). A criatividade pode ou não ser desencadeada por uma atividade social com alguém que tenha alcançado algo acima da média. Podemos ouvir-nos a nós próprios e ouvir e ser influenciados pelos outros à nossa volta (Hill, Brandeau, Truelove, & Lineback, 2014). Os resultados valiosos podem ser controlados se forem projectados para ocorrer.

Figura 1. Um ambiente solitário pode ser o catalisador da resolução de problemas e da inovação.

Acelere o valor da criatividade, aplicando-a aos desafios que tem pela frente, concentrando os seus esforços de engenharia. Aperfeiçoe as suas ideias testando-as e discutindo-as com os outros. O espaço físico onde as pessoas trabalham pode ajudar na colaboração, encorajando as colisões sociais com os outros. Para além disso, um espaço de trabalho também pode facilitar o trabalho sozinho, longe do ruído (Haapakangas, Hongisto, Varjo, & Lahtinen, 2018). A aprendizagem profunda pode acontecer quando um indivíduo se pode concentrar numa área de interesse. Os criadores devem ter opções à medida que são necessárias. Esperar pelas condições certas dá vitória à inércia que prevalece na maioria dos ambientes. A serendipidade pode ser planeada nas condições certas (Vuong, 2022). O valor pode ser explorado durante algum tempo, após o qual a situação se altera e o valor diminui. Para ilustrar, o valor da experiência da VHS já expirou há muito tempo.

A organização que escuta conhece as oportunidades de criação de valor criação de valor no seu ambiente (Chandler, 2022; Ramaswamy & Gouillart, 2010). O indivíduo que escuta tem a mesma oportunidade de criar valor porque ouve e é curioso. As suas descobertas serão significativas e impressionantes. A sabedoria A sabedoria obtida a partir dessas descobertas será valiosa quando for aplicada. É provável que o "consiga" mais depressa do que os outros porque está a perseguir a oportunidade com vigor. Não está a deixar a serendipidade ao acaso. Em vez disso, observa ativamente o que o rodeia com empatia e compaixãotoma conhecimento das suas experiências para tomar decisões tácticas que influenciam as condições actuais de sucesso. Os recursos são aplicados de forma criativa com a energia correta para determinar resultados valiosos. Uma mentalidade contínua de seleção e aplicação de princípios de engenharia a uma situação resultará em resultados favoráveis (Dietz, Hoogervorst, Albani, Aveiro, Babkin, Barjis, & Winter, 2013). A serendipidade em engenharia é uma competência que pode ser referida como a sua "magia pessoal." Mas será que é oportuna porque ninguém quer esperar que uma colisão aleatória para determinar o seu destino? A sua magia pessoal pode ser aplicada em qualquer altura para produzir uma oportunidade que é necessária e depois explorada. Não faz mal chamar-lhe sortemas, neste contexto, a sorte é criada quando é necessária, porque são tomadas acções que a produzem.

Introdução

Muitas organizações definham com a necessidade de mais "execução fortuita." Não se trata apenas da forma como os itens de ação são "realizados", assumindo que existe uma "definição de realizadoé mais do que isso. Não ser capaz de alcançar a fortuna num mercado desejado tem implicações significativas. A incapacidade de executar A incapacidade de executar a tempo custa às empresas uma quantia considerável de dinheiro todos os anos, à medida que as oportunidades surgem e desaparecem (Foster & Kaplan, 2011; Hrebiniak, 2013). As organizações são frequentemente forçadas a mudar porque estão a reagir a um problema interno ou externo. A força bruta de fazer as coisas, em que os danos colaterais também custa dinheiro à empresa, uma vez que os empregados que passaram por formação e investimentos significativos em desenvolvimento saem e vão para a concorrência. A serendipidade da engenharia começa com a capacidade de execução. É uma arte que deve ser aprendida e uma capacidade que deve ser adquirida e cultivada. O facto de se esperar que algo de bom aconteça não faz com que isso aconteça, porque a esperança não é uma estratégia ou um plano (Averill, Catlin, & Chon, 2012).

Há uma arte na execução porque a componente humana é significativa em qualquer coletivo socialmente ligado em rede. A arte da execução inclui fazer as coisas certas em conjunto e no momento certo, mas consiste em definir o que é feito, para que a *linha de chegada* seja compreendida. Além disso, a arte da execução inclui a otimização da sequência das actividades que têm de ser realizadas. Esta sequência não tem apenas a ver com a compreensão das dependências entre as tarefas, mas também consiste no melhor momento para fazer algo. Trata-se também da sequência correta de actividades que implica o menor esforço e perturbação. O que deve ser feito primeiro? E em segundo lugar? Compreendemos porque é que essa é a sequência? Uma sequência abaixo do ótimo é um desperdício e exige mais esforço (Zahavy, Haroush, Merlis, Mankowitz, & Mannor, 2018).

E depois, será que é a pessoa certa a fazê-lo? Uma unidade de negócio pode estar mais interessada em que algo seja feito do que em quem o fez; no entanto, pode ser importante saber com antecedência quem completa a ação, porque a forma como a tarefa é executada reflecte o talento e o valor da pessoa que a executou. A seleção dos participantes nos esforços de mudança é frequentemente negligenciada (Marshak, 2006). Uma analogia seria a equipa de basquetebol que se escolhia no pátio da escola quando se era o capitão (e o primeiro jogador). Quem escolheu e a combinação de escolhas foi fundamental para o sucesso da equipa (assumindo que o objetivo era ganhar). era o objetivo). A contribuição de cada pessoa era fundamental para a vitória. Se alguém ficasse com a bola continuamente, era provável que houvesse uma derrota. Para além desta ilustração, a forma como se realiza a tarefa é essencial. Os valores da empresa reflectem-se na seleção de acções da empresa para realizar a tarefa. A forma como algo é realizado alinha-se e reflecte a cultura e os valores da empresa e valores da empresa (Denison, Hooijberg, Lane, & Lief, 2012; Warrick, 2017). É também um reflexo da cultura em que a empresa reside. A serendipidade da engenharia é específica da situação local e deve ser adaptável a quase todas as situações para influenciar resultados lucrativos.

Este livro não vai citar um estudo maciço de milhares de líderes em todo o mundo porque você não é mediano, mas extraordinário numa situação única que pode não ser mediana. Este livro não vai explorar a forma como os químicos se formam e se deslocam no seu corpo porque não é um livro de biologia. Não citarei cientistas porque não creio que todos eles concordem o suficiente uns com os outros ou consigo próprios ao longo do tempo. Então, porque é que hei-de citar os cientistas que acho que concordam comigo? Os meus cientistas podem discordar dos seus cientistas. A questão é que se preocupa em ganharconsiderando os desafios que o rodeiam. Este livro tem valor se algo nele for significativo para si. Compreendo que há uma boa hipótese de haver material neste livro com o qual não concordará. Estou apenas a estabelecer expectativas para evitar surpresas e a desilusão. Não faz mal, porque não estamos de acordo em tudo, o que é bom. Vamos deixar isso claro desde o início. Em vez de não dizer nada, vou divulgar a informação e pisar alguns dedos dos pés. Aqui está o valor. Peguem na informação de que gostam e utilizem-na. Estou a dar-vos quase oitocentas oportunidades influenciadas por algumas tácticas que aprendi ao longo de trinta e cinco anos de engenharia da serendipidade. Se a lâmpada se acender e disser: "Agora já percebi!", é "missão cumprida". Se concordar com um item, o aplicar e beneficiar dele, o ganho ultrapassará de longe o custo do livro. Lute com as tácticas de que não gosta e produza uma resposta melhor. Pelo menos, está a pensar no assunto, talvez porque o tema lhe agrade. Fale com outra pessoa sobre o assunto. Pode ser que estejam do seu lado ou do meu. De qualquer forma, será afirmado ou corrigido, e terá havido progresso porque qualquer dos resultados o beneficia. E é disso que trata este livro, de o ajudar a ser melhor na engenharia da serendipidade para si e para os outros à sua volta. Já leu até aqui, e o processo já começou.

Este livro foi escrito para alguém que exerce funções de liderançamas estes princípios podem também abranger outras áreas. O autor trabalhou em empresas que abrangem uma variedade de funções durante várias décadas. O livro fornece dados recolhidos ao longo do tempo e dá aos leitores de várias disciplinas uma visão da perspetiva de um profissional de liderança. O leitor pode ficar a saber mais sobre a forma como as outras pessoas pensam, especialmente aquelas que não concordam com elas. De qualquer forma, é provável que esteja interessado em saber o que pensam sobre si. O conteúdo deste livro é uma extração de informação recolhida ao longo de décadas de liderança. É também o resultado de uma pesquisa específica realizada durante o rápido crescimento de uma empresa durante um breve período. A experiência de liderança representada no conteúdo do livro inclui actividades de fusões e aquisições, expansões globais, melhoria radical do desempenho, construções, shakedowns, melhoria rápida do desempenho e campos verdes, que se traduziram num excelente crescimento das receitas e numa perspetiva brilhante para o futuro para todos os envolvidos. Ao longo dos anos, experimentei uma serendipidade significativa; no entanto, foi planeada. Durante este tempo, as empresas envolvidas escalaram e experimentaram alguns projectos cruciais, recalibrações internas e desafios externos, durante os quais as receitas aumentaram significativamente. Este livro foi escrito por um profissional que está constantemente a aprender constantemente a aprender e a utilizar a liderança tática do acaso, porque não quer esperar que algo de sorte aconteça.

Enquadramento

A estrutura descrita abaixo é um resumo da organização da série de livros. Este livro é a primeira parte de uma série de várias partes que se centra no impacto da liderançasobre o impacto da liderança na serendipidade. A matriz abaixo indica as áreas funcionais e os atributos associados associados a cada parte e a cada área. A liderança tem os mesmos seis atributos que as outras áreas. Cada uma das 36 possibilidades está representada na estrutura da série de livros abaixo, sendo que a Liderança representa seis delas. Mesmo assim, os princípios de liderança associados à serendipidade da engenharia aplicam-se a todas as outras partes da estrutura e são influentes e transferíveis para cada uma delas, porque a maioria das organizações pode ser descrita como uma cadeia de abastecimento.

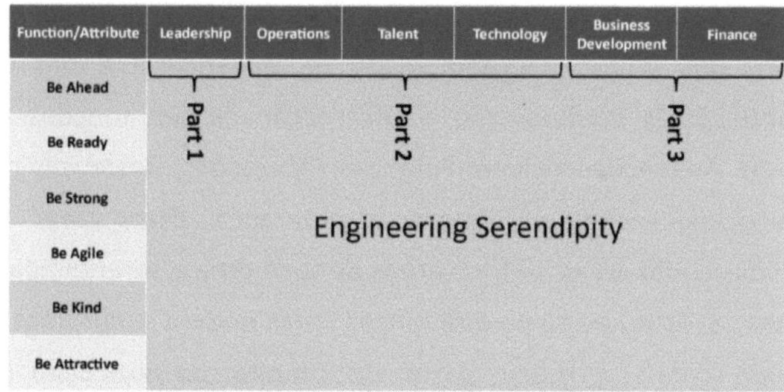

Figura 2. Estrutura da série de livros: Matriz de Serendipidade da Engenharia.

O estilo deste livro é mais tático e menos teórico. A teoria apoia os princípios e deve ser seguida para aprofundar os conhecimentos, mas os princípios deste livro são inteiramente baseados em acontecimentos reais. O leitor deve ser capaz de olhar para qualquer atributo baseado em funções discutido e aplicar as tácticas a algo com que esteja a lidar atualmente, assumindo que as experiências são semelhantes ou relevantes. Consequentemente, a estrutura descrita acima servirá como uma representação da organização do livro. O índice indicará a área de atributos onde estão contidos os princípios que se relacionam. Os atributos Os atributos que se aplicam aos princípios serão discutidos dentro da área funcional. O autor não sugere que sejam discutidas todas as tácticas para criar a serendipidade através da liderança. sejam discutidas. Isso seria impossível. Mesmo assim, de acordo com a estrutura acima, o número de princípios em cada área é considerável. A conceção do quadro é intencional, uma vez que o leitor pode ter interesses selectivos relacionados com uma determinada área. O âmbito é vasto, daí a série, mas o quadro é optimizado para proporcionar simplicidade. Procurou-se um equilíbrio.

O quadro ilustra que a série de livros está dividida em 36 módulos nos quais a serendipidade na engenharia é um tópico relevante. Estes módulos são a intersecção de seis funções e seis atributos. As funções incluem Finanças, Operações, Desenvolvimento de Negócios, Tecnologia, Talento e Liderança. Estas áreas foram escolhidas como áreas de foco áreas de foco para a serendipidade da engenharia. Estou certo de que outras áreas podem surgir, mas estas pareciam cobrir a maior parte do âmbito da execução numa organização. A lista de áreas funcionais poderia ter sido significativamente alargada, mas a análise tornar-se-ia muito complexa. Os atributos são caraterísticas escolhidas como elementos de postura da organização que são relevantes para a discussão sobre a serendipidade da engenharia. Estes atributos contribuem para o potencial sucesso da organização, uma vez que se relacionam com os aspectos da execução necessários para a engenharia da serendipidade - alguns pormenores agora sobre o porquê de cada área ter sido escolhida.

Métodos

Ao longo de oito anos, o autor ouviu e participou nas conversas de tomada de decisão utilizadas para a recolha de dados. Estas decisões tiveram uma variedade de resultados que validaram o curso da ação. Estas conversas foram divididas em categorias de acordo com o quadro descrito anteriormente. Com base no evento de decisão, foi criada uma etiqueta de categoria com duas palavras. Em seguida, foi registada no atributo considerado mais adequado para a mesma. Tendo em conta o cenário, a entrada foi descrita em termos da sua eficácia, com uma recomendação associada à concretização das expectativas. Se as expectativas não foram atingidas, ou se a situação foi agravada, a entrada sugere uma advertência ou um melhor curso de ação para alcançar a serendipidade.

Os acontecimentos eram fenomenológicosocorridos de forma aleatória durante um dia de trabalho. O autor tentou explicar a situação em cada entrada da forma mais eficiente possível, fornecendo contexto, mas não demasiada informação para perder o foco a natureza do acontecimento. O leitor pode discordar do resultado ou da ideia. A falta de concordância é expetável, uma vez que a experiência e a situação de cada um são diferentes. A interpretação de cada cenário baseia-se numa realidade local que pode variar em termos de nuances relativamente às experiências do leitor. A ideia é extrair significado e sabedoria da coleção de experiências, sempre que possível, para melhorar a capacidade de execução executar com sucesso numa situação local, criando assim a serendipidade.

Segmentos

Estes segmentos cobrem uma parte significativa das funções da organização. Algumas funções não puderam ser incluídas no âmbito da Parte 1, uma vez que seria proibitivamente difícil cobrir todos os aspectos neste livro. O leitor terá de se esforçar um pouco para acomodar a omissão; no entanto, a liderança estende-se efetivamente a todas as áreas de uma organização (Uhl-Bien & Arena, 2018). Cada função está relacionada com a outra, uma vez que dependem uma da outra para o sucesso (Cao & Zhang, 2011). Esta dependência é especialmente verdadeira para a liderança; consequentemente, todas as funções são descritas de seguida, às quais se aplicam os princípios de liderança. A liderança é o último segmento descrito e é o segmento que este livro abrange. E agora um breve resumo de cada segmento.

Finanças

Neste contexto, o departamento financeiro é mais do que um grupo que angaria capital, fecha os livros e submete-se a auditorias. É o departamento que também fornece feedback às unidades operacionais sobre o desempenho da empresa, incluindo a contribuição do departamento para a saúde da empresa. Também monitorizam a utilização dos activos de capital. O desenvolvimento e a execução da estratégia da empresa está ligado ao desempenho financeiro. O departamento financeiro tem desafios que não devem ser negligenciados aquando da execução da estratégia da empresa. Alguns desafios prendem-se com a comunicação do plano, a definição do que é o sucesso, a afetação de recursos de forma justa, alinhar alinhar os talentos em torno de um plano de incentivos e proporcionar uma quantidade óptima de transparência sobre a saúde financeira da empresa. O departamento financeiro fornece informações e dados relacionados com a responsabilidade aos líderes empresariais e funcionais (Samans & Nelson, 2022). Para serem influentes, estes dados devem ser fiáveis e seguros. Suponhamos que, no final de cada mês, se gasta mais tempo a discutir a exatidão dos dados do que as oportunidades apresentadas. Nesse caso, a execução da função de elaboração de relatórios precisa de ser melhorada. Além disso, a informação tem de ser apresentada de uma forma significativa. Mais do que qualquer outro departamento, o departamento financeiro detém normalmente as métricas e medidas financeiras da empresa e medidas financeiras da empresa (Chandra, 2013). Com o sólido nexo de causalidade entre o desempenho económico e as métricas, o departamento financeiro pode ser um impulsionador crítico quando se trata de execução (Al-Matari, Al-Swidi, & Fadzil, 2014).

Figura 3. As finanças permitem a perceção do desempenho e catalisam acções corretivas.

Normalmente, existe uma lista de iniciativas críticas com implicações em termos de capacidade, fiabilidade e custos (Zwikael & Smyrk, 2012). Estes factores estão ligados à quota de mercado e a saúde da empresa. Cada iniciativa é atribuída a um responsável funcional, tem um calendário pré-determinado e é monitorizada por métricas. As métricas utilizadas devem ser tão simples e objectivas quanto possível. Os líderes devem saber onde gastar o seu tempo para realizar as actividades de mudança corretas (Fullan, 2011). O sucesso destas actividades está associado a um plano de compensação baseado em incentivos. Os trabalhadores devem saber onde e como podem influenciar o plano estratégico da empresa. Suponhamos que existe demasiada ambiguidade ou promessas não cumpridas. Nesse caso, os trabalhadores não confiarão no sistema de recompensasNesse caso, os trabalhadores não confiarão no sistema de recompensas, o que deixará de influenciar o desempenho ou a intenção de permanecer na empresa (Shahzadi, Javed, Pirzada, Nasreen, & Khanam, 2014).

A função financeira da empresa é fundamental para a execução da estratégia da empresa e a serendipidade resultante. Sem um nível de rendibilidade adequado, a saúde financeira da empresa financeira da empresa diminui. Por outro lado, com uma execução excelente (o objetivo), a saúde financeira da organização melhorará e ultrapassará a dos concorrentes. Para além disso, a saúde financeira pode ajudar a empresa a evitar o impacto dos disruptores quando estes chegam (Sheffi, 2015). Se uma empresa puder reinvestir no seu eu continuamente reinventado, tem mais hipóteses de prolongar o seu ciclo de vida e a sua fortuna (Sheth, Uslay, Sisodia, Sheth, Uslay, & Sisodia, 2020).

Operações

Quando se pensa em execuçãopensam normalmente em operações. Este é o grupo que faz as coisas para a empresa vender. Não só têm de as fazer, mas o que é feito também tem de estar dentro da qualidade qualidade e dentro do prazo. Esta função é tipicamente disciplinada, uma vez que a incapacidade de cumprir as expectativas fará com que a empresa deixe de funcionar. Não será possível obter receitas. Com esta disciplina vem também a inovação. As operações estão continuamente a tentar descobrir como criar valor para o cliente com menos esforço e com maior rapidez (Womack & Jones, 2015). No entanto, a execução aplica-se igualmente a outras funções na organização.

Figura 4. As operações utilizam talento, tecnologia e métodos para criar valor e lucros.

Em alguns casos, a capacidade de execução pode ser superior nalgumas funções não operacionais. A capacidade de execução excelente pode depender da liderança e da cultura dessas funções e da cultura. Todas as funções é fundamental numa organização; caso contrário, não existiria. Quando a má execução está presente e é tolerada, podem ser criadas funções de apoio para compensar a falta de eficiência ou para ajudar a organização a gerir o caos que daí resulta (Albrecht, Bakker, Gruman, Macey, & Saks, 2015; Crook, Todd, Combs, Woehr, & Ketchen, 2011; Safitri, Sari, & Gamayuni, 2020). "Precisamos de mais engenheiros" poderia ser substituído por "Vamos aumentar a eficiência dos nossos projectos de engenharia". Tudo deve ser revisto para determinar se contribui para o desperdício organizacional ou para a *fábrica oculta*. Estes factores aumentam os custos, reduzem os lucros e são um obstáculo à boa sorte.

Como qualquer funçãoas funções operacionais transformam materiais e outros factores de produção em produtos acabados que satisfazem uma necessidade não satisfeita (Tien, 2012). Normalmente, são atribuídos recursos às operações para produzir os produtos, os quais têm de corresponder às expectativas do cliente dentro do prazo. Os chefes operacionais orquestram a combinação de materiais, pessoas, processos e equipamento para criar lucro para a empresa (Hughes, Hector, Hubbard). para a empresa (Hughes, Hodgkinson, Elliott, & Hughes, 2018). Embora os produtos acabados tenham de ser aceitáveis para os clientes, as matérias-primas utilizadas na operação também têm de cumprir especificações aceitáveis para poderem ser utilizadas. Execução excelente inclui o cumprimento atempado dos requisitos de entrega, mas também inclui a recolha e exploração de informações, a utilização de recursos (talentos e materiais), a programação da execução, a partilha de capacidades e a eficiência operacional. Um desempenho excelente aplicar-se-ia à função de faturação que envia uma fatura aceitável, tal como se aplicaria à função de recursos humanos que gere o processo de aquisição de talentos para contratar o melhor candidato para um emprego.

Figura 5. As operações combinam a capacidade humana e a tecnologia num ambiente disciplinado.

Os líderes funcionais sincronizam o fluxo de materiais, a intervenção humana e as acções das máquinas para gerir um processo eficiente (Kamble, Gunasekaran, & Gawankar, 2018). Normalmente, a informação sobre o custo-padrão é utilizada para comparar o desempenho real do sistema operacional com o custo previsto (Huang, Newnes, & Parry, 2012). Um custo-padrão pode não estar presente em todas as funções. Quanto custa contratar alguém? Quanto é que custa quando um empregado deixa a empresa? Se esta informação estivesse presente na função de recrutamentoa estratégia e o esforço de recrutamento e o esforço seriam diferentes se o orçamento de recrutamento tivesse de pagar por uma má contratação? Se fossem oferecidos 2.000 dólares aos empregados para deixarem a empresa (porque não se enquadram na culturavaloresou missão), quantos aceitariam a oferta? O resultado representa um fracasso em recrutar o talento correto (Oladapo, 2014). As métricas normalmente utilizadas para fornecer feedback numa operação incluem o rendimento do processo, a qualidadee a utilização de recursos (Jayal, Badurdeen, Dillon, & Jawahir, 2010). São utilizadas muitas outras métricas que se relacionam mais especificamente com a função específica e as prioridades de melhoria. Os sistemas de planeamento são normalmente utilizados para criar transparência de desempenho e ajudar na de trabalho e a sua otimização (Čuš-Babič, Rebolj, Nekrep-Perc, & Podbreznik, 2014). Por exemplo, será que a experiência de experiência de integração de um novo candidato influenciaria a sua curva de aprendizagem e a produtividade global?

Para as operações, a execução é fundamental para a serendipidade da engenharia. A má utilização dos recursos compromete a saúde financeira financeira da operação (Kaplan & Porter, 2011). O desempenho da utilização aplica-se a qualquer função. A excelência na execução está relacionada com os fluxos de trabalho existentes e com iniciativas de mudança para melhorar o desempenho. Como é que as finanças vão alterar o relatório financeiro de fim de mês para que passem menos dias desde o último dia do mês até ao momento em que o relatório mensal está disponível para os líderes das unidades empresariais? A seleção e a execução destas e de outras iniciativas ajudam a operação a manter-se competitiva e relevante nos mercados em que actua (Kumar, Jones, Venkatesan, & Leone, 2011).

Desenvolvimento de negócios

Uma empresa orientada para o crescimento dependerá fortemente da execução da equipa de desenvolvimento empresarial para criar a serendipidade. A função de desenvolvimento empresarial é utilizada para encontrar e desenvolver oportunidades de negócio que contribuam para a saúde da empresa (Ernst, Hoyer, & Rübsaamen, 2010). Em suma, atraem potenciais clientes, criam compromissose transformam as oportunidades ou leads em clientes (Odden, 2012). Uma vez integrados os clientes, o desenvolvimento empresarial ajuda a aumentar as receitas de cada um deles com um lucro aceitável. O desempenho é normalmente visualizado através de um funil de vendas (Sharma, Tomar, & Tadimarri, 2023). O departamento de desenvolvimento empresarial pode incluir funções de marketing e vendas. O aspeto de marketing do desenvolvimento de negócios determina os produtos vendidos a uma oportunidade-alvo. A empresa está posicionada num mercado que resulta numa vantagem competitiva vantagem competitiva explorada através de um plano de marketing estratégico para satisfazer uma necessidade não satisfeita melhor do que os seus concorrentes concorrentes (Day, 2011; Hinterhuber, 2013).

O desenvolvimento de relações é fundamental para estabelecer canais de receitas. A função de vendas do desenvolvimento empresarial converte normalmente os contactos em clientes. Os clientes recorrentes ou referidos resultam em custos de aquisição de clientes mais baixos (Schmitt, Skiera, & Van den Bulte, 2011). Muitas funções na empresa podem realizar tarefas relacionadas com as vendas, aproveitando os contactos de potenciais clientes. Por exemplo, o desenvolvimento de negócios pode aproveitar um membro da equipa um membro da equipa de tecnologia para aproximar um cliente da conversão de uma oportunidade em venda, especialmente se a componente tecnológica do negócio for crítica. Simultaneamente, a equipa de desenvolvimento comercial pode recorrer ao departamento de investigação e desenvolvimento (I&D) para realizar uma troca eletrónica de dados (EDI) com o cliente, de modo a garantir que as encomendas são transferidas atempadamente e sem erros de transcrição. A maioria das empresas são empresas de tecnologia que têm lojas, camiões, equipamento de distribuição, etc.

Figura 6. O desenvolvimento do negócio pressupõe que os negócios efectuados são rentáveis e escaláveis ao longo do tempo.

Os resultados a curto prazo não fazem parte de uma estratégia de sucesso. Uma boa semana pode ser elogiada, mas a falta de uma estratégia eficaz a longo prazo torna-se evidente quando se segue uma semana má. O desenvolvimento do negócio faz frequentemente promessas que as operações terão dificuldade em cumprir, mantendo o lucro (Dixon & Adamson, 2011). O desempenho pode ser um desafio, uma vez que as promessas feitas sem o envolvimento das pessoas que as vão cumprir podem ser problemáticas, incorrendo no risco de fracasso (Hrebiniak, 2013). Quando o cliente fica impressionado com a execução das promessas que estão a ser cumpridas, é provável que haja vendas repetidas e referências. Os clientes podem estar menos interessados em negociar os preços para baixo quando dependem e valorizam o nível de serviço que recebem (Lu, Tsao, & Charoensiriwath, 2011). Uma execução consistente neste contexto pode resultar em crescimento e aumento da rendibilidade, dependendo do custo de realização das tarefas e da rendibilidade representada pela encomenda.

Há actividades que a equipa de desenvolvimento empresarial tem de executar com excelência. Uma atividade fundamental é o trabalho em rede, que inclui referências, patrocínios, publicidade, liderança inovadorae a execução de actividades de desenvolvimento estratégico (Cornwell, 2013). O contacto presencial é necessário para que o trabalho em rede seja bem sucedido. Além disso, quando a rede inclui o público-alvo, as oportunidades de novos produtos e serviços começam a tornar-se evidentes. O membro da equipa de desenvolvimento empresarial tem de lidar com limitações e restrições, como o tempo, a distância, o preço de mercado, o custo de criação e produção do serviço ou produto, a presença nas redes sociais e as despesas. As referências são um tipo de rede que cria novas oportunidades de negócio (Kumar & Pansari, 2016). Quando um cliente recebe um bom serviço, pode ajudar a trazer outros clientes para a lista de contactos. Mais uma vez, é necessário lidar com algumas limitações.

A qualidade e a frequência das referências podem não produzir bons contactos. Os bons potenciais clientes podem ser esquivos e a referência pode não incluir toda a gama de serviços ou de produtos. Quando as referências não correspondem às suas capacidades de execução, existe uma lacuna na perceção da empresa. As fontes de recomendação variam em termos de eficácia. Devem ser consideradas estratégias para acelerar as referências e tornar a sua empresa mais visível nos seus mercados-alvo (Kotler, 2012). O objetivo é conseguir que a sua proposta às pessoas certas, a um preço que o cliente esteja disposto a pagar e com os maiores lucros. Outros canais de marketing podem ser utilizados consoante a situação. Em última análise, o desenvolvimento do negócio tem como objetivo a aquisição de oportunidades que se transformam em lucros (note-se que não disse receitas). Começa com uma proposta de valor atractiva a um preço que cada cliente está disposto a pagar, entregue a uma lista de potenciais clientes muito recetiva (Hanan, 2011; Weinstein, 2012).

Muitas vezes, espera-se que as empresas ultrapassem as actividades típicas de desenvolvimento empresarial. Liderança de ideias é uma área em que o desenvolvimento empresarial pode atrair contactos (Johnston & Marshall, 2020). Algumas empresas participam ativamente em associações de todo o sector, fazem apresentações em conferências, publicam livros brancos sobre temas críticos, etc., para mostrar a sua experiência. Ser reconhecido atrai a atenção de potenciais clientes que querem que resolva os seus problemas. Como toda a empresa é uma empresa de tecnologia (algumas têm camiões, outras têm lojas), as capacidades técnicas e os tópicos de conceção do fluxo de trabalho podem ser tópicos de interesse. podem ser tópicos de interesse. Para além da presença física numa reunião relacionada com a indústria, existem webinars, bloguese vários meios de comunicação social que podem ser utilizados para passar a mensagem.

O desempenho é fundamental para a função de desenvolvimento do negócio, que é responsável pela engenharia do acaso. Uma estratégia que não seja totalmente implementada não produzirá resultados. A estratégia deve incluir, pelo menos, uma boa compreensão do mercado-alvo, uma compreensão do comportamento de compra no mercado, um conhecimento profundo do posicionamento da concorrência e uma visão imparcial da vantagem competitiva. vantagem competitiva. A execução de demasiadas iniciativas ao mesmo tempo pode diminuir o foco na energia que é necessário para concluir qualquer uma delas. Deve ser adoptada uma abordagem equilibrada em relação ao tempo e ao talento dedicados à conclusão das etapas estratégicas. A implementação de alguns itens críticos é muito melhor do que ficar à deriva numa iniciativa estratégica com muitos itens de ação incompletos. Uma estratégia simples numa função específica de desenvolvimento comercial pode produzir melhores resultados e consumir menos recursos. O crescimento sustentado das receitas e dos lucros é normalmente o objetivo das tácticas utilizadas no desenvolvimento empresarial.

Algumas tácticas específicas podem incluir uma tabela de preços disciplinada com consistência de preços entre clientes para serviços semelhantes. Os preços de cada produto ou serviço devem ser justos para todas as partes, mas não precisam de ser os mesmos. Um cliente pode estar disposto a pagar mais por um serviço do que outro. Devem ser consideradas taxas especiais para tempos de ciclo de encomenda curtos devem ser consideradas, uma vez que estas inserções no calendário são dispendiosas. Alguns serviços podem não ser considerados quando deveriam ser, devido à presença de serviços adjacentes. Vários esforços tácticos digitais e tradicionais como estes são impactantes e podem ser usados para atrair e converter leads em vendas (Miller, 2012; Opreana & Vinerean, 2015). Deve ser estabelecida uma relação clara entre os esforços (custo) e o impacto nas receitas/lucros (margem). Se uma atividade estratégica não produzir resultados, deve ser avaliada para inclusão na estratégia. Esta análise requer o acompanhamento do tempo da atividade e do aparecimento de encomendas de trabalho. A causalidade entre as actividades e as realizações ajudará a empresa a avaliar o retorno do esforço despendidoincluindo o sucesso ou o fracasso de tácticas específicas. O insucesso pode aplicar-se a clientes que têm descontos de grande volume, mas não estão a encomendar esse volume. As tarifas, tarefas e clientes podem precisar de ser actualizados.

Tecnologia

Porque atualmente todas as empresas são empresas tecnológicas o tema da serendipidade da engenharia é fundamental para o sucesso de qualquer organização. A tecnologia está em todo o lado e é um requisito para o funcionamento de uma empresa (Porter & Heppelmann, 2015). Além disso, a organização que usa uma tecnologia menos eficiente do que outra estará em desvantagem competitiva. desvantagem competitiva. A execução dos processos será mais desperdiçadora. Talentos e clientes falarão sobre como a empresa tem *dívida técnica* e terão dificuldades para competir ou participar (Li, Avgeriou, & Liang, 2015). A execução, portanto, na aquisição de tecnologia e na transferência para as operações é uma capacidade crítica. A tecnologia adquirida ou desenvolvida internamente deve impulsionar o crescimento da empresa (Capron & Mitchell, 2012). Soluções inovadoras eficazes ajudarão as empresas a atingir os seus objectivos estratégicos. Os ganhos de eficiência podem advir de melhorias operacionais para fabricar e prestar serviços a produtos existentes na carteira e a novos fluxos de receitas potenciais relacionados. A tecnologia incorporada nos produtos e serviços cria uma diferenciação no mercado (Porter & Heppelmann, 2015). A equipa que adquire e transfere a tecnologia para as operações deve responder rápida e eficazmente às oportunidades de receitas.

Figura 7. A tecnologia deve contribuir positivamente para a fiabilidade e a rentabilidade de uma empresa.

A parte tecnológica de uma empresa pode incluir aqueles que mantêm e constroem infra-estruturas e a investigação e desenvolvimento que cria produtos, automação e ferramentas de e fluxo de trabalho. A estratégia tecnológica deve consistir no conhecimento das tendências do segmento (Priem, Li, & Carr, 2012). As ferramentas e a conceção do fluxo de trabalho podem ajudar a pôr ordem no caos proveniente dos clientes. Por vezes, os clientes não sabem o que querem e procuram o departamento de tecnologia do seu fornecedor para obter uma perspetiva. Se a equipa de tecnologia conseguir criar competências e provar a eficácia operacional, espera-se um maior valor da marca na perspetiva do cliente. Um cliente que espera uma liderança tecnológica e não a obtém, vai procurar outro lugar e levar o negócio consigo. A equipa de tecnologia deve executar melhorias e modificações nos produtos, serviços e fluxos de trabalho de forma eficaz para otimizar os lucros e garantir uma serendipidade contínua.

A transferência de tecnologia é frequentemente negligenciada como uma parte crítica do papel da equipa. Como é que a transferência de tecnologia transferência de tecnologia pode ser feita de forma mais eficiente? Como é que a tecnologia pode chegar às operações, ser operacionalizadae ser eficaz? Quando o fluxo de trabalho não é compreendido, ou as necessidades dos operadores não são tidas em conta, a tecnologia pode chegar mas nunca ser utilizada. A tecnologia não é familiar, ou a interface do utilizador não é *intuitiva para os principiantes*. O objetivo da equipa de tecnologia é transferir a tecnologia para as operações através de uma transição perfeita que resulte num melhor desempenho (Lee, Wang, & Lin, 2010). Existem alguns desafios, incluindo a incapacidade de a tecnologia ser dimensionada, a incompatibilidade com a tecnologia ou os recursos existentes, a documentação insuficiente, os requisitos da equipa de gestão e a falta de recursos.A documentação é insuficiente, os requisitos dos utilizadores não foram compreendidos ou cumpridos, a ferramenta tem erros não resolvidos e o calendário agressivo para o desenvolvimento resultou numa implementação limitada da tecnologia que não corresponde às expectativas de desempenho. Os factores de sucesso são o cumprimento das expectativas orçamentais, a disponibilização atempada da tecnologia e a gestão de todos os factores de risco envolvidos. As transferências fracassadas de tecnologia para as operações manifestam-se sob a forma de atrasos na produção, aumento dos custos, aumento das despesas administrativas quando a tecnologia é utilizada e rejeição da tecnologia pelos utilizadores porque não funciona.

Além disso, as pessoas que recebem a tecnologia podem não estar preparados para ela. No centro destes desafios está a comunicação entre os criadores e os receptores da tecnologia nas operações, de modo a que os parâmetros e as condições sejam compreendidos. Se a interação entre as partes não for transparente e colaborativaa transferência estará sujeita a falhas. Esta comunicação também ajudará a resolver eventuais necessidades de adaptação que possam surgir após o teste de aceitação do utilizador (UAT) em produção. Em última análise, a eficácia da tecnologia tem de ser acordada tanto pelo responsável tecnológico como pelo responsável operacional antes de a transferência poder ser considerada concluída. Quando existe uma lacuna na eficácia da aplicação da tecnologia, é necessário compreender a lacuna e as suas consequências. Pode ser tomada a decisão de colmatar a lacuna ou de viver com ela, com a intenção de a colmatar mais tarde ou de não a colmatar de todo. Qualquer ineficiência na transferência de tecnologia resultará numa perda de tempo e de recursosque estarão associados a riscos para o desempenho e a qualidade (Audretsch,

Lehmann, & Wright, 2014). O fluxo de trabalho nas operações terá de se adaptar, uma vez que as ferramentas e o equipamento podem mudar. A mudança deve ser compreendida e planeada. Poderão ocorrer mais adaptações quando escala. A metodologia de transferência será testada novamente durante o processo de aumento de escala em marcos de desempenho designados.

Talento

"Criar líderes e depois ganhar as batalhas que valem a pena" é uma forma de encarar a gestão de talentos. É claro que há muitas nuances nesta perspetiva simples. É difícil criar líderes ou ganhar batalhas se os talentos não se empenharem ou não se adaptarem às suas funções. A serendipidade da engenharia exige empenhamento e eficácia. A estratégia precisa de ser significativa para as partes interessadas para facilitar o envolvimento. Se o talento estiver alinhado com os objectivos que a estratégia irá permitir, então a execução é muito mais provável. Se alguém na sua organização fosse questionado sobre a estratégia ou a missão da empresa, haveria uma resposta variada, incluindo "Não faço ideia". Em segundo lugar, se lhe perguntassem até que ponto se enquadra na estratégia, isso poderia fornecer algumas informações críticas sobre o enquadramento. Porque é que um empregado participaria na concretização de um novo futuro se não se enquadra nele? Se se enquadrarem no estado futuro, como é que a boa sorte para a organização como consequência do seu envolvimento no roteiro global? A abordagem adoptada é fundamental. Os métodos utilizados devem ser simples mas significativos no seu impacto. *Mover a agulha* deve ser o resultado da aplicação de um método relevante e significativo. É necessário responder a várias perguntas simples, mas significativas, através de estratégias de comunicação adequadas, para criar a serendipidade:

- Para onde vamos? - visão do futuro estado.
- Como é que vamos lá chegar? - tácticas utilizadas para progredir.
- O que é que tenho de fazer a seguir? - sequência de tarefas para chegar à etapa seguinte.
- Quem se vai juntar a mim? - requisitos de coordenação e colaboração.
- Porque é que esta ação é necessária? - O significado subjacente à ação.

Figura 8. O talento que actua rapidamente, é capaz e está orientado para o serviço impulsiona o sucesso organizacional.

Quando pensamos na forma como executamosmuitos aspectos críticos estão relacionados com o envolvimento e a motivação dos talentos de forma eficaz. A execução pode basear-se em vários princípios a considerar no que respeita à cultura do ambiente empresarial e a forma como a liderança liderança se envolve com o talento. Uma primeira consideração pode ser a de assegurar que todos são respeitados e valorizados, apesar da diversidade de pensamento e de competências. Esta variedade de capacidades é útil quando se trata de planeamento e execução. Os líderes devem abordar as suas tarefas diárias com humildade e não com ego (Maldonado, Vera, & Spangler, 2022). A capacidade de escuta ativa ajudará o líder a saber o que os funcionários precisam e como a execução da tarefa está a progredir (Marquardt, 2014). Esta informação ajudará o líder a apoiar um excelente desempenho em todas as partes da empresa. A excelência operacional é um objetivo evolutivo a longo prazo, uma vez que a situação está em constante mudança. Como os líderes ajudam na resolução de problemasas soluções devem ser testadas para compreender o seu impacto. As soluções devem ser aplicadas ao processo que produz os resultados que os clientes pretendem. Um processo robusto ajudará o talento a produzir resultados perfeitos sem depender do controlo de qualidade controlo de qualidade para detetar os seus erros inevitáveis (Oakland, 2014). O processo também deve ser eficiente, com o mínimo de desperdício. As soluções para os problemas do processo devem ser partilhadas entre as partes interessadas quando necessário. As relações entre os funcionários são fundamentais, pois permitem a transferência de informações (Hau, Kim, Lee, & Kim, 2013). Todas as acções que o talento realiza devem estar alinhadas com o objetivo da organização, assegurando resultados consistentes. Em última análise, o talento cria valor para clientes dispostos a pagar pelo valor que recebem com lucro.

O talento precisa de compreender a excelência e o caminho percorrido para lá chegar para ganhar a batalha da excelência operacional (Joyce & Slocum, 2012; Maylett & Wride, 2017). O caminho pode começar com uma introdução ao conceito. Uma vez compreendido este conceito, podem ser discutidas as ferramentas necessárias para lá chegar. Por exemplo, as melhores pessoas para descrever as melhorias relacionadas com a excelência no serviço são as pessoas que estão mais próximas do cliente. Elas compreendem os problemas do serviço porque recebem feedback diretamente do cliente, seja ele construtivo ou não. Os empregados na linha da frente precisam de ter o poder de influenciar o processo para melhorar a força da marca e as receitas (Zablah, Franke, Brown, & Bartholomew, 2012). O fluxo de valor dos empregados da linha da frente para os clientes deve ser vigiado para que qualquer potencial obstáculo à execução dos direitos de decisão adequados de decisão adequados seja removido. A transparência permitirá que todos vejam os desafios futuros e actuem proactivamente para preservar o fluxo de valor. As expectativas são claras e conhecidas num ambiente transparente (Albu & Flyverbom, 2019). Além disso, onde há padronizaçãoo talento sabe o que fazer para atingir a expetativa de excelência (Kanji, 2012). A padronização traz ordem quando há caos. Atingir objectivos é mais fácil de gerir quando os funcionários sabem como contribuir, estão alinhados e são responsáveis. O sucesso é mais problemático quando é perseguido sozinho. A colaboração multifuncional pode ajudar cada funcionário a contribuir de forma significativa para os objectivos da organização (Enz & Lambert, 2012; Santa, Ferrer, Bretherton, & Hyland, 2010).

Os desafios para alcançar a excelência operacional exigem que o talento utilizado nos processos seja o adequado e esteja empenhado (Stahl, Björkman, Farndale, Morris, Paauwe, Stiles, & Wright, 2012). No entanto, sob certas condições, isso não é fácil. O talento deve saber como pode contribuir para os objectivos da organização. E quando contribuem, precisam de ver que o progresso é alcançado de acordo com os seus esforços. A falta de progresso pode fazer com que se desliguem do processo de melhoria e crescimento das suas capacidades. O talento deve estar motivado e disposto a utilizar os seus dons de forma significativa para ajudar a organização a obter uma vantagem sustentada num ambiente competitivo (Lawler 2010). competitivo (Lawler 2010). O plano mudará à medida que as expectativas mudarem. Os talentos, e aqueles que os gerem, devem estar dispostos e ser capazes de mudar de rumo de forma rápida e eficiente para acomodar as necessidades em constante mudança dos clientes (Claus, 2019; Harsch & Festing, 2020).

A agilidade organizacional é necessária para que as organizações sejam relevantes nos mercados dinâmicos em que competem (Joiner, 2019; Nafei, 2016). Pivotar é necessário para a relevância. A organização deve ser capaz de mudar de rumo antes da mudança ambiental. Com uma mudança, muitas vezes vem um aumento na complexidade. Quando a liderança não gere eficazmente, o talento relacionado tende a tomar decisões sem tirar partido dos dados, uma vez que estes são difíceis de recolher num ambiente em fluxo. Os dados também são evasivos quando se trata de causalidade. Os dados não podem ser vistos isoladamente, pois estão relacionados com outras funções externas. Num contexto de cadeia de abastecimento, os dados estarão relacionados com funções a montante e a jusante (Rozados & Tjahjono, 2014). A liderança deve ser capaz de colmatar o fosso entre os processos e as áreas funcionais; caso contrário, os talentos não conseguirão ver para além dos seus silos. As metodologias específicas podem abranger funções;

no entanto, estas têm de ser adoptadas a um nível mais elevado, de modo a que cada área funcional seja aceite e passe a fazer parte do ADN e da boa sorte da organização.

Liderança

O primeiro segmento da estrutura para a engenharia da serendipidade é a Liderança. Este será discutido durante o restante deste livro, lembrando que os seguintes princípios de liderança princípios de liderança se aplicam aos segmentos já discutidos. Quando pensamos em liderança e serendipidade, pensamos em resultados significativos alcançados mais rapidamente do que o esperado. O líder que chega primeiro ganha. O segundo lugar não é significativo. A vitória também se aplica às organizações. O primeiro a chegar fica com os despojos (por exemplo, o contrato). Um líder pode alterar criativamente um processo e utilizar os recursos de forma de forma diferente para alcançar resultados mais rápidos (Ferreira, Coelho, & Moutinho, 2020). Para que uma empresa cresça, os clientes esperam uma execução perfeita liderada por talentos capazes de forma consistente. Sempre que o seu cliente quiser algo, estará lá, pronto e capaz. Para um líder eficaz, é mais importante alcançar os resultados pretendidos do que seguir rotinas geridas. São criadas novas rotinas e descartadas as rotinas irrelevantes. As expectativas de desempenho são alcançadas através de um alinhamento centrado na concretização dos objectivos da organização (O'Reilly, Caldwell, Chatman, Lapiz, & Self, 2010).

Figura 9. A liderança alcança resultados extraordinários que beneficiam todas as partes interessadas.

Um líder que se concentra nos resultados é hábil na engenharia do acaso. Este líder terá um historial de sucesso. O desejo de alcançar resultados é forte. Este líder quer saber o que é *feito* para que possa ser feito um plano para atingir os objectivos relevantes o mais rapidamente possível. A capacidade de motivar também é fundamental para o sucesso quando um projeto envolve um grupo de pessoas (Lunenburg, 2011). Nestes casos, a comunicação é vital. A transmissão de uma mensagem clara e concisa ajuda os participantes a saberem qual é o seu papel. Também se sentirão inspirados ao saberem mais sobre o objetivo a alcançar. O líder é um modelo de disciplina e integridade (Palanski & Yammarino, 2011). O ímpeto é criado à medida que os outros experimentam o estilo do líder. A comunicação adicional inclui feedback e crédito para cada marco alcançado. O trabalho de um líder de execução O trabalho de um líder de execução é remover os obstáculos com que a equipa teria de lidar (Govindarajan & Trimble, 2010). Estas distracções que consomem muito tempo são destruidoras de ímpeto. A qualidade das relações na equipa também é fundamental para o sucesso. Haverá algumas negociações e alguns conflitos a resolver. Espera-se que este líder olhe em frente e preveja problemas que ainda não foram considerados (Ancona, 2012).

Em alguns casos, existem obstáculos ou desafios à execução-orientada para a execução (Feser, 2016). A conceção da organização pode constituir um obstáculo. Pode ser difícil obter resultados satisfatórios quando as pessoas não sabem a quem devem prestar contas. Esta conceção pode indicar aos empregados que precisam de ser bem sucedidos. A falta de planeamento pode também impedir que os recursos disponíveis para formar ou fornecer os conhecimentos necessários (Bryson, 2018). A falta destes recursos pode diminuir o ímpeto e a moral. Os participantes podem não estar empenhados ou não levar o prazo a sério. Questões menores podem ser um desvio em relação a questões significativas, comprometendo o foco da equipa. A falta de concentração pode incluir a falta de retrospectivas da equipa que podem ter resolvido problemas da equipa que afectam a pontualidade e a qualidade do trabalho da equipa. do trabalho da equipa. A qualidade dos resultados está em risco quando os funcionários têm medo de um processo que lhes permite cometer um erro (Kliem & Ludin, 2019; Sastry & Penn, 2014).

Há algumas coisas que um líder pode fazer para melhorar as hipóteses de boa sorte. Em vez de ter um plano grande e complexo, talvez seja melhor criar um plano simples, mas abrangente, que proporcione o resultado desejado se for realizado (Hrebiniak, 2013). Como é que se sabe que o resultado foi alcançado? O resultado é mensurável? O método de medição é exato? É necessário um acordo relativamente ao sistema de medição. O consenso alcançado inclui o nome, a fórmula, o método de recolha de dados e o acordo de que a medição é exacta. De que outra forma saberia que atingiu o seu objetivo? A comunicação de um desempenho mensurável ajuda os participantes a compreenderem onde se encontram e o caminho que têm de percorrer para chegarem onde têm de estar num determinado momento (Carnochan, Samples, Myers, & Austin, 2014). Se todos tiverem tido a oportunidade de influenciar o plano e compreenderem os objectivos, vão querer saber como estão a agir. O impulso que leva a equipa até à meta ajudará a criar um ambiente positivo e entusiasta. Este ambiente encorajará todos a resolver problemas, monitorizar a produtividadecomunicar questões e participar nas recompensas.

Os líderes de sucesso concentram-se nos resultados, tornando as operações capazes de atingir os seus objectivos (Kotter, 2017). Não se trata de quanto tempo se trabalha ou mesmo se se cumpre a quantidade mínima de trabalho. Em vez disso, o grupo deve atingir os seus objectivos com o mínimo de esforço. A liderança é a força mais potente na engenharia da serendipidade. Ela pode superar obstáculos em todas as áreas da empresa. Liderança, Finanças, Operações, Desenvolvimento de Negócios e Talento, como descrito anteriormente, podem ajudar uma organização a executar uma organização a executar com muita competência. Estes elementos constituem a dimensão vertical (colunas) da estrutura. A segunda dimensão (linhas) da estrutura está relacionada com os atributos que influenciam a serendipidade da engenharia, incluindo Estar à frente, Estar pronto, Ser forte, Ser ágil, Ser gentil e Ser atrativo. Analisaremos cada um deles individualmente na secção sobre atributos, para que sejam compreendidos.

Os líderes precisam de compreender os comportamentos e o que os motiva (Fullan, 2011). Precisam de saber como os seus comportamentos afectam o resto da organização de forma construtiva e destrutiva. Neste último caso, os líderes devem ser capazes de mitigar os riscos iminentes associados a comportamentos destrutivos destrutivos (Hogan, Hogan, & Kaiser, 2011). Estes comportamentos devem ser antecipados e a organização deve estar preparada para os repelir, atenuar ou ultrapassar. Ao mesmo tempo, o líder deve aproveitar a dinâmica dos comportamentos positivos, reforçando-os.positivos, reforçando-os. Estes comportamentos devem ser desenvolvidos a partir de oportunidades mais pequenas para, em breve, ajudarem nas grandes oportunidades. O impulso construtivo pode impulsionar uma organização através das mudanças significativas necessárias para que a empresa prospere (Bruch & Vogel, 2011).

Os comportamentos são comuns na natureza. As organizações comportam-se como organismos (Naylor, Pritchard, & Ilgen, 2013). A organização comporta-se com base em escolhas baseadas em objectivos associados a respostas ao seu ambiente. A consistência na formação do comportamento pode refletir um ethos que torna as decisões mais previsíveis, permitindo a autogestão e a confiança (Smith & Stewart, 2011). Embora estes padrões apontem para a previsibilidade, é muitas vezes difícil prever o que vai acontecer no sistema social que descreve a organização. que descreve a organização. A perturbação pode ser antecipada ou ser uma surpresa. Em que medida é que a organização está preparada para enfrentar o desafio da perturbação, mesmo quando esta não é prevista? Podemos prever quando é que ela vai acontecer? Podemos compreender as vulnerabilidades resultantes e os danos que serão afectados se forem explorados? Em última análise, a gestão do risco entra em cena. Queremos suportar o risco ou atenuá-lo? Podemos reduzir o impacto das ameaças conhecidas e desconhecidas através de uma liderança efectiva? A informação relevante deve estar disponível para que os líderes possam compreender a informação e fazer escolhas que beneficiem a organização (Davenport, Harris, & Morison, 2010).

Resumo

Nesta secção, foi discutida a estrutura do livro. Cada um dos seis segmentos (Finanças, Operações, Desenvolvimento de Negócios, Tecnologia, Talento e Liderança) foi apresentado e descrito. Um ponto crítico para a discussão é que a Liderança se aplica a todos os outros segmentos. Neste contexto e para criar a serendipidade, todos os segmentos dependem uns dos outros. Para ilustrar, o Desenvolvimento de Negócios requer Tecnologia para funcionar. O produto ou serviço que está a ser oferecido será provavelmente baseado numa tecnologia que seja atractiva para os clientes. Da mesma forma, o Talento é necessário para que as Operações criem o produto ou serviço. Na secção seguinte, os seis atributos (Be Ahead, Be Ready, Be Strong, Be Agile, Be Kind, Be Attractive) serão discutidos no contexto de um dos segmentos, Liderança.

Atributos

Os atributos no quadro discutido cobrem o âmbito dos segmentos. Cada um deles tem um objetivo e um significado. Para começar, uma postura preditiva pode beneficiar significativamente uma organização; no entanto, ocasionalmente, podem ser necessários atributos reactivos (Felipe, Roldán, & Leal-Rodríguez, 2016). Todas as surpresas não pode ser antecipada; no entanto, um líder teria dificuldade em liderar de forma preditiva, proactiva e reactiva simultaneamente em várias frentes; no entanto, isso pode ser necessário para lidar com surpresas e antecipar vulnerabilidades. Cada um destes atributos não é exclusivo. Pelo contrário, são um aspeto da postura necessária para concluir tarefas significativas. Os líderes devem antecipar os desafios e ajudar a organização a preparar-se para eles (Kouzes & Posner, 2023). Ao mesmo tempo, o líder deve trabalhar com os desafios actuais e se necessário. Ser forte é útil quando a situação exige alguma dureza; no entanto, nem sempre é esse o caso. Mudar de rumo é inteiramente aceitável se ajudar a organização a prosperar de uma forma ligeiramente diferente. Uma rotação eficiente pode ser fundamental para a sobrevivência de uma organização (McDonald & Gao, 2019). No caso de um gestor com uma cultura que não quer mudar de direção, o gestor operacional sem seguidores torna-se então um contribuinte individual (Gutermann, Lehmann-Willenbrock, Boer, Born, & Voelpel, 2017). Quando os talentos experimentam a bondade dos seus líderes, criam situações situações de ganho mútuo (Friederichs, Waldenmeier, & Baumann, 2023). A vitória deve ser perseguida. Por último, o líder, a funçãoe a organização têm de ser atractivos e têm de valorizar as suas partes interessadas (Harrison, Bosse, & Phillips,

2010). Estes atributos ou posturas desejáveis são necessários para criar serendipidade para si e para a sua organização. Os atributos serão agora descritos mais detalhadamente.

Estar à frente

A ideia subjacente a esta categoria está relacionada com o posicionamento. Estar à frente significa que a sua organização está a aproveitar as oportunidades antes de outras organizações no mesmo mercado. Estar à frente é uma postura preditiva voltada para o futuro (Uphill, 2016). Está ciente do que está prestes a acontecer e preparou-se para isso. Existe algum risco de estar demasiado à frente, uma vez que a precisão da previsão começa a diminuir com a distância; no entanto, alguns líderes conseguem olhar com precisão para o futuro (Edelstein, 2017). Estão a preparar as suas organizações para o que vai acontecer e não para o que acabou de acontecer. O panorama empresarial também inclui outras organizações no mesmo mercado. Sabe como elas tomam decisões, reagem às mudanças do mercado e onde estão posicionadas. A sua proposta de venda é sólida e está preparada para o futuro. Não pode conhecer a sua vantagem competitiva Não pode conhecer a sua vantagem competitiva se não souber a diferença entre a sua proposta de venda e a dos seus concorrentes e o que estes estão a oferecer.

Figura 10. Estar à frente sabendo como é o futuro e começar a viver nele.

Alguns concorrentes podem estar no horizonte. É preciso descobri-los e estudá-los. Além disso, é necessário conhecer o mercado e saber para onde ele vai (Vecchiato & Roveda, 2010). Algumas informações podem ser desenvolvidas testando o mercado com novos produtos ou ideias de serviços. É tudo uma questão de valorNo entanto, o mercado move-se sempre em direção a propostas de valor e afasta-se delas (Chandler & Lusch, 2015). Em alguns casos, move-se para evitar a estagnação; noutros, move-se devido a estímulos externos. De qualquer forma, a análise de dados pode revelar oportunidades com base nas tendências dos projectos. A informação analítica pode orientar a perspetiva de onde se quer estar no futuro próximo. Uma posição futura deve incluir ideias não tradicionais do sector (Bicen & Johnson, 2015). A implementação de ideias ponderadas e inovadoras tende a manter os concorrentes no espelho retrovisor. Deve-se reservar tempo e dinheiro para experimentar ideias inovadoras que ajudem a ser mais rápido, mais ágil e mais barato. Muitas organizações estão prontas para cortar custos assim que as tendências vão na direção errada. Esta postura auto-destrutiva faz com que a empresa pareça fraca enquanto tenta cortar o seu caminho para a prosperidade. Estão a tornar-se menos capazes de enfrentar os desafios que se avizinham (Levine, 2018; Porath & Pearson, 2010). Por último, os conselhos dos colegas, mesmo que sejam concorrentes, podem ser inestimáveis. Eles podem ver algo que se aproxima e que não faz ideia que está mesmo ao virar da esquina.

Se sabe para onde está a ir, faça um roteiro para descrever a viagem (Leitão, Cunha, Valente, & Marques, 2013). Os roteiros com marcos são comuns em projectos, mas são evitados noutras actividades mais suaves e menos estruturadas. Se houver uma mudança de cultura Se houver uma mudança de cultura, comece com o fim em mente. Como é que é a linha de chegada? Qual é a *definição de "feito"*?? Quando o "feito" é desconhecido, pelo menos no que diz respeito aos marcos, como é que se pode saber que se está a progredir? Nem toda a gente é um vencedor. Há muitos futuros perdedores na *linha de partida*. Não é preciso muito esforço para estar na linha de partida. O esforço reflecte-se nos resultados quando se cruza a linha de chegada. É difícil terminar se não se sabe onde está o fim da viagem. Os vencedores cruzam a linha de chegada. Olhe em frente e veja a linha de chegada. E não se esqueça de celebrar com aqueles que o ajudaram a lá chegar.

Estar preparado

Se estiver à frente, isso é bom; no entanto, se não estiver preparado para fazer uma mudança necessária, isso não importa. O domínio da gestão da mudança é vasto. Estar preparado para a mudança é um aspeto crítico da gestão da mudança (Cameron &

Green, 2019). Uma organização de sucesso antecipa e planeia a mudança. Estar preparado para a mudança implica uma mentalidade positiva em relação à mudança, que é esperada e até exigida. É necessário adotar uma abordagem holística quando se trata de estar preparado (Jackson, 2016). Os participantes em todos os níveis organizacionais precisam de estar prontos para a mudança.

Figura 11. Prepare-se para os desafios futuros que o separam de um futuro gratificante.

Os líderes da mudança precisam de ser capazes de articular o objetivo e o foco da mudança de forma clara (Kotter, 2017). Responde à pergunta "Porque é que estamos a fazer isto?". A pergunta também pode ser: "Porque é que estamos a fazer isto agora?" Os factores não materiais (cultura (cultura e motivação) são tão importantes como os factores duros (tempo, finanças, recursos) quando se trata de estar preparado para a mudança. É importante manter o moral É importante manter o moral durante uma transição, assim como é fundamental ter a capacidade de alcançar o próximo marco (Bradt, Check, & Pedraza, 2011). A forma como as pessoas estão organizadas e a capacidade consumida podem influenciar o sucesso do plano. Uma capacidade orçamentada antes de uma atividade de mudança deve incluir uma reserva que permita a transformação (Berente, Lyytinen, Yoo, & King, 2016).

Ser forte

Muitas vezes, a expressão "*resiliência da força de trabalho*" descreve as pessoas de uma organização que são fortes e estão prontas para fazer a mudança acontecer (Myllykoski, 2021). A força também pode ser entendida como a capacidade de resistir a dificuldades ou de recuperar de uma situação exigente. Embora existam factores de stress, as pessoas da organização podem ajudar a organização a crescer. O moral numa organização forte é elevado, assim como a flexibilidade. A organização vive o seu objetivo através do seu trabalho produtivo. O empenhamento é um dado adquirido. A saúde da força de trabalho tende a concentrar-se no bem-estar físico. A saúde da força de trabalho tende a concentrar-se no bem-estar físico; no entanto, muitas vezes ignoramos a saúde mental quando consideramos a resiliência. Muitas empresas têm um programa de resiliência que as ajuda a passar por momentos difíceis (Seligman, 2011). A capacidade de recuperação é uma forma de medir a resiliência da força de trabalho.

Figura 12. Os desafios da natureza exigem força e resiliência para a sobrevivência e o sucesso.

As emoções positivas estão ligadas à força do sistema imunitário (Pressman & Black, 2012). Um sistema imunitário robusto ajuda o corpo a combater infecções que, de outra forma, conduziriam a uma doença. Pode também ajudar uma pessoa a recuperar mais rapidamente de uma doença. O impacto na sua capacidade de executar as suas tarefas é evidente. Mas não devemos executar com mais esforço do que é necessário. Um ambiente disciplinado desperdiça menos energia do que um ambiente desorganizado (Gidwani, 2012). Um ambiente caótico e imprevisível aumenta o risco de fracasso e desperdiça uma energia considerável. Vamos levar isto para casa, literalmente. Se precisa de uma chave de fendas, vai à sua garagem buscá-la. Procura durante algum tempo, mas não a encontra. Pega noutro objeto da caixa de ferramentas (uma faca), na esperança de a poder utilizar para retirar o parafuso. Tenta, mas a lâmina da faca deforma-se. Escorrega da cabeça do parafuso e corta o dedo. Um ambiente caótico é perigoso. Um ambiente disciplinado resultaria na fácil localização da chave de fendas, que é adequada para uso, familiar e apropriada para completar a tarefa com sucesso.

O que é a resistência mental? São pessoas que passam por momentos difíceis e saem ilesas. Gostam de desafios, têm uma grande e assumem riscos significativos. Como correm riscos (e falham ocasionalmente), aprendem o que funciona e o que não funciona. Também descobriram que a recuperação é possível e não é um grande problema. Esta mentalidade é a razão pela qual não têm emoções negativas durante os fracassos (Fletcher & Sarkar, 2012). As pessoas mais competentes foram as que mais falharam (Drucker, 2018). A resolução de problemas é algo que se deve fazer como parte do trabalho. Os trabalhadores são constantemente pressionados a fazer mais com menos recursose, ao mesmo tempo, manter-se continuamente ligado ao trabalho durante muitas horas do dia. O esgotamento é uma possibilidade para quem tem um défice de resiliência. A resiliência é reforçada quando existe um sentido de objetivo (Schaefer, Morozink Boylan, Van Reekum, Lapate, Norris, Ryff, & Davidson, 2013). No entanto, a liderança deve exemplificar a resiliência para que as pessoas acreditem no objetivo e saibam que o seu trabalho tem significado.

Permitir que os funcionários se autogerenciem reduzirá o stress resultante do excesso de gestão (Sherifali, Berard, Gucciardi, MacDonald, MacNeill, & Diabetes Canada Clinical Practice Guidelines Expert Committee, 2018). Além disso, a distribuição da lista de tarefas de execução lista de tarefas por um grupo mais alargado diminui a carga sobre um indivíduo. Muitas vezes, as tarefas estão ligadas a outras, o que exigiria e encorajaria ligações de outros e a solicitação de apoio. Esta rede promove a resiliência organizacional. O humor e a celebração podem dissipar o stress quando este surge (Lefcourt & Martin, 2012). Ter alguém no grupo com este dom pode ser útil. O humor e a celebração podem ser exagerados, comprometendo a perceção de que será necessário ser duro. Manter o equilíbrio pode ajudar os funcionários a sentirem-se optimistas e concentrados. Um ambiente de aprendizagem Um ambiente de aprendizagem pode remediar a perceção de falta de domínio; no entanto, um ambiente de aprendizagem requer uma cultura que escuta ativamente (Edmondson, 2012). Treinar os empregados para serem flexíveis e adaptáveis também é útil quando eles utilizam as suas capacidades de resolução de problemas. resolução de problemas.

Os trabalhadores fortes são preciosos. As pessoas fortes duram mais do que os tempos difíceis porque desenvolveram competências para lidar com contratempos e situações stressantes (Seligman, 2011). Esta tenacidade torna-os prontos a aprender novas competências e a assumir novas responsabilidades (Seibert, Kraimer, & Heslin, 2016). Não se perturbam quando os níveis de caos são elevados, porque estão concentrados em encontrar uma forma de introduzir a ordem. O seu historial de realizações indica que acabarão por vencer. Com empregados fortes e resilientes, o acaso é inevitável.

Ser ágil

A agilidade é a capacidade de mudar rapidamente de um ambiente para outro (Nafei, 2016; Singh, Sharma, Hill, & Schnackenberg, 2013). Um ambiente pode incluir rotinas, restrições, tecnologiaA ligação com os outros, a necessidade de aprender e outras caraterísticas. O ambiente pode mudar muito rapidamente. Por exemplo, os disruptores podem acabar com a sua carteira de produtos de um dia para o outro (Kilkki, Mäntylä, Karhu, Hämmäinen, & Ailisto, 2018). Eles podem redefinir o mercado mudando o que os clientes valorizam (Gellweiler & Krishnamurthi, 2020). A execução deve ser rápida, pois as empresas para sobreviver. As caraterísticas ágeis devem ser incorporadas no ethos da organização; no entanto, a discrição deve ser equilibrada com controlos para garantir o desempenho. As tarefas associadas à mudança requerem conexão, transparência, criatividade e pensamento fora da caixa.

Figura 13. A agilidade consiste em realizar o extraordinário a tempo, gerindo eficazmente o risco de fracasso.

Qual é o aspeto de um funcionário ágil? Esperamos que esta pessoa produza uma estratégiaque faça as escolhas certas e esteja sempre curioso. As pessoas ágeis podem fornecer produtos inovadores utilizando um pensamento inovador que pode satisfazer necessidades não satisfeitas, idealizar sistemas rápidos de comercialização e criar cadeias de abastecimento para fornecer o produto (Beaumont, Thuriaux-Alemán, Prasad, & Hatton, 2017). Para que as organizações executem rapidamente, devem basear-se na confiança, na capacitação, nas falhas, na determinação, na persistência e no interesse pelo desconhecido. Aumentar a quota de mercado exigirá uma agilidade significativa da organização. A vantagem competitiva sustentada A vantagem competitiva sustentável advém do facto de se ser letal e invencível no mercado (D'aveni, 2010; Wördemann, Buchholz, & Wiley, 2010). Para ganhar frequentemente, as pessoas na organização devem pensar de forma inovadora, compreender o negócio e estar dispostas a experimentar coisas novas.

Ser gentil

Como é que a amabilidade influencia a execução? O altruísmo pode melhorar a saúde mental (Burks & Kobus, 2012; Post, 2014). E se, quando estivermos stressados, em vez de fazermos algo por nós próprios, fizermos algo por outra pessoa como mecanismo de sobrevivência? Quando fazemos algo para ajudar os outros, o nosso cérebro liberta dopamina, o que nos faz sentir bem. Agora, levemos isto para o local de trabalho e discutamos o impacto no desempenho. Quando os funcionários são gentis uns com os outros, são mais saudáveis e felizes (Fisher, 2010; Oswald, Proto, & Sgroi, 2015). Os trabalhadores mais felizes estão mais ligados socialmente, e há menos resolução de conflitos. Para além disso, estão menos isolados e são mais influentes. A compreensão dos outros ao seu redor torna-o mais produtivo (Goleman, 2018).

Figura 14. Ajudar os outros a atingir os seus objectivos é uma forma de influenciar os outros e de se ajudar a si próprio.

Mostrar um interesse genuíno por outra pessoa aumenta a conexão (Bailey, Cao, Kuchler, Stroebel, & Wong, 2018). Ajudar os colegas quando têm dificuldades e evitar culpar as pessoas à sua volta permite-lhe inspirá-las. Ter gratidão é um atributo invulgar, por isso é muito importante quando alguém o ouve dizer "Obrigado". Alguns estudos demonstraram que ser entusiasta, amigável e gentil aumentará a sua capacidade de influenciar (Carnegie, 2024; Staub, 2013). A razão para isso é que a gentileza facilita a comunicação e incentiva a aprendizagem. A sua generosidade ajudará os seus colegas a trabalhar de forma mais eficaz. Quando as pessoas dão, a rentabilidade, a produtividadeprodutividade, a eficiência e a satisfação do cliente aumentam, e a rotatividade diminui (Ton, 2014). Quando a confiança é típica na organização, a informação é partilhada de forma mais eficiente porque as pessoas são mais abertas (Holste & Fields, 2010). As ideias fluirão mais rapidamente em ambas as direcções.

Ser atrativo

Atrair talentos extraordinários é fundamental para a execução porque os melhores trabalhadores são os que fazem mais trabalho (Maylett & Wride, 2017). Qualquer pessoa que tenha medido a produtividade por pessoa sabe que os melhores trabalhadores conseguem fazer muito mais trabalho do que o trabalhador médio. À medida que a complexidade da tarefa aumenta, o múltiplo do desempenho dos melhores trabalhadores em relação ao trabalhador médio é ainda maior. É na melhoria do desempenho que os resultados se fazem sentir. Se tiver um concorrente com mais talento do que você, é provável que fique para trás. A utilização de talentos é um fator de competitiva (Rabbi, Ahad, Kousar, & Ali, 2015). No entanto, obter e manter os melhores talentos é um desafio. Em muitos casos, o processo de contratação não produz os melhores desempenhos, pelo que a porta giratória se torna o filtro para os melhores empregados (até certo ponto). Saiba que os desertores serão, na sua maioria, os trabalhadores com melhor desempenho. É preferível manter o talento especializado com o potencial de sucesso mais significativo, que pode ser utilizado para introduzir novos clientes e gerir os existentes (Schweyer, 2010).

Figura 15. Atrair e reter os melhores talentos, desafiando-os e recompensando-os de forma significativa.

As iniciativas para obter os melhores talentos devem ser revistas com base no desempenho operacional medido (Zwikael & Smyrk, 2012). Em alguns casos, as nossas prioridades estão distorcidas. Para ilustrar, no futebol americano, o quarterback é mais bem pago do que o defesa esquerdo que o protege. Se o "left tackle" fizer um mau trabalho, o "quarterback" é repetidamente atacado e as estatísticas sobre o seu desempenho são más (menos passes completados, etc.). O desempenho inferior do "left tackle", que recebe muito menos, está diretamente relacionado com o desempenho do "quarterback", que rapidamente se lesiona e fica de fora da época, com custos significativos para a equipa. Ninguém conhece o defesa esquerdo, mas toda a gente conhece o defesa. Este conceito aplica-se a cenários empresariais. Se a equipa de TI não fornecer soluções de hardware e software que funcionem, as pessoas das operações, que podem ser mais visíveis, terão um desempenho fraco. O chefe de equipa da operação pode ser despedido porque não conseguiu cumprir os objectivos de desempenho de custos padrão, apesar de receber menos do que a pessoa de TI que não forneceu o apoio necessário para o seu sucesso.

Uma organização deve proteger e apoiar as pessoas que criam valor para os seus clientes (Frey, Bayón, & Totzek, 2013). Devemos saber quem são elas. Um porta-aviões não funcionaria um porta-aviões não funcionaria se não tivesse um cozinheiro na cozinha ou alguém para lavar a louça. As organizações devem conhecer as suas pessoas críticas porque são elas que têm o impacto mais significativo no seu sucesso (e não há problema se for a máquina de lavar loiça). Em alternativa, as organizações têm de conhecer as partes interessadas que não têm um papel significativo na melhoria dos resultados ou na criação de resiliência organizacional. As pessoas criam processos utilizados para fabricar produtos que depois se transformam em lucros e saúde financeira financeiros para a empresa (Davila, Epstein, & Shelton, 2012). A batalha para captar os melhores talentos (por vezes da concorrência) deve incluir a contribuição de valor de funções específicas e a necessidade de um bom ajuste. A capacidade de executar colocação de talentos é uma vantagem competitiva competitiva (Lawler, 2010).

Manter o talento também é fundamental para a serendipidade da engenharia. A proposta de valor de um proposta (EVP) de um colaborador está relacionada com o que o colaborador recebe pelo que dá. Os trabalhadores contribuirão com o seu tempo, ideias e energia e receberão uma recompensa pelo seu investimento (Sirota & Klein, 2013). As recompensas devem ser significativas para o trabalhador e não para a empresa. Por exemplo, as recompensas podem ser tempo livre em vez de pagamento de horas extraordinárias. Cada pessoa tem a sua perceção de valor quando se trata de recompensas. Quando uma organização tem um EVP mais forte do que os seus concorrentestem uma vantagem em termos de recrutamento (Kumar & Pansari, 2016). Pode atrair melhores talentos porque os grandes empregados querem trabalhar com e para grandes empregadores que têm um objetivo convincente. Tanto os talentos como os clientes são atraídos por uma organização *bem organizada*. Um ambiente de trabalho ordenado ajuda a reduzir o desperdício de esforços (Al-Aomar, 2011; Womack & Jones, 2015). Existe algo que torna a sua organização atraente para um talento extraordinário?? A organização permite que grandes funcionários causem um impacto significativo? Saiba que os talentos extraordinários não vão acreditar na visão geral da empresa feita pelos RH. Eles vão olhar para sites de mídia social e conversar com seus funcionários sobre como é trabalhar em sua organização (Mičík & Mičudová, 2018). Depois, eles decidirão (adivinharão) se são adequados ou não. Se quiserem crescer, inventar algo ou contribuir para a sua comunidade, procurarão isso num empregador. Saber quem está pronto para deixar a sua organização pode surpreender os os actuais empregados. Igualmente surpreendentes podem ser os resultados da pergunta: "De todas as pessoas da empresa, para quem gostaria de trabalhar?" O que é que eles diriam? A pergunta pode ser relevante se acreditar que os empregados deixam os patrões e não as empresas. Agora uma história.

Liz estava enterrada no trabalho. Tinha sempre uma fila de e-mails sem resposta na ordem dos 100. Parecia que nunca conseguia avançar com uma tarefa de melhoria para o seu departamento. Muitos processos e aspectos culturais precisavam de ser corrigidos, mas ela não conseguia fazer quaisquer alterações. Não tinha capacidade para o fazer. O seu diretor não sabia como a pôr em prática embora o resto da cadeia de abastecimento dependesse muito dela. O seu chefe, Bob, começou a conhecê-la porque passava por lá quase todos os dias durante cerca de 15 minutos. Entrava no seu gabinete com uma atitude positiva e perguntava-lhe como estava a correr. A história era a mesma todos os dias: "Estou enterrada", ou o equivalente. Ele continuou a empurrá-la para a frente e ensinou-a a deixar de fazer ou a delegar as coisas que não devia fazer. Reconfigurou a forma como ela fazia o seu trabalho. Continuou a insistir, mesmo aos fins-de-semana. Ela copiava-o nos seus e-mails para obter apoio. Ela sentiu que o apoio estava lá para ela e aproveitou-o. Ao longo deste compromissodescobriu que a sua equipa não estava alinhada. Grande parte da sua energia grande parte da sua energia era consumida por aquilo que parecia ser um trabalho *de pastoreio de gatos*, que tinham opiniões diferentes sobre o que devia ou não devia ser feito e sobre a forma como o trabalho devia ser efectuado. O Bob certificou-se de que a Liz compreendia que o sucesso do departamento era da sua responsabilidade. Ele estava lá apenas para a apoiar. Ela sentiu o peso da situação e começou a tornar-se mais assertiva. Tomou decisões mais rapidamente. Era mais direta e menos prolixa nas suas opiniões. Era uma especialista na sua área. A influência pessoal ajudava-a a tomar decisões quando se afirmava.

Em última análise, ela precisava de encontrar a sua autoridade e de tirar partido dos seus conhecimentos. O Bob pediu-lhe para se concentrar na qualidade das entregas e deixar o resto para os outros. Liz conseguiu formar os seus trabalhadores aproveitando o feedback dos departamentos de controlo de qualidade a jusante e orientando os membros da sua equipa. À medida que os membros da equipa se tornavam mais capazes, cometiam menos erros. Este trabalho era muito subjetivo e cheio de oportunidades para desiludir os clientes. Ela criou fronteiras de conhecimento para a sua equipa, ajudando-a a fazer boas escolhas quando eram necessárias decisões subjectivas. O feedback dos departamentos de CQ (controlo de qualidade) foi que foram detectados menos problemas nos resultados de Liz. O feedback continuou e Liz continuou a melhorar. Liz descobriu-se a si própria à medida que o seu papel se modificava para se adaptar a ela e podia delegar tarefas que não eram os seus pontos fortes a outros à sua volta. Quando se apercebeu de que era muito difícil controlar tudo ao mesmo tempo, teve de fazer escolhas difíceis para abandonar algumas das tarefas que lhe tinham sido atribuídas. Aprender a confiar nos outros foi necessário para levar a equipa de desenvolvimento a fornecer soluções sistémicas eficazes. Agora, estava no topo do seu trabalho em vez de estar enterrada debaixo dele. Conseguia olhar para a frente e ver o que estava para vir no horizonte. Podia prever as mudanças necessárias e preparar-se para elas. Esta informação ajudá-la-ia a preparar a sua equipa para o que estava para vir. Teve de ir ao fundo e de *se tornar primordial* para fazer o movimento acontecer, mas valeu a pena.

Resumo

Nesta secção, discutimos a estrutura do livro no que diz respeito aos atributos que serão discutidos em cada parte da cadeia de abastecimento. Em cada um dos seis segmentos, foram discutidos seis atributos. Por exemplo, no que diz respeito à liderança, ser ágil é um componente crítico que resulta em serendipidade. Estes seis segmentos são típicos de qualquer empresa, consoante a sua dimensão. As funções existem em algumas empresas mais pequenas, mas podem estar consolidadas sob um único líder. Os seis atributos para a engenharia da serendipidade utilizando a liderança são críticos porque estão relacionados com a excelência da execução. Cada um destes atributos contribui para o desempenho, eficiência e rapidez. Ao longo do livro, espero que isto se torne mais claro à medida que avança para a secção seguinte. O livro está organizado de forma a que possa ler o livro todo e depois voltar às secções que lhe interessam. Na secção seguinte, são discutidas tácticas específicas para cada elemento da estrutura que relaciona os atributos descritos com a liderança. Os atributos são necessários para a engenharia da serendipidade. Alguns destes atributos vão ser do seu agrado, outros não. Escolha o que o ajudará e crie a sua serendipidade.

Na próxima secção, discutiremos itens tácticos para cada elemento do quadro. Alguns dos elementos podem ser aplicáveis ou ter ressonância. Dos quase 800 itens tácticos, não se espera que o leitor concorde com todos eles. Mesmo assim, alguns deles devem ter sido úteis. O autor, um profissional, espera que alguns deles possam ser utilizados para melhorar a vida profissional do leitor, com o objetivo de melhorar a qualidade de vida em geral. A gama completa de possibilidades não pode ser coberta; no entanto, o quadro permite uma cobertura significativa de uma série de tácticas que podem engendrar a serendipidade utilizando tácticas de liderança.

Liderança

O contexto da Liderança atravessa um conjunto de funções e disciplinas. Em última análise, é a influência necessária para atingir um objetivo a tempo ou antes (Chemers, 2014; Spreier, Fontaine, & Malloy, 2006). Idealmente, isto acontece com o mínimo de esforço. Embora existam muitos pontos de vista sobre a liderançaEsta visão simples é significativa para as empresas que pretendem criar a serendipidade enquanto servem os seus mercados. Naturalmente, a organização precisa de estar alinhada numa direção significativa com os clientes que querem pagar pelos serviços (Schneider, Macey, & Young, 2013). A liderança é empática ao ver necessidades não atendidas e satisfazê-las através da resolução de problemas (Dhiman, 2017). A liderança não acontece sem dor e sacrifício. Em última análise, o objetivo de um líder é criar riqueza e realização para todas as partes interessadas envolvidos na organização (Caldwell, Dixon, Floyd, Chaudoin, Post, & Cheokas, 2012). As pessoas que seguem um líder fazem-no mesmo quando o líder não está a ver. O impacto do líder é mais significativo do que pensam, pelo que deve ser levado a sério. Em muitos casos, as pessoas dependem do líder para a sua sobrevivência, ou melhor ainda, para a sua serendipidade. As listas de princípios que se seguem não pretendem ser exaustivas; são apenas sugestões de tácticas que podem ser utilizadas para criar o acaso no contexto dos atributos. O primeiro atributo a ser discutido é estar à frente. Discute-se o que isto significa e, em seguida, segue-se uma lista de tácticas, sem ordem específica, dentro deste atributo. Cada tática é numerada, tem duas palavras como etiqueta e segue-se uma descrição da tática.

Estar à frente

No próximo mês podem acontecer algumas coisas que vão mudar o panorama empresarial. Sabe quais são? Já está a adaptar-se para enfrentar o desafio? Um líder eficaz deve olhar em frente e agir. A ação tem de ser preparada para o futuro, de modo a que, no momento certo, a ação se torne valiosa.a ação se torne valiosa. Atualmente, pode não parecer prudente. Olhando para trás, as decisões que foram tomadas revelam-se significativas e benéficas para a rentabilidade e o sucesso da organização. Estar à frente significa que o líder está a liderar a partir de um estado futuro. Ele sabe onde a organização deve estar e leva-a até lá.

Figura 16. Manter-se à frente significa marcar o ritmo e ser resiliente até ao fim.

Eis algumas tácticas que os líderes podem utilizar para criar a serendipidade, estando à frente:

1. ***Encontros frutuosos*** : Um encontro cara a cara pode eliminar muitos e-mails. Visite proactivamente as pessoas que pensa

que querem ou precisam de se encontrar consigo. As mensagens de texto e os e-mails tornar-se-ão complicados após várias rondas em que não se chega a uma conclusão. A linguagem corporal pode ser utilizada para melhorar a comunicação presencial.

2. ***Quebrando o bem*** : Os líderes que são ávidos de negócio e não estão preparados para o aceitar, quebram as coisas de forma reactiva para conseguir o negócio. Depois queixam-se de que os níveis de serviço baixaram e de que os lucros não são suficientes para se livrarem de uma decisão errada. As boas oportunidades são frustradas por pessoas gananciosas e incapazes de as executar.

3. ***Bola de cristal*** : Certifique-se de que a sua capacidade de prever eventos e consequências de decisões é exacta. Trabalhe este aspeto como uma competência. Utilize o feedback para aperfeiçoar esta capacidade. Aprenda com cada previsão. Decidir como é que a previsão poderia ter sido mais precisa. A intuição é uma capacidade que pode ser aperfeiçoada e reforçada com o uso. Saiba porque não foi exato sempre que falhou uma previsão, mesmo que ligeiramente. A sua reação ao feedback é fundamental para desenvolver esta capacidade.

4. ***Inches Ahead*** : Se olhar apenas 15 centímetros à frente, não verá as outras partes da questão que não estão a ser abordadas. Está também a criar problemas ou a acumular vulnerabilidades fora do seu campo de visão, com as quais terá de lidar assim que elas entrarem no seu campo de visão. O sucesso a curto prazo pode resultar num fracasso consistente e mais significativo apenas um pouco mais tarde. As ameaças estão continuamente a surgir fora do seu campo de visão. Antecipe-as e veja-as de modo a estar preparado.

5. ***Líder proactivo*** : A empresa estará sempre a apanhar o líder proactivo. Eles não ouvirão porque não acham que uma solução preditiva seja necessária. O fator confiança torna-se crítico para que se tornem os primeiros a adotar. Outras opções poderiam incluir não ser proactivo ou ser proactivo mas com uma exposição mais pequena. Quando a necessidade se tornar evidente e a reação for "Onde está esta capacidade?", estará pronto para implementar a sua solução madura. O líder proactivo não será ouvido numa cultura reactiva. Não o espere.

6. ***Plano Estratégico*** : Existe uma visão de onde a empresa precisa de estar daqui a cinco anos? Alguém está a trabalhar para que isso aconteça? As dependências numa cadeia de abastecimento são significativas. Olhar para o futuro a cinco anos é relevante porque não é muito tempo para adotar um plano global. As decisões devem ser tomadas tendo em conta um estado futuro. futuro. A visão para o futuro pode mudar, mas o alinhamento deve estar sempre presente para coordenar os esforços.

7. ***Hero Dependency*** : O alívio temporário é apenas o que se consegue com mudanças insustentáveis. Temos sempre de pensar no futuro e fazer com que essas melhorias aconteçam o mais rapidamente possível. No modo reativo, dependemos de heróis que podem ou não ser bem sucedidos ou empenhados. Eles podem ficar de baixa quando mais se precisa deles. Execução proactiva faz com que dependa de um bom planeamento e de um bom processo, que irá produzir resultados de forma consistente. É melhor não trabalhar de pânico em pânico. É melhor trabalhar de forma mais inteligente, não mais difícil. Uma mudança insustentável depende de heróis pouco fiáveis. Uma mudança insustentável depende da

disponibilização de recursos emprestados. Os heróis inteligentes vão aproveitar o sistema e receber bónus pontuais pelos seus esforços. Não são fiáveis a longo prazo e não devem fazer parte dos planos futuros. planos futuros.

8. ***Necessidade de Transparência*** : A certa altura, os líderes devem ter a maturidade suficiente para dizer o que precisam para atingir os objectivos da empresa. Evitar pedir só torna a situação mais arriscada. Os líderes devem conhecer os seus objectivos e garantir que os seus pedidos estão alinhados com os mesmos, mantendo o valor da marca da organização da organização. A disponibilização de dados ou análises pode provar um ponto que seria difícil de estabelecer de outra forma.

9. ***Cultura de fluxo de trabalho*** : Criar uma cultura que aproveite os fluxos de trabalho para análise. Qualquer pessoa deve ser capaz de documentar um fluxo de trabalho. As especificações do fluxo de trabalho devem ser precisas para normalizar o aspeto dos fluxos de trabalho criados. Cada etapa do processo deve ser conhecida por um operador da sua área. As oportunidades de melhoria devem ser solicitadas aos melhores operadores após a análise dos desenhos do fluxo de trabalho. Trata-se de oportunidades de automatização, eliminação de desperdícios, alterações de métodos, infusão de tecnologia, etc., e e, consequentemente, a melhoria da fiabilidade que é visível no desenho do fluxo de trabalho.

10. ***Sequência do solucionador*** : Para resolver um problema, é necessário planear a solução, pôr a solução em prática, deixar a poeira assentar e validar que o problema está resolvido. Se o ciclo for quebrado, a solução não produzirá um benefício. O ciclo terá de ser repetido para aumentar a maturidade da solução. Com

qualquer solução, alguns dos riscos são mitigados; no entanto, o risco residual é uma nova oportunidade para uma solução melhor.

11. ***Compreender o que está à frente*** : Um líder precisa de ter uma boa compreensão do que está prestes a acontecer. A obsessão pela ação seguinte está ligada a uma noção do que deve acontecer e das consequências. Um líder com capacidade de previsão conhece e pode prever as tendências futuras. tendências futuras. O feedback olha para trás e é reativo. Feedforward é olhar em frente para o que está para vir. O que está para vir pode incluir perturbações ou transformações do mercado. Trabalhe na sua capacidade de prever o futuro com precisão.

12. ***Contexto ambiental*** : Um líder deve ser capaz de compreender o contexto do ambiente em que está a trabalhar. Um líder que não compreenda o contexto pode não ser levado a sério. O contexto do ambiente pode incluir as seguintes áreas que precisam de ser bem compreendidas: a história da empresa até agora, o funcionamento interno da empresa (relações entre funcionários), o funcionamento externo da empresa (relações com contactos críticos com clientes) e uma compreensão das expectativas de todas as partes interessadas. Sem compreender estes contextos, o líder terá dificuldade em tirar partido deste conhecimento de base e desenvolvê-lo de modo a que a empresa possa avançar para um lugar melhor.

13. ***Cultural Miss*** : O que é que a cultura que falta para ter sucesso neste mercado? O cenário competitivo competitivo e o ambiente de negócios estão em constante mudança. Para que uma organização seja o que os seus clientes precisam, deve ter uma cultura relevante para as exigências actuais. A cultura deve aplicar-se

ao presente e trabalhar ativamente nos elementos corretos para estar à frente no futuro. Fechar a lacuna para onde a organização precisa de estar pode ser uma linha de base para a evolução organizacional contínua.

14. ***O Porquê*** : Certifique-se de que as pessoas com quem trabalha e que influencia compreendem o "porquê" por detrás do "quê". Muitas vezes, saltamos prematuramente para o "quê" ou para o "como" e depois perguntamo-nos porque é que não há energia suficiente para completar a lista de tarefas. Parte da razão para isso é o facto de os participantes não compreenderem porque é que as tarefas são o que são. A atribuição de tarefas é diferente da energia inspiradora que advém do facto de os participantes saberem e compreenderem por que razão as tarefas são o que são. Melhor ainda, ajudar os participantes a perceberem porquê e depois dar-lhes a oportunidade de ajudarem a decidir as tarefas. Neste caso, a inspiração é associada à adesão para obter melhores resultados.

15. ***Inspiração Ressonante*** : Ajudar os participantes numa iniciativa a ligarem-se a algo maior do que eles próprios, de modo a que se sintam motivados a atingir os objectivos que lhes são propostos. Podem ser estabelecidas outras ligações quando os objectivos estão relacionados com o auto-aperfeiçoamento. "Se conseguirmos atingir este objetivo, será mais competente na sua área de interesse do que antes." A aprendizagem é fundamental para o progresso, pelo que o auto-aperfeiçoamento é intrínseco à realização. O auto-aperfeiçoamento é reforçado quando a iniciativa tem repercussões para o participante. O grau de ressonância da iniciativa está relacionado com a forma como as tarefas são enquadradas. Se o participante não acreditar que as tarefas conduzirão ao seu auto-aperfeiçoamento com base no

enquadramento da atividade ("As tarefas desta iniciativa não me interessam."), ficará menos motivado. O participante rejeitará qualquer enquadramento das tarefas ou da iniciativa que não lhe agrade. Se houver uma lacuna a ser preenchida, então o enquadramento do participante deve ser entendido, e pode ser necessário reenquadrar para restabelecer a ressonância. "Agora que vejo que isto vai ajudar a comunidade de utilizadores finais, sei que posso fazer a diferença ao realizar estas tarefas."

16. ***Factores ocultos*** : *Os factores* podem ser invisíveis ou ignorados. Por exemplo, a redução do moral pode passar despercebida até que os números do volume de negócios chamem a atenção. Nessa altura, é demasiado tarde e a dinâmica favorece a queda do moral dos que tencionam sair. Estar à frente de factores como este é fundamental para uma dinâmica positiva, encorajando a lealdade e até mesmo a indicação de talentos durante o crescimento. Um líder deve sempre pensar nos factores ocultos e em como estes podem ser afectados de forma proactiva antes de se tornarem influentes. Uma postura preditiva reduzirá o caos que vem da alternativa.

17. ***Brainstorming incompleto*** : Algumas pessoas juntam-se, conversam e chegam a uma *boa ideia*. O problema é que a ideia é superficial e incompleta. Os aspectos críticos do conceito são omitidos e a solução fácil transforma-se numa oportunidade complexa de fracasso. As sessões de brainstorming precisam de se concentrar As sessões de brainstorming devem centrar-se nas variáveis críticas e não omiti-las por conveniência. Uma solução rápida pode destruir a carreira da vítima. Se foi eleito para executar uma tarefa que é o produto de uma atividade de brainstorming, não se esqueça de fazer perguntas sobre as variáveis críticas. Se não

existirem soluções para estas variáveis, considere se vale a pena aceitar a tarefa. Se houver uma forma de ser bem sucedido apesar do brainstorming superficial, pode aceitá-la.

18. ***Recursos necessários*** : Considere a possibilidade de pedir os recursos necessários para uma iniciativa; não comece enquanto não os tiver. É preciso evitar o risco de fracasso. Ser-lhe-ão prometidos os recursos e, se estes se atrasarem, o prazo da tarefa terá de ser alterado. Poderá nunca obter os recursos, o que fará com que a tarefa deixe de ser aceite. Certifique-se de que diz "Assim que os recursos estiverem disponíveis, presentes e prontos, começarei" e reponha o marco na linha de tempo geral em conformidade. Sim, existe um prazo de preparação, por isso, planeie-o.

19. ***Perguntas curiosas*** : Fazer perguntas com sentido. Talvez já saiba a resposta, mas é bom conhecer os factos por detrás dos factos. Vá mais fundo. Compare as suas percepções com as dos outros para ver se a sua intuição está correta. As perguntas podem ser utilizadas para levar as pessoas a pensar numa direção. Ao iluminar o caminho, as pessoas envolvidas podem dar os passos corretos. As perguntas são excelentes ferramentas para criar mentalidades, orientar as pessoas e criar alinhamento, especialmente quando chegam à conclusão desejada.

20. ***Visão Execução*** : Uma coisa é ter uma visão, outra é ser capaz de a executar executá-la. Uma coisa sem a outra não tem sentido. Assegure-se de que os outros sabem para onde se dirige e ajude-os na sua viagem até lá. Poderá ter de assumir o controlo da reunião. Depois, reúna-se com eles para que compreendam o que está a fazer. A sequência de passos será necessária para mudar a mentalidade de tolerar uma discussão sem valor para catalisar

mentalidades em evolução. Fazer com que as partes interessadas interessados no destino, mas certifique-se de que eles sabem qual é o próximo passo nessa direção. Cada marco é importante, e nenhum deles é fácil de alcançar. Ter sorte não é adequado porque as probabilidades não estão a seu favor. Nem "Tivemos um mês mais fácil desta vez". Não se trata de uma medição relativa. Atingimos ou não os nossos objectivos? O processo deve estar a melhorar, um passo de cada vez. O progresso deve ser previsível, e não há lugar para desculpas ou culpas. Gerir os obstáculos e ultrapassá-los com menos esforço cada vez, porque a sua capacidade de resolução de problemas está a melhorar. Ser o melhor não é fácil, mas é gratificante.

21. ***Erro de ótica*** : Cuidado com a ótica. Quando alguém olha para os números e eles parecem maus, é possível que nada possa ser feito para os melhorar, mas eles continuam a parecer maus. Se reconhecer uma má ótica, esteja preparado com respostas; isso pode ser útil. Alguém que veja os números pode levá-los ao chefe e dar o alarme. Ou o chefe pode vê-los de outra forma. De qualquer forma, serão necessárias respostas. Esteja preparado para a mensagem de correio eletrónico ou para o telefonema, porque está a chegar. Diga qual é o problema e, em seguida, diga o que está a fazer para o resolver. Pergunte-lhes se têm uma ideia melhor. Aceite as suas reacções e ponha-as em prática. Lembre-se de que os números podem ser bons, mesmo que, opticamente, pareçam maus.

22. ***Drenagem ótica*** : Quando a ótica se torna uma prioridade devido a uma crise na produção, a gestão da ótica consome a capacidade de produção. Os principais líderes das operações serão arrastados para actividades que não acrescentam valor (recolha de dados, elaboração de relatórios, resposta a

perguntas, educação do cliente) e que irão consumir a capacidade de produção.-(recolha de dados, elaboração de relatórios, resposta a perguntas, educação do cliente) que serão necessárias para a gestão da ótica (por exemplo, relações públicas). Considere que esta perda de capacidade pode piorar a recuperação da crise, uma vez que a produção será prejudicada pela perda de influência da sua gestão enquanto está a fazer a triagem de um problema. A produção será afetada pela perda de influência sem a intervenção da liderança para resolver os problemas, e os números provavelmente piorarão.

23. ***Solução errada*** : O chefe tem na sua cabeça que existe uma resposta para os problemas. É a seguinte: "Se nós apenas ... então não teríamos nenhum desses problemas". A solução demasiado simplificada acontece porque é fácil de conjurar, e é tipicamente parcialmente correta e parcialmente errada porque não existe uma resposta fácil; é mais complicado do que isso, e eles não compreendem o problema suficientemente bem para dar uma resposta significativa. A realidade é mais complexa do que parece à primeira vista. O problema é que a solução simples criará outras questões, algumas visíveis e outras não visíveis. O ciclo repetir-se-á na próxima ocorrência do erro.

24. ***Hora certa*** : Há uma hora certa para fazer algo. Se for cedo, será mais difícil de realizar e não terá eco junto dos participantes. Crie as condições para que os participantes sintam que é a altura certa para fazer algo. Se eles estiverem a bordo, a energia será gasta de forma mais eficiente. Se se atrasar numa iniciativa, estará em modo de triagem ou de crise para recuperar o atraso. O risco de atingir a paridade com as expectativas é maior, e existe o perigo de stress na capacidade da organização para fazer uma mudança rápida.

25. ***Previsão de Mudança*** : Anuncie que vai fazer algo significativo. Divulgue-o amplamente para que muitas pessoas o saibam. Elas começarão a discutir o assunto entre si. As questões que são relevantes e que precisam de ser respondidas irão surgir. A interação é útil porque agora existe um diálogo relevante e as questões estão a tornar-se conhecidas. As pessoas começarão a adotar a ideia quanto mais pensarem nela. Em breve, estarão à espera que isso aconteça. Ficariam desiludidas se isso não acontecesse. Acabou de lidar com uma quantidade significativa de resistência que, de outra forma, teria sido assustadora.

26. ***Estratégia Documental*** : Por vezes, pensar no futuro é demasiado avançado para o patrão, especialmente se este quiser ser o responsável por todas as ideias de futuro. Documente as suas ideias, mesmo que sejam rejeitadas. Envie-as por correio eletrónico e guarde a rejeição, se a receber. Mais tarde, vão pedir-lhe que pense na resolução de um problema e pode dizer que já o fez e que já lho transmitiu. Consulte a data da mensagem de correio eletrónico que enviou. Reencaminhe-o, se necessário. Pergunte se agora é a altura certa para avançar com a solução. O chefe pode começar a confiar na sua capacidade de pensar no futuro.

27. ***Contratação futura*** : Contratar pessoas para aquilo de que a organização necessitará daqui a três anos (pode utilizar um número diferente). Determinar o destino e recrutar para os comportamentos, atributose competências aplicáveis. Adequar as competências ao ambiente previsto. Quanto mais o futuro for compreendido, maiores serão as hipóteses de se conseguir uma correspondência. Contrate por comportamentos, uma vez que estes são menos ensináveis. As competências são ensináveis. Que

competências e comportamentos são necessários num futuro próximo? Comece já a formar talentos para o futuro.

28. ***Auto-confiança*** : Há quem diga para confiarmos na nossa intuição. A intuição pode estar completamente errada. A julgar pela curta duração dos cargos de diretor executivo, diria que mesmo a sua intuição também não é assim tão boa. E se fosse, as regras do jogo tinham mudado. Por vezes, não se pode confiar em si próprio. Saiba quando é que isso acontece e peça a alguém que lhe dê feedback ou recolha mais informações para testar as suas percepções. Há um equilíbrio entre confiar em si próprio e confiar nos outros para o informar. Não é, nem deve ser, unilateral. Faça as perguntas certas para obter a realidade. Depois, decida se a sua intuição estava correta ou não. Dê feedback a si próprio para que, da próxima vez, confie mais em si.

29. ***Incubadora de Líderes*** : Como líder, tem de ser capaz de incubar vagas de líderes influentes. Os melhores líderes escolhem e criam outros líderes. Os protegidos devem prevalecer e ser promovidos para que a força do banco esteja continuamente disponível. Um mau líder contratará maus líderes. Investir a energia para garantir que o líder modelo é o que precisa de ser. Conheça os pormenores sobre o que é isto.

30. ***Espaço de oportunidade*** : Procurar sempre oportunidades. Dentro de um âmbito de restrições, existe um espaço para oportunidades, dependendo da situação. Saiba quais são e planeie um *passo* para aproveitar essa oportunidade. Ser capaz de excluir as oportunidades que se transformarão em perdas. Em alguns casos, uma oportunidade pode ser um fator de perda. Compreender

qual será o valor total da oportunidade. Utilizar esta informação para avaliar os benefícios de concretizar a oportunidade total.

31. ***Catalisar a ressonância*** : Faça com que as pessoas que lidera acreditem no futuro que está a implementar. Certifique-se de que elas o compreendem e de que faz sentido. Deve parecer lógico e razoável. Elas devem sentir que o destino é suficientemente desejável para efectuarem mudanças pessoais significativas. Devem também estar dispostas a fazer a viagem consigo e a tentar chegar mais cedo.

32. ***Previsão do moral*** : Compreender o que acontecerá ao moral se uma ação ou decisão for tomada. A previsibilidade da reação pode ajudar o líder a mudar de rumo, a agir de forma diferente, a adiar a ação ou a cancelá-la. A sua intuição é fundamental para antecipar ou evitar um cenário destrutivo. Se a sua ação se destina a aumentar a produtividade mas o tiro sai pela culatra e as pessoas mais produtivas desistem ou vão embora, toda a atividade não valeu a pena.

33. ***Liderança Fraca*** : A fraqueza é provocadora. As pessoas traçam a sua rota ou tentam assumir o controlo quando a vêem. Antecipe-se a isso sendo agressivo e virado para o futuro. Avance ardentemente para que todos possam beneficiar em conjunto. Se houver confusão sobre a sua responsabilidade ou autoridade, isso conduzirá a uma destruição mútua assegurada porque todos serão afectados.

34. ***Culture Forecasting*** : Sabe onde está a sua cultura está agora e para onde está a ir? A sua cultura é o principal fator de desempenho. Avaliar a sua situação atual é fundamental para compreender a diferença entre o presente e o futuro ambicionado. A

imagem da cultura futura deve ser estabelecida, mesmo que venha a ser modificada e ajustada. É preciso chegar a um ponto significativo para a organização. Preveja o que a cultura precisa de ser e faça-a evoluir rapidamente nessa direção.

35. ***Clima de crescimento*** : Fazer com que todos se entusiasmem com o crescimento. O crescimento significa mudanças e a adoção de novos fluxos de trabalho, produtos ou serviços. Novas pessoas entrarão em cena com novas competências e as relações mudarão. A novidade pode ser desconfortável. Lembre-se que o líder é o principal impulsionador do clima na organização. As pessoas seguirão o exemplo do líder, incluindo as normas e os valores exibidos.

36. ***Promoção do equilíbrio*** : Seja a pessoa que ajuda as pessoas a readquirirem o seu equilíbrio continuamente à medida que as coisas mudam. Uma pessoa equilibrada terá um melhor desempenho do que uma pessoa frustrada. É natural que nos desequilibremos. Temos de saber intencionalmente o que aconteceu e, em seguida, tomar medidas deliberadas para restabelecer o equilíbrio. Uma acumulação de desequilíbrios pode transformar-se numa crise caótica.

37. ***Liderança Distribuída*** : Assegurar que a liderança necessária é distribuída de forma adequada para e colaboração. Quando a liderança é centralizada, pode ficar bloqueada porque uma pessoa toma todas as decisões. É como uma equipa de basquetebol em que uma pessoa tem de ter sempre a bola. Se a liderança for descentralizada e os direitos de decisão são conhecidos, então a velocidade da tomada de decisões é optimizada. Os líderes num modelo federado também podem transferir os direitos de decisão

para os seus subordinados, aumentando ainda mais a velocidade e a precisão das decisões.

38. ***Gestores Progressistas*** : Os gestores devem passar pelo menos 25% do seu tempo a fazer avançar o seu departamento. Podem utilizar o resto do tempo para executar as tarefas de rotina que fazem parte do seu trabalho. Sem o tempo gasto a avançar, a organização não mudará, ficará estagnada e ficará para trás. Não fazer nada é ficar para trás porque o ambiente está sempre a mudar. Os gestores devem encarar o progresso como uma prioridade. Além disso, o progresso por si só não é a resposta, pois deve acontecer a um ritmo adequado à luz do ambiente competitivo. competitivo.

39. ***Cronicamente reativo*** : Uma cultura reactiva é o inimigo porque esta organização depende de heróis mas só tem sucesso se os heróis vencerem. Os heróis podem ficar cansados, desinteressar-se, não aparecer a horas ou demitir-se. O que é que acontece depois? Podem não querer continuar a ser heróis, por isso vão-se embora. Os heróis mantêm a empresa refém e conseguem o que querem, mesmo que sejam incompetentes. Quebre o ciclo de estar continuamente numa posição em que está a reagir a crises. Uma postura reactiva é uma doença que requer tratamento. É preciso haver um equilíbrio entre o proactivo e o reativo. Quando cada ação é reactiva, os problemas são tratados individualmente. Quando se é proactivo, é possível lidar com uma classe de problemas e evitar que muitos deles voltem a acontecer ou mesmo que aconteçam pela primeira vez. Avalie as vulnerabilidades e não as queixas. A eliminação das vulnerabilidades eliminará as queixas. A pessoa que beneficia da melhoria pode dizer: "Porque é que não fizemos isto há XX meses?"

40. ***Previsão de tudo*** : Prever tudo o que for possível para poder planear eficazmente. Qualquer recurso que deva ser consumido deve ser previsto, incluindo o tempo. A preparação para uma atividade deve ser prevista. A execução das actividades deve ser prevista. A monitorização dos resultados deve ser prevista. Ajustar o processo com base no feedback dos resultados deve ser previsto. Tudo o que não for previsto pode tornar-se uma vulnerabilidade.

41. ***Fresh Issue*** : Lidar com os problemas dos clientes (como acções corretivas) enquanto estão frescos na mente de todos. Tenha um acordo de nível de serviço (SLA) de encerramento do problema de XX horas a partir da notificação do cliente. Se a vulnerabilidade de um problema não for compreendida logo após a sua exploração, os factos desaparecem ou desvanecem-se. Obter os factos de todos os participantes produzirá uma imagem informada de todos os factores contribuintes. A omissão de um fator crítico pode levar à resolução do problema errado ou à não resolução do problema de todo.

42. ***Meses à frente*** : Se as pessoas se queixam continuamente de estarem três meses atrasadas nas iniciativas, comece a concentrar-se nas actividades que devem ser concluídas daqui a três meses. Altere o prazo de acordo com as necessidades. Estabeleça prioridades com base no que é necessário a tempo e depois trabalhe nas prioridades mais baixas para reduzir o atraso. Acelere a taxa de realização, concentrando-se na sequenciação e na execução de um caminho crítico simplificado.

43. ***Código de construção*** : Crie as regras para construir o que é necessário. Construir um fluxo de trabalho ou processo sem entender as restrições e requisitos leva a retrabalho e desperdício de esforço. Construir apenas uma vez. A capacidade de planear

antecipadamente cada parte do esforço de construção permite que a eficiência seja inerente à criação de algo.

44. ***Níveis do sector*** : Para estar dentro de um grupo de concorrentes num sector, existe uma expetativa de qualidadequalidade, fiabilidade e serviço. Sem isso, não é um ator. É essencial saber quais são as expectativas dos clientes no sector para ter sucesso. Como cliente, tem uma expetativa do nível de serviço se encomendar comida num restaurante. Sabe o que é que o seu cliente espera? Tem conhecimento dos níveis de serviço dos seus concorrentes? É importante compreender estes níveis. Poderá ter de comprar algumas das suas ofertas para obter esta informação, mas uma vez conhecida, determine o que deve ser feito para exceder os níveis actuais. Podem ser adoptadas abordagens inovadoras para ser o padrão de excelência no sector. Sabemos quem faz o melhor gelado, que cadeia de hotéis tem o melhor alojamento e que aplicações produzem as melhores ofertas e são fiáveis. Já aproveitamos as nossas oportunidades para conhecer aqueles que são os melhores da sua classe. Enquanto organização, temos de determinar o que é necessário para sermos os melhores da classe para que os outros possam experimentar. Devemos ser a referência do sector para a qual os outros olham para determinar o padrão aceitável.

45. ***Panorama geral*** : Pode estar a tratar de questões micro relacionadas com uma atividade. Mas como é que se está a sair globalmente? Está a fazer progressos? Como é que sabe que está a fazer progressos? O seu sistema de medição fornece informações que indicam que estão a ser feitos progressos? Estas perguntas devem ser respondidas rapidamente.

46. ***Recolha de informações*** : Fornecer um quadro para a recolha de informações e fazer com que o perito em gestão de assuntos preencha os dados. A informação deve apontar para acções que precisam de ser tomadas. Assegurar que todos os dados são recolhidos em vez de informação selecionada que se enquadre na narrativa. Uma abordagem não tendenciosa produzirá o melhor resultado, uma vez que se baseia na verdade.

47. ***Ideia Marginal*** : Por vezes, os chefes têm ideias que simplesmente não são práticas. Reúna informações para o fazer notar. Avançar na direção e ficar aquém das expectativas. Mostre vontade de avançar nessa direção e apresente alternativas. Quando o chefe vê que há uma forma de escapar, é provável que escolha uma das suas alternativas.

48. ***Factos sobre o desempenho*** : Quando os factos relativos ao desempenho são mal comunicados, certifique-se de que os corrige. O conhecimento do desempenho é fundamental para as acções e tácticas. Se a informação sobre o desempenho não for exacta, as acções podem ser inadequadas e causar danos ao processo. Antes de considerar as tácticas, é necessário conhecer o desempenho exato. Considere se os aspectos do desempenho não são considerados (por exemplo, variáveis corretas, fórmulas precisas, etc.). Suponha que existem factores críticos e que estes devem ser incluídos. Ignore-os por sua conta e risco.

49. ***Necessidades de atenção*** : Prestar atenção às áreas que não estão a ser bem sucedidas. Normalmente, é nestas áreas que se encontram as oportunidades. Se estas áreas não forem objeto de atenção, provavelmente retrocederão. Por outro lado, se receberem atenção, poderão crescer e aumentar as suas receitas. Por

exemplo, se se espera que os trabalhadores aumentem a sua produtividade e pediram ferramentas para os ajudar nesse sentido, devem garantir que têm a capacidade e as ferramentas para alcançar os resultados desejados.

50. ***Prioridade da tarefa*** : Priorizar as tarefas com base num critério acordado, depois a tarefa será submetida de acordo com os requisitos. A capacidade de atingir uma especificação pode ainda não estar disponível. Não programe uma tarefa para ser concluída antes de a poder realizar com êxito. Não perca tempo e recursos numa tarefa com poucas hipóteses de sucesso. Por outro lado, uma tarefa prioritária deve ser executada com êxito. Dê-lhe a prioridade que merece para lidar com a pressão sobre o sistema.

51. ***Aprendizagem iterativa*** : Utilizar o feedback da avaliação de resultados para aprender continuamente a melhorar o processo. O feedback racional da avaliação de resultados pode impulsionar a evolução de um processo cada vez mais fiável. Estabelecer uma etapa evolutiva e avançar para a seguinte; no entanto, todos os esforços deve ser impulsionado por uma grande curiosidade e aprendizagem dos especialistas.

52. ***Organização que escuta*** : Promover uma organização que ouve. O facto de a organização ser introvertida não ajuda a melhorar a cadeia de abastecimento. Escute os problemas dos seus clientes com o desejo de compreender bem o que eles estão a passar antes de considerar soluções. Uma capacidade aguçada de ouvir ativamente implica ouvir e compreender. Nada da perspetiva do seu cliente deve ser perdido ou omitido. Ouvir é uma ação a 360 graus. Ouvir todos os que o rodeiam inclui ouvir os colegas e os

fornecedores, porque todos eles são fundamentais para o sucesso da organização.

53. ***Compreender as lacunas*** : Efetuar auditorias quando se pretende compreender as lacunas de desempenho e, em seguida, introduzir melhorias. O relatório de auditoria deve ser estabelecido com antecedência. O tipo de auditoria (produto, processo e sistema) deve ser determinado e influenciar o projeto. O destinatário deve responder às conclusões aquando da apresentação do relatório de auditoria. A conceção do relatório de auditoria deve ser acordada antes da publicação do primeiro. Pode ser realizada outra auditoria quando as acções corretivas tiverem sido instaladas para validar a sua eficácia.

54. ***Áreas de incidência*** : Designar áreas de foco áreas onde é possível obter um melhor desempenho financeiro financeiro é possível. Estes são locais onde existem oportunidades para um melhor desempenho financeiro. Ao designar estes locais, pode concentrar-se nas oportunidades. Regressar repetidamente à maior rubrica orçamental e fazer cortes não é saudável nem prudente. A parte que deve receber o foco deve ser onde está a oportunidade, que pode estar na rubrica orçamental mais pequena.

55. ***Bloqueio de tempo*** : Bloqueie tempo na sua agenda para pensar. Uma retrospetiva pode incluir reflexão, recalibração, criatividade e outras actividades que o ajudem a recarregar e a concentrar-se. Pode parecer uma perda de tempo; no entanto, o retorno do investimento será bom se a retrospetiva for bem executada. Se a sua energia for canalizada na direção errada, é um desperdício. Se for canalizada na direção certa, irá acelerá-lo no sentido de atingir os seus objectivos.

56. ***Prioridades de direção*** : Um comité de direção devidamente organizado pode ajudar a atribuir recursos para uma tarefa. O comité de direção deve ser gerido por diretrizes que permitam a todos os interessados participem efetivamente. O melhor resultado é ter um fluxo constante de ideias avaliadas para a afetação de recursos. Depois, são desenvolvidas e implementadas com, pelo menos, o benefício previsto. Todos os itens que necessitam de desenvolvimento devem ser documentados num formulário de pedido que os especialistas em fluxo de trabalho que os especialistas em fluxo de trabalho da comunidade de utilizadores preenchem. O comité diretor avalia estes formulários de pedido, uma vez que representam uma necessidade com um benefício. O modelo maduro fornece todas as informações relevantes capturadas dos utilizadores que beneficiarão do desenvolvimento. O comité determinará o esforço para cada item como parte do esquema de priorização. A discussão resulta na rejeição do pedido, no seu adiamento, na necessidade de revisão ou na sua integração com outras oportunidades. Quando o desenvolvimento estiver concluído e a aceitação do utilizador tiver resultado na correção de todos os erros, a ferramenta ou melhoria é lançada na comunidade de utilizadores. O proprietário da empresa defende o esforço de desenvolvimento, uma vez que o benefício será realizado no âmbito do P&L.

57. ***Energia estratégica*** : As sessões de estratégia são um bom uso de energia desde que o que é produzido na sessão valha a pena. Por vezes, gasta-se muito tempo e as pessoas sentem-se bem por se terem reunido (especialmente os extrovertidos). Ainda assim, os resultados para a energia gasta são extremamente baixos. O tempo foi gasto a perseguir os temas de estimação dos executivos.

Quando se olha para trás, a informação poderia ter sido partilhada num e-mail e as conclusões teriam sido óbvias. Em primeiro lugar, responda porque é que precisa que a reunião seja concebida como está. Pode poupar tempo e energia se garantir que apenas este formato pode produzir os resultados desejados. Certifique-se de que a estratégia tenha significado, ressoe e seja convincente. Decidir tirar o melhor partido de todos os envolvidos.

58. ***Pensamento prospetivo:*** Fazer sugestões sobre o que irá acontecer no futuro. A isto chama-se *feedforward*, que é o oposto de feedback. Seja um futurista interno, olhando sempre em frente e preparando-se para os desafios futuros. Pode não estar sempre correto; no entanto, o benefício de estar certo, por vezes, pode ser significativo e ultrapassar os erros. Se conseguir ver o que está para vir e antecipar-se, as pessoas ouvirão as suas sugestões com mais frequência. Lembre-se que o futuro é tanto a próxima semana como o próximo ano.

59. ***Orquestrar resultados:*** Descobrir uma forma de fazer as coisas acontecerem. Encontrar uma forma. Existem várias jogadas que podem ser executadas para alcançar o resultado. Algumas jogadas resultarão num ataque. Outras jogadas produzirão alguns resultados (jardas). Continue a executar as jogadas até atingir o objetivo. Existe uma sequência de jogadas que o levarão até lá. É preciso descobrir quais são elas e minimizar o esforço enquanto atinge os seus objectivos.

60. ***Origens desleixadas:*** Se vir uma desarrumação, descubra porque é que ela ocorreu antes de a limpar. O objetivo seria não ter confusão (pilha existente) e não ter as causas da confusão (novas pilhas). Se conseguir descobrir a razão da

desarrumação, pode atenuar a causa e eliminar a desarrumação numa base contínua. À medida que a desarrumação é limpa, passe de uma ação reactiva para uma ação proactiva. Atenuar o fator causador da confusão o mais rapidamente possível. Sem uma ação proactiva, a desarrumação será limpa continuamente e nunca parará. Para piorar a situação, pode ficar sobrecarregado com a confusão que o rodeia. Tenha em mente que a confusão pode consumir a sua organização.

61. ***Informação ativa:*** Forneça ao chefe dados sobre os quais ele possa atuar. Se conseguir recolher informações relevantes, holísticas e exactas, utilize-as para defender um ponto de vista ou para ser um catalisador de ação. Dados irrefutáveis podem despertar o interesse do chefe em fazer algo que também considera importante. Para manter a perceção de uma fonte fiável, certifique-se de que os dados são sólidos de todos os ângulos. Está a preparar o chefe para tomar uma decisão que terá impacto no resto da organização. A apresentação de dados tendenciosos pode quebrar a confiança na relação.

62. ***Entidades de ligação:*** Ligar duas partes para produzir valor. Se alguém tem algo valioso num departamento, seria benéfico se soubesse que essa pessoa poderia ajudar noutro. Os líderes devem ligar as entidades para o bem comum. A ligação também ajuda na troca de melhores práticas. Podem estar envolvidas duas empresas complementares. Juntas, elas podem mostrar que podem lidar com mais necessidades do cliente, reduzindo o número de fornecedores com os quais ele precisa lidar. Continue a acompanhar o cliente até que a relação esteja a funcionar. Depois, pode desvincular-se. Não deixe que a relação caia no esquecimento ou nunca amadureça.

63. ***Estratégia de comunicação:*** Uma estratégia de comunicação completa inclui quem deve saber o quê e quando. Algumas comunicações devem ser de âmbito geral. Outras comunicações devem ser dirigidas a equipas ou pessoas específicas. O plano estratégico de comunicação deve consistir em actividades periódicas e sequenciadas. O objetivo da estratégia de comunicação deve ser conhecido e incluir informar as partes interessadas que não estão interessados em lançar ou alimentar rumores. Todas as perguntas devem ser respondidas de uma forma ou de outra. O plano de comunicação deve pegar nas perguntas sem resposta e aplicar-lhes informação e sensemaking.

64. ***Objectivos agressivos:*** Faça com que os objectivos agressivos valham o esforço e a recompensa. É difícil alinhar-se com um plano que tem pequenas expectativas. Simplesmente não é inspirador. Celebrar um pequeno sucesso é trivial. Realizar o que parecia ser impossível faz com que todos se sintam confiantes nas suas capacidades. Um objetivo agressivo é algo que pode ser planeado e alcançado. Podem ser dados passos para lá chegar. Esta realização é uma recompensa significativa.

65. ***Atraso na inovação:*** Se mostrar uma ideia ao seu chefe que acha que trará valor para a organização, mas o seu chefe diz que não está interessado, guarde a ideia. Certifique-se de que está bem documentada e depois armazenada. Se era uma ideia promissora, talvez o momento tenha sido errado e ela voltará à superfície. O seu chefe pode lembrar-se dela e perguntar mais tarde se ainda tem a informação. Pode estar numa conversa ou numa reunião e a ideia pode voltar a surgir. Esteja preparado para retirar a informação e avançar com a ideia e a sua implementação quando for a altura certa.

Se estiver preparado, será uma boa oportunidade para si. Se a sua organização ainda não o quiser, talvez o seu próximo emprego o queira. Tenha isso em mente e esteja preparado.

66. ***Expectativa de recursos:*** Planear o número de recursos necessários para executar um plano. Se conseguir prever os recursos com exatidão, com base nas taxas de realização, então terá confiança quando fizer o pedido. Seja sincero sobre o facto de não ter recursos suficientes e quais serão as consequências. Se for visto como honesto nesta matéria, obterá mais frequentemente o que pede.

67. ***Perguntas dos proprietários:*** Ouça os tipos de perguntas dos proprietários de empresas. Estas perguntas representam o que lhes vai na alma. Algumas perguntas deveriam ser feitas e não o são. Algumas perguntas já não os preocupam. O conjunto atual de perguntas é o que lhes interessa agora. Forneça respostas às suas perguntas recolhendo dados e apresentando os factos. Se eles estão à procura de soluções para os problemas, investigue-os e ofereça sugestões. São eles que pagam as contas, por isso devem ser ouvidos.

68. ***Verificação da comunicação:*** Antes de enviar uma comunicação para toda a empresa, peça a vários outros executivos para reverem o conteúdo. Durante a revisão, podem detetar alguns itens e querer acrescentar ou retirar algo do conteúdo. Uma comunicação que pareça desleixada devido a erros ortográficos ou gramaticais diminui a credibilidade das informações contidas no papel. Além disso, o contexto ou a intenção podem não ser bem explicados. Se houver uma revisão, podem ser possíveis melhorias.

69. ***Corte de cantos:*** Certifique-se de que tem uma forma de descobrir se alguém está a cortar nos cantos. Ninguém deve ser

pressionado a cortar nos custos. Se isso estiver a acontecer, terá de ser resolvido rapidamente. Por vezes, uma auditoria ao trabalho pode ser utilizada para determinar quando é que isso acontece e, em seguida, pode ser dado feedback à pessoa que está a cortar nos cantos. Saber onde isto acontece permite atenuá-lo. Seja agressivo na análise retroactiva para ver se algum produto foi entregue com problemas. Por vezes, trata-se apenas de trabalho desleixado que não seria de esperar de um bom funcionário. Noutros casos, os empregados são apressados a concluir o seu trabalho mais depressa do que o esperado. A pressa é o momento em que os cantos são cortados e as vulnerabilidades resultam em falhas. Compreender a razão pela qual os cantos foram cortados pode ser informativo porque o fracasso é uma oportunidade para aprender, especialmente quando as suposições estão incorrectas. Uma vez determinada a razão pela qual se cortaram os cantos, determine o que deve ser feito para evitar que isso volte a acontecer.

70. ***Confirmar a conclusão*** : Se disse ao seu chefe que ia fazer algo, envie-lhe uma nota a dizer que está feito para que ele não tenha de se preocupar mais com isso. Está a dizer: "Fiz o que disse que ia fazer" e ele não precisa de fazer o acompanhamento nem de se preocupar com isso. Podem pensar que lhe disseram para fazer algo que não fez. Não se esqueça de perguntar se há alguma coisa pendente para fazer que ainda não tenha sido feita. Poderá tê-lo feito mas não o informou. Certifique-se de que compreende o que é *feito*, pois pode haver discrepâncias.

71. ***Velocidade da mudança*** : Os gestores devem sentir-se como se estivessem no comboio-bala da mudança. A mudança deve ocorrer rapidamente para que uma organização ou uma pessoa se mantenha relevante. Qualquer estado estável ou equilíbrio é

temporário. Recupere o fôlego e depois comece a correr novamente. Se os seus colaboradores não estiverem no comboio, devem entrar na próxima paragem ou serão deixados para trás. Os líderes continuamente relevantes só são felizes quando estão a avançar rapidamente.

72. ***Impedir o empancamento*** : Algumas pessoas empatam as suas actividades porque, ao terminarem a tarefa, acabam por expor outros problemas que precisam de ser resolvidos. Há uma razão número um para que isso seja possível. E depois há a razão número dois. "E se acontecesse isto ou aquilo?" Quando algo não corre bem, eles têm o seu conjunto padrão de itens para culpar. "Oh, bem, acho que não conseguimos". Faça força para que haja transparência e tudo o que estiver no caminho seja eliminado. Se eles não quiserem fazer um acompanhamento contínuo, faça-lhes uma microgestão, peça aos colegas para lhes mostrarem que é possível, isole-os, pois são os únicos que não fizeram a mudança. Não deixem que ninguém impeça a mudança.

73. ***Equipa funcional*** : Uma equipa é funcional quando os colegas podem apontar as deficiências de desempenho dos seus colegas de forma construtiva. Os membros da equipa não devem ficar ofendidos, mas sim apreciar o feedback e melhorar. O desconhecimento de uma expetativa pode levar a uma maior deterioração da função porque não serão necessários se não forem capazes de o fazer. Toda a gente é capaz de cometer erros. Expor uma vulnerabilidade é fazer-lhes um favor e permitir-lhes corrigir as suas fraquezas antes de terem um problema grave.

74. ***Informação relevante*** : Seja a fonte de informação que será relevante agora ou em breve. Se estiver à frente da realidade

atual, cria valor. Envie esta informação a quem precisa de saber. Se lhe disserem para esperar um pouco, faça planos para a mudança, porque eles virão rapidamente se o seu chefe não acreditar em si e for reativo. Estar preparado torna-o ainda mais valioso porque pode agir rapidamente quando chegar a altura. É provável que o chefe se esqueça de que já falou no assunto. Poderá dizer: "Alguém me enviou isto na semana passada", para o informar de que algo precisa da sua atenção. Anexe a sua mensagem de correio eletrónico anterior ao tópico de discussão para lembrar o chefe de que já falou sobre o assunto há algum tempo.

75. ***Leading Boss*** : Dar ao chefe, através de perguntas orientadoras, uma oportunidade de dizer as coisas certas numa apresentação a clientes ou empregados. Se isto acontecer e parecer um pouco parvo, vale a pena. Ele não o teria feito de outra forma e agora todos ouviram o que queria que o chefe dissesse. Quando o chefe diz o que quer, é uma vitória que vale a pena. Ponha o seu ego de lado e continue o bom trabalho, levando o seu chefe a dizer e a fazer as coisas certas.

76. ***Vulnerabilidade pública*** : As vulnerabilidades no processo devem ser tornadas públicas e ser objeto de ação ou de escalonamento. Se não houver exposição das vulnerabilidades, as pessoas responsáveis assumirão o risco sem o saberem. Muitos automóveis podem mostrar a pressão dos pneus num ecrã do painel de instrumentos. Caso contrário, o condutor corre o risco de ter a pressão dos pneus baixa depois de a ter verificado pela última vez. Os líderes precisam de compreender que a exposição das vulnerabilidades deve ser apreciada para que o risco possa ser gerido.

77. ***Esperar a perfeição*** : Se esperar a perfeição, obtê-la-á, por vezes, muito mais do que se não o fizer. Muitas pessoas não sabem qual é a expetativa de desempenho. Quando isso não é claro, pensam que o que estão a fazer é suficientemente bom. Assegure-se de que as suas expectativas de desempenho são claras, para que as pessoas que estão a fazer o trabalho possam cumprir os seus padrões.

78. ***Oportunidades de dados*** : Os dados podem e devem ser utilizados para encontrar oportunidades de melhoria. Quando os dados têm padrões analíticos imparciais, podem inferir certas verdades. Este conhecimento pode ser aproveitado na tomada de decisões relativamente às oportunidades. A aplicação deste conhecimento é a sabedoriaque pode ser aplicada de forma geral. "Quando isto acontecer, faça isto." Normalmente, os dados podem ser utilizados para tomar decisões com algumas limitações conhecidas. É uma boa ideia pôr protetor solar na praia? O que é que os dados da sua experiência sugerem?

79. ***Vida optimizada*** : Otimizar o ciclo de vida do produto em função da quota de mercado. Os produtos não duram para sempre. Normalmente, têm um ciclo de vida e depois desaparecem, por vezes não completamente. Os primeiros a adotar o produto, que deve parecer atrativo para os mais atrasados. Pode recorrer-se a um subsídio governamental, mas quando isso acontece, uma parte do mercado sabe que a ideia não é boa. Se a ideia fosse boa, não seria necessário um subsídio. Mesmo que o produto continue a ser viável, os imitadores podem retirar-lhe quota de mercado a um preço e risco mais baixos, porque já se sabe que o mercado e o design são

viáveis. Os imitadores são uma ameaça porque copiar custa menos do que inventar.

80. ***Big Picture*** : Não *ler as folhas de chá* e ignorar o bule de chá. Um único problema pode ser de carácter geral e exigir uma resposta diferente consoante a situação. Poderá ser necessário um "tratamento". Por exemplo, o sistema de prémios numa organização pode ser a causa da falta de moral. Em vez de lidar com um indivíduo descontente, crie um sistema de recompensas significativo para os participantes. O objetivo não é fazer com que as pessoas lutem com as suas finanças. Em vez disso, o objetivo é obter o melhor retorno de cada dólar gasto.

81. ***Desenterrar*** : Depois de tirar uma folga, não volte para desenterrar o seu trabalho acumulado nos dias seguintes. Faça-o antes de regressar para se pôr a caminho. Não se pode perder nada. A desculpa de que tem de procurar trabalho só o vai atrasar ainda mais à medida que o trabalho se acumula. Diga às pessoas para resolverem os seus problemas com outra pessoa enquanto estiver ausente, para que possa minimizar o seu atraso.

82. ***Resumos calmantes*** : Durante uma crise, os resumos periódicos orientados para os dados acalmam os nervos e mostram o progresso. As pessoas envolvidas precisam de saber que a situação é compreendida e que estão a ser feitos progressos. A taxa de progresso também é crítica. Se o progresso tiver estagnado, isso deve ser explicado. "Estamos a testar a ferramenta para descobrir o que aconteceu." "Entraremos em contacto e explicaremos o que aconteceu assim que tivermos concluído a nossa investigação." As partes interessadas devem ter a certeza de que as questões estão a receber a atenção que merecem.

83. ***Dashboards claros*** : A clareza dos dashboards é essencial para impulsionar o comportamento desejado. A falta de clareza aumenta significativamente a carga de comunicação associada aos dashboards. Se houver uma métrica que os espectadores não compreendem ou não pensam que está a criar valoreles ignorá-la-ão. Saiba onde é que isto acontece. Pode tratar-se de um problema de educação. Quando a apresentação das variáveis críticas é eficaz, é possível compreender a posição atual e acompanhar as melhorias, bem como a taxa de variação. Esta informação pode ser significativa e afetar as decisões tomadas.

84. ***Análise suficiente*** : Quando a análise expõe alguém ou alguma coisa, não deixe que a pessoa peça mais análise para empatar. Foi suficiente para desencadear uma reação ou uma decisão para alterar o desempenho ou a situação? Deixe-os fazer a análise extra para se concentrarem para se concentrar no problema e corrigir o que foi exposto. Se a análise fornecer informações suficientes para uma estratégia para melhorar, então o roteiro para um lugar melhor deve começar. Por vezes, existe a expetativa de que a análise seja perfeita antes de se poderem tomar medidas, mesmo que o desempenho dessa pessoa esteja em causa. Se a pessoa não é perfeita (daí a análise), não deve esperar que a análise seja mais do que suficiente para tomar uma decisão de mudança.

85. ***Fila de correio eletrónico*** : Limpe todas as mensagens de correio eletrónico na sua fila de espera antes de começar a trabalhar. Quando chega ao trabalho, é altura de interagir com os outros, fazer progressos ou investigar um problema. Os e-mails de ontem à noite estão a atrapalhar. Quando estes estão fora do caminho antes do início do dia, pode decidir quais os que vão

merecer a sua atenção e quais os que são irrelevantes. Já deve estar a avançar mentalmente antes de começar a trabalhar fisicamente.

86. ***Desmarcar Distros*** : Pode optar por fazer parte de listas de distribuição de comunicações para se manter a par das informações que lhe interessam. Pode optar por estar em demasiadas listas de distribuição, ou as listas de distribuição podem tornar-se irrelevantes. Saia das listas o mais rapidamente possível se estas já não forem necessárias ou de interesse. Estão apenas a entupir a sua fila de correio eletrónico. Cancele a subscrição de tudo o que já não é do seu interesse. Aceite apenas as mensagens de correio eletrónico de um *número reduzido de pessoas críticas*, uma vez que não tem tempo para lidar com mensagens de correio eletrónico que não estão a produzir valor para si.

87. ***Factos concretos*** : Expor os factos concretos para que todos possam ver. A transparência gera confiança e ajuda os espectadores a tomar decisões. Se o desempenho financeiro da organização estiver a sofrer uma quebra, aqueles que podem participar numa recuperação devem saber disso. A sua transparência vai dar-lhes energia. Por outro lado, se um feito extraordinário resultou num ganho, as partes interessadas também devem ter conhecimento desse facto. A confiança entre os níveis de gestão é fundamental para o alinhamento no sentido de uma rentabilidade sustentada.

88. ***Ponto de falha*** : Uma ameaça sem contingências deve ser isolada e tratada com rigor. Trata-se de um ponto de falha único que, se for explorado, pode tornar-se num risco de perda. Por exemplo, uma organização que tenha um cliente principal é vulnerável a perdas significativas se o seu cliente desaparecer ou for

para outro lado. Quais são as contingências se a dependência isolada mudar? A dependência isolada é a principal fonte de risco, pois mantém a organização e os seus membros reféns. Essencialmente, são eles que dirigem a empresa. Uma diversidade Uma diversidade de clientes apresentará opções se este cenário ocorrer.

89. ***Nota de lembrete*** : Se estiver à frente do seu chefe e ele achar que não está no caminho certo, envie-lhe uma nota que pode consultar mais tarde, lembrando-lhe que estava no caminho certo e ele não. As notas enviadas podem preservar um historial de recomendações e pedidos. Pode utilizar a mensagem de correio eletrónico original em comunicações subsequentes, como parte do tópico. O tópico será um lembrete de que o seu chefe deve prestar atenção ao que diz. Será uma prova de que esteve sempre no bom caminho. Agora já o apanharam. O chefe deve confiar mais em si.

90. ***Custo Padrão*** : Dê aos seus líderes uma nova quota, métrica de desempenho ou padrão de custos a atingir e depois deixe-os descobrir como lá chegar. Descubra o que eles precisam e apoie-os, se possível, para atingir o objetivo. Eles sabem mais sobre os factores determinantes da deficiência e têm mais controlo sobre ela do que você. Deixe-os descobrir a oportunidade de corrigir para que os seus objectivos sejam atingidos. Certifique-se de que eles compreendem porque é que os objectivos são críticos para o seu futuro sucesso. sucesso futuro. Cumprir um custo padrão pode ser a diferença entre manter-se viável num mercado ou perder participação.

91. ***Amar os Inimigos*** : Os seus inimigos são desprezíveis para si, mas deve ficar perto deles porque o que eles fazem afecta-o. Eles podem até ter boas ideias. Existe a possibilidade de concordar

com eles em alguma coisa. Dê-lhes a conhecer o seu apoio. Separe a pessoa pelo que ela faz. Ela também pode, inadvertidamente, salvá-lo de uma ameaça ou descobrir uma oportunidade que não viu. É bom saber o que ela está a pensar para poder antecipar as suas acções. Se se separar deles, aumenta as suas hipóteses de perder. Pergunte-lhes como está e filtre a sua resposta pelos factos. A sua resposta e o efeito que a pergunta tem sobre eles pode ser fascinante.

92. ***Alcançar o Impossível*** : Pense no impossível e faça-o acontecer. Um exemplo disto seria esmagar um concorrente. Se o seu cliente está a dividir o trabalho entre si e um concorrente, assegure-se de que o concorrente recebe o pior trabalho. A afetação estratégica aumentará as probabilidades de ele ter dificuldade em ser bem sucedido. Se ficar com o pior trabalho, aceite o desafio. Mas certifique-se de que existe a possibilidade de rentabilidade. Caso contrário, estará apenas a cavar um buraco e a assumir um risco significativo.

93. ***Objetivo da organização*** : Pergunte: "Porque é que esta organização existe?" Veja o que obtém. Se quiser mudar a razão, defina-a e trace um caminho para uma melhor explicação. Todas as pessoas envolvidas na organização devem saber porque é que ela existe, o que faz e como o faz. Saber isso é fundamental para o alinhamento. Se um membro da organização não concordar com algum destes pontos, haverá fricção e inércia. A resistência não vale a pena, pois ser bem sucedido já é suficientemente difícil sem ela. Deve-se saber se alguém não concorda com o objetivo da organização. Por outro lado, se os membros concordarem, a energia será aplicada de forma alinhada com o objetivo.

94. ***Roteiro de desenvolvimento*** : Envolver os proprietários das empresas no roteiro de I&D para que ajudem a promover projectos que farão uma diferença significativa nas suas unidades de negócio. Cada departamento precisa de olhar para o futuro para compreender onde precisam de estar na tecnologia implementada. Esta tecnologia pode melhorar o desempenho na primeira vez, reduzir o esforço para atingir o rendimento e melhorar a produtividade produtividade. O roteiro é uma sequência de implementações de tecnologia que fazem sentido devido a dependências e outros factores relevantes. É necessário criar um documento de requisitos de um perito na matéria que trabalhe no fluxo de trabalho precisa de ser criado para iniciar o processo de definição do âmbito. Estes requisitos têm de ser discutidos com o representante de desenvolvimento para os transformar em especificações técnicas a partir das quais os programadores podem construir. Uma vez concluídas, as ferramentas passam por testes de aceitação do utilizador, onde os requisitos previamente apresentados são validados como estando em vigor e funcionando em situações reais. Esta sequência é repetida para cada ferramenta ou melhoria do sistema.

95. ***Ritmo de desenvolvimento*** : Deve ser estabelecido um ritmo de modo a que o fluxo de tecnologia para a unidade de negócio seja exatamente o correto devido aos passos necessários para concluir a implementação e eliminar os erros. O plano deve abranger vários meses para fornecer uma visão mais abrangente do que irá acontecer em breve. Este roteiro é útil para os gestores, para que possam preparar os trabalhadores. Da mesma forma, o roteiro de desenvolvimento deve incluir uma sequência de alterações relacionadas com os aspectos financeiros da unidade empresarial

(por exemplo, faturação), as alterações necessárias à conceção organizacional (por exemplo, promoções necessárias) e as oportunidades de contacto com o cliente (por exemplo, aumento das receitas). Em cada um desses casos, os requisitos para a mudança precisam ser conhecidos para que possam ser executados em sequência e dentro do prazo.

96. ***Atribuição de espaço*** : Atribuir espaço com base nas necessidades e em quem o utiliza mais. Pense em medir as receitas por metro quadrado. Essa métrica mudará o comportamento dos departamentos que querem mais espaço do que deveriam. Alguns serviços podem revelar-se muito rentáveis em termos de afetação de espaço, enquanto outros se revelarão esbanjadores. Os departamentos que consomem espaço de que não necessitam alterarão os seus comportamentos quando lhes for atribuído o espaço. Ao atribuir de forma justa as atribuições de espaço, os rácios de custos podem ser apresentados de forma transparente. As mentalidades dos chefes de departamento mudarão com uma penalização financeira pelo desperdício do espaço que lhes foi atribuído.

97. ***Zero Defeitos*** : A ideia de que 99,99% é suficientemente bom já não é válida. Uma única falha pode ter consequências graves, até mesmo prejudicar fatalmente a marca. A mentalidade de zero defeitos é a única perspetiva aceitável sobre o desempenho da fiabilidade. Uma vez que a marca é danificada e não é recuperável, então ela expira. Devem ser tomadas medidas proactivas antes de um evento para garantir que não haja problemas durante o mesmo. Por exemplo, uma pré-mortem pode ser utilizada para antecipar vulnerabilidades a serem mitigadas num processo antes da sua utilização. Zero Defeitos deve ser o objetivo de fiabilidade. Nada mais

é adequado. Os clientes esperam perfeição, e as consequências de um erro ou descuido são significativas. Ocasionalmente, haverá uma situação em que as expectativas não são atingidas, mas o objetivo deve ser sempre o de obter um desempenho correto à primeira tentativa. Deve ser dada uma atenção significativa a qualquer falha. A forma como o problema é gerido demonstrará a capacidade de recuperação, o que pode ajudar a recuperar a confiança do cliente. Considere que se disser que não voltará a acontecer, se acontecer, a recuperação será muito mais difícil. É uma política muito melhor nunca ter de estar em recuperação e nunca ter de efetuar uma nova entrega.

98. ***Vencer a concorrência*** : Conheça a sua concorrência para saber como a pode vencer. Tem de perceber como é que eles o fazem se estão a tirar quota de mercado de mercado. Eles podem ter feito boas escolhas ou escolhas pouco saudáveis. Se não forem saudáveis, então a sua ruína pode estar iminente. No entanto, considere que eles podem ter acabado de fazer algo brilhante e tê-lo deixado para trás. Poderá dizer que nunca conseguirão sobreviver a esse preço, mas depois conseguem-no, prosperando à medida que crescem e conquistam mais quota de mercado.

99. ***Skunk Works*** : Um projeto bem sucedido pode ser executado sob o radar com intensidade mas não com publicidade. Seria melhor ter alguns destes projectos em curso. Considerar todas as contingências e estar à frente da curva. A ideia é realizar algo significativo sem ter de lidar com a burocracia e as despesas gerais associadas. Quando o controlo é interno à equipa, a possibilidade de ser despriorizado e atrasado ou encerrado é atenuada. A velocidade de desenvolvimento é geralmente muito mais rápida do que no

caminho tradicional. O risco é que o produto final seja lançado com sucesso sem ser cancelado.

100. ***Previsão de capacidade*** : Um plano de capacidade deve acompanhar qualquer afluxo de trabalho ou um novo contrato. Alguns executivos pensam que o trabalho pode ser feito de qualquer maneira. Estão a dizer que está a gerir um departamento ineficiente com pessoas subutilizadas. Se for esse o caso, corrija-o. Caso contrário, aproveite esta oportunidade para obter o investimento de que necessita face às receitas previstas. Se as receitas se concretizarem, poderá precisar de alguns recursos ou infra-estruturas. Peça-os agora porque estão associados a uma oportunidade de receitas. Se não o conseguir, certifique-se de que a conversa é documentada. Se a oportunidade de obter receitas não se concretizar por não ter os recursos necessários, terá algo a que se referir.

101. ***Mito do número*** de efectivos : O custo não tem a ver com o número de efectivos que se tem, porque isso não tem em conta onde eles estão e a sua produtividade. Mostrar as tendências do número de efectivos pode ser enganador e resultar na tomada de más decisões. O custo da mão de obra por item entregue é uma estratégia baseada na realidade. Não importa o número de pessoas que se tem. O que importa é o retorno do investimento que está a obter com o custo de cada um. Se ganhar um milhão de dólares com cada pessoa por ano, quantas pessoas deve ter? Não caia na rotina de "tem de reduzir o número de funcionários", a menos que não precise deles ou não os possa utilizar. Olhe para o futuro e certifique-se de que não se está a prejudicar a si próprio.

102. ***Preparação da conversa*** : Para iniciar uma conversa, junte algumas informações e depois diga: "Podemos falar sobre isto?" Se os seus dados forem de interesse, espere uma resposta. Dê a outras pessoas a oportunidade de darem o seu contributo antes da conversa. Esta informação permite-lhe ver se o assunto em questão é do agrado do seu público. Suponha que não, deixe-o de lado se não precisarem dele. Se não estão interessados e deveriam estar, então o problema é gerar interesse, que deve vir em primeiro lugar. Coloque o tema nas suas mentes e depois veja o que acontece.

103. ***Problema de pessoas:*** Os líderes de alto nível gostam de falar sobre os problemas com as pessoas que melhor os compreendem. "Se tivéssemos uma melhor liderançaentão não teríamos este problema". Enquanto isso, esses recursos não são fornecidos, um sistema não existe ou não funciona, e algumas ferramentas não foram fornecidas. Quando se começa a falar do processo, a discussão pára. Porquê? Porque é mais fácil culpar as pessoas do que culpar o processo (Dica: é o processo que é culpado). Se tivermos boas pessoas e um bom processo, estamos garantidos. As ferramentas funcionarão com o processo. Os recursos serão utilizados com mais parcimónia com o novo processo, mais eficiente.

104. ***Registo de Riscos*** : Criar um registo de riscos (conhecidos) que seja aceite pela gestão de topo. Eles devem ser informados sobre o risco que está a ser suportado versus o risco que está a ser mitigado. Se existirem riscos no horizonte que se conhecem mas que ainda não surgiram, estes também devem ser registados. Não só a gestão de topo saberá o risco que está a mitigar, como também saberá o risco que está a suportar porque foi tomada a decisão sobre o que mitigar e o que esperar devido a restrições de

custos ou recursos. As pessoas habituam-se a uma disciplina deficiente, sem se aperceberem de que os seus comportamentos estão a incorrer em riscos. Eles podem ser notados por um novo par de olhos. Até que uma nova perspetiva seja desenvolvida, assegure-se de que o risco das perspectivas existentes seja documentado e registrado com data e hora.

105. ***Modelos de documentos*** : Crie documentos de modelo maduros que estão em branco. Estes documentos podem ser utilizados (preencher o espaço em branco) sempre que houver necessidade de um documento deste género. O modelo maduro ajudará a garantir que o documento preparado é maduro e consistente com outros documentos semelhantes. Um modelo ajudará a pessoa que o está a preencher a fornecer as informações necessárias. Podem ser incluídas algumas instruções no formulário. Também é possível colocar controlos em cada campo utilizado. Os controlos ajudarão a garantir que o formulário é preenchido sem possibilidade de erro.

106. ***Ideia inovadora*** : Leve a sua ideia criativa a algumas pessoas tecnicamente competentes para determinar a sua viabilidade. Se a apresentar num fórum oficial mais proeminente, pode ser rejeitada porque as pessoas não gostam dela ou têm outros objectivos. Depois de passar o teste de viabilidade da ideia com os especialistas, veja se consegue criar uma demonstração. Faça um estudo de tempo ou de consumo de material para determinar o impacto monetário da ideia. A ideia pode aumentar a capacidade, melhorar a qualidadeou reduzir o consumo de recursos. Apresente a ideia como uma demonstração de trabalho ao grupo mais alargado. Inclua dados de qualidade e informação sobre o custo por unidade, para que haja uma base de comparação com o processo existente ou

com uma alternativa que esteja a ser considerada. Perguntar se a ideia pode ser utilizada num pequeno contexto para mitigação de riscos e, em seguida, escaloná-la para ser mais generalizada. Há quem não queira utilizar uma ideia inovadora porque não é a sua ou não resolve todos os problemas. Suponhamos que resolve metade do problema, o que é melhor do que não fazer nada. Obtenha a primeira metade agora e tente obter a outra metade mais tarde. Não deixe que alguém o convença a fazer alguma coisa até que a inovação seja perfeita.

107. ***Clareza da visão*** : Certifique-se de que os líderes e os seguidores têm uma visão clara e entusiasmante do rumo que estão a tomar. Pode não ser exacta, mas é uma imagem tão correta quanto possível e pode orientar a direção. Referir-lhes o passado como um trampolim para o futuro porque é de onde vieram. É a cauda da seta. Quando as visões se ligam do passado ao futuro, fazem mais sentido. O futuro é a cabeça da flecha. Com isto em mente, outros líderes podem tomar decisões alinhadas com o futuro. Sabem porque é que estão a fazer as escolhas que são necessárias.

108. ***In Touch*** : Esteja em contacto com o que se passa, ouvindo as pessoas que fazem o trabalho. Envolva periodicamente os trabalhadores e ouça o que eles têm a dizer. Eles podem guiar a organização para um lugar melhor se influenciarem o futuro. Muitas vezes, existe um fosso significativo entre o que está a acontecer e o que é entendido como o caso. Uma organização que escuta recolhe informações junto das pessoas que trabalham em funções críticas antes de tomar decisões.

109. ***Dar avisos*** : Assegurar que as pessoas são avisadas das ameaças pendentes e depois responsabilizá-las pela resolução dos

problemas. Alguém tem de ver o que está mesmo ao virar da esquina; caso contrário, a surpresa pode ser um choque significativo para a organização. Quando os avisos são dados, as pessoas que os compreendem e as suas implicações podem estar atentas a eles. As surpresas podem apanhar um grupo desprevenido, resultando em danos e na necessidade de uma recuperação.

110. ***Atitude positiva*** : Certifique-se de que toda a gente tem uma atitude positiva em relação a uma iniciativa. Uma atitude construtiva ajudará a dar um impulso. A inércia é causada por uma falta de compreensão da iniciativa. Além disso, as pessoas que implementam a mudança não a conceberam, pelo que tendem a desinteressar-se. Uma atitude positiva e o empenhamento acontecerão se a ideia for deles e ajudar a organização. As atitudes são mais positivas quando as pessoas envolvidas compreendem que se trata da medida correta.

111. ***Líder do sector*** : Certifique-se de que as suas funções são líderes do sector na sua conceção e função. Não vale a pena o esforço se não o forem. Uma posição é obrigatória. Não pode fazer comentários depreciativos ou culpar um fornecedor terceiro se a sua função interna for menos eficaz do que a dele. Se a sua função interna for líder no sector, pode dar conselhos.

112. ***Conselhos a montante*** : Certifique-se de que as funções a montante da cadeia de abastecimento saibam que o que lhe entregaram está defeituoso para o poderem corrigir. Continuarão a cometer erros se não forem informados dos seus erros. A falha aplica-se tanto à qualidade e à entrega atempada. Do mesmo modo, as funções a montante sabem mais sobre as alterações e nuances do produto do que os participantes a jusante.

113. ***Cultura do futuro:*** Os líderes têm de selecionar proactivamente e orientar os líderes que correspondem à cultura do futurodefinida pelo plano estratégico roteiro. As tendências do ambiente empresarial determinarão como será o futuro da base de fornecedores. Se existirem, a visão do fornecedor terá de ser compreendida de modo a que os líderes capazes de atuar no ambiente previsto possam ser bem sucedidos. A cultura do futuro fornecedor também será diferente, e será necessária uma liderança com caraterísticas adequadas. Os actuais esforços de recrutamento de líderes devem ter em conta o futuro, para que os líderes contratados possam levar a organização ao estado previsto.

114. ***Liderar à frente:*** Os líderes proactivos fazem com que as suas as suas equipas de liderança capazes de alcançar "o que está prestes a acontecer" no mercado. Suponhamos que o mercado vai ser perturbado por um novo produto ou fornecedor que descobriu como fornecer produtos fiáveis a preços muito mais baixos. Nesse caso, a perturbação terá de ser antecipada. O equilíbrio pontuado será a tendência. A empresa estabiliza-se e depois é empurrada para um novo estado. Este novo estado estabiliza-se e depois o ciclo repete-se. Os líderes pró-activos preparam as suas equipas para as perturbações, de modo a operarem através dos ciclos de mudança sem serem prejudicados ou descarrilados. As mudanças impostas pelo ambiente de negócios não devem prejudicar a organização; em vez disso, são uma oportunidade para assumir uma posição de vantagem competitiva. vantagem competitiva.

115. ***Prevenção de responsabilidades:*** A conformidade com os controlos de prevenção de responsabilidades deve ser, pelo menos, tão dinâmica como o cenário de ameaças em evolução. Estão

sempre a surgir novas ameaças. As ameaças existentes podem não ser levadas a sério até à ocorrência de um evento. Para cumprir as expectativas internas ou externas de gestão do risco, a prevenção da responsabilidade deve ser flexível e evoluir rapidamente para ser relevante e eficaz. Uma postura reactiva tentará acompanhar as ameaças emergentes. Uma postura preditiva tentará antecipar as ameaças e aplicar controlos antes de estas surgirem.

116. ***Processos Preditivos:*** Os líderes eficazes actuam de forma a que os seus processos prevejam as mudanças dinâmicas do mercado. Os processos têm um ciclo de vida. Por exemplo, a tecnologia necessária para completar uma tarefa dentro das tolerâncias esperadas pode tornar-se obsoleta quando as tolerâncias mudam ou são introduzidas novas tolerâncias. O desperdício de processos é um indicador de obsolescência. Outro indicador é quando o consumo de consumíveis reduz a rendibilidade. Por último, quando o tempo necessário para executar Por último, quando o tempo necessário para executar a tarefa é proibitivo em termos de custos ou excede o tempo de permanência esperado, o processo está no fim do seu ciclo de vida. O processo deve ser continuamente atualizado ou substituído para se manter relevante.

117. ***Contingências influentes:*** As influências imprevistas podem ser controladas por contingências que aumentam ou substituem a capacidade perdida. Um cliente pode pedir uma modificação de uma peça ou serviço que acrescente custos ou consuma uma capacidade que não está disponível. Se o pedido for temporário, o processo deve ser suficientemente flexível para satisfazer os desejos do cliente. Se a expetativa for de longo prazo, as contingências temporárias podem ser usadas como uma ponte para o fluxo de trabalho permanente. A ponte pode expirar devido ao custo

adicional associado à sua manutenção. Um líder deve saber o que vai fazer quando for necessária uma contingência.

118. ***Conflito dispendioso:*** É dispendioso evitar o conflito. Alguém pode ter informações críticas para si, mas tem medo que não as aceite bem. O barco vai bater num iceberg se não mudar de rumo. Ignora-os e diz-lhes que estão errados. "Continue a andar à velocidade máxima", diz. Os conflitos não resolvidos são frustrantes e provocam tensões. Quando as tensões ultrapassam um limiar suportável, o tecido social da organização altera-se na sua estrutura e composição.

119. ***Comunicação responsável:*** É difícil responsabilizar as pessoas por expectativas pouco claras. "O que é que acha que eu disse?" pode ser uma pergunta esclarecedora. Se houver uma diferença entre o que foi ouvido e o que pensa que disse, a sua comunicação precisa de ser melhorada. Lembre-se de que as pessoas tentarão alcançar o que entenderam que você disse e não o que você pensou que tinha dito. Se não forneceu pormenores suficientes, espere que as pessoas preencham o vazio com o que pensam que deveria estar lá. Mais uma vez, o que você acha que deveria estar lá provavelmente não será o que eles acham que deveria estar.

120. ***Redesenho repetido:*** O gestor opera o processo, não a tarefa que ele executa. Um gestor que foi promovido à liderança está à vontade para executar a tarefa. A sua capacidade resultou na sua promoção. A situação mudou e ele tem de garantir que o processo está a funcionar e a evoluir de acordo com as expectativas. Aquilo em que era bom estava a tornar-se obsoleto à sua frente. A sua capacidade exigida passou a ser a de redesenhar e implementar a conceção do futuro imediato.

121. ***Desafios monumentais:*** Estas coisas difíceis impedem-no de atingir os seus objectivos. Não se esquive a elas. Seja bom a fazer as coisas difíceis que estão à sua frente. Se realizar as coisas fáceis à margem da coisa difícil, a coisa difícil terá mais influência sobre a situação. Isto pode levá-lo a uma situação de emergência em que a dificuldade tem de ser resolvida devido à sua crescente influência. É melhor lidar com o grande desafio nos seus termos do que lidar com a dificuldade porque agora é uma emergência.

122. ***Ajudar magoa:*** Para alguns, é crucial que as pessoas gostem deles. As pessoas podem gostar de si enquanto a organização está a caminhar para a obsolescência. Ser simpático pode não ser útil. A questão não é se as pessoas gostam de si. É mais importante que as esteja a ajudar a utilizar os seus dons para fazer coisas notáveis. A ajuda oferecida pode ser desconfortável e as pessoas podem não gostar de si enquanto as treina. No final, elas estão a tornar-se excelentes. Esta é a sua compensação por se sentirem desconfortáveis.

123. ***Roteiro de crescimento:*** Ter um roteiro que conduza a um futuro que corresponda aos requisitos de um ambiente futuro. Incluir informações suficientes no roteiro para poder acompanhar os progressos. Mantenha uma direção da qual tenha a certeza, utilizando sistemas de medição fiáveis. Não se deixe dissuadir do seu caminho, a menos que seja necessário um pivot seja necessário. Qualquer tempo perdido a perseguir más ideias comprometerá a sua capacidade de chegar à etapa seguinte a tempo.

124. ***Capacidade de delegação:*** Para realizar mais num curto espaço de tempo, é essencial delegar o maior número de tarefas ao maior número de pessoas possível; no entanto, deve

delegar apenas a pessoas em quem confia. Se não tiver confiança na sua capacidade de execuçãose não tiver confiança na sua capacidade de execução, então há uma grande probabilidade de ficar para trás. Crie um grupo de pessoas capazes em quem confia, para que mais participantes possam realizar tarefas sem que haja um estrangulamento da capacidade de apenas alguns.

125. ***Ajuda de escalonamento:*** Não comprometa o que não pode ser comprometido. Por exemplo, os fluxos de trabalho têm de ser desimpedidos para satisfazer as expectativas dos clientes. Se não conseguir encontrar alguém em quem confie para o ajudar, avance para que o seu chefe possa encontrar alguém que o faça. Pode ter tentado uma discussão significativa, mas não resultou. Não fique à espera de cooperação; em vez disso, avance.

126. ***Aniquilação de pilhas:*** Não se habitue às pilhas geradas pela incompetência. As pilhas de retrabalho consomem espaço e atrasam os resultados. Identifique essas pilhas e resolva-as. Um exemplo seria uma pilha de pacotes de faturação pacotes de faturação rejeitados. Enquanto estiverem parados, o fluxo de caixa é afetado. Quando a pilha mais pequena é criada, compreenda a origem, os factores que levaram à sua existência e a razão pela qual foi iniciada, e depois limpe tudo. Por outras palavras, compreender por que razão o processo contribui para uma acumulação de trabalho inacabado, descobrir a causa principal e atenuá-la.

127. ***Descoberta preventiva:*** Fazer perguntas que revelem erros ou problemas antes de estes ocorrerem. Fazer perguntas do tipo "e quanto a isto" para que os problemas emergentes não sejam uma surpresa. Esteja pronto e preparado para surpresas. Uma postura ofensiva é muito melhor do que uma defensiva. Deve

conhecer as vulnerabilidades e ameaças que podem transformar-se em problemas. Algum risco é aceitável. Outros factores de risco devem ser trabalhados antes de serem explorados.

128. ***Valor da falha:*** Uma vulnerabilidade ou fraqueza num processo, num sistema ou numa matéria-prima pode transformar-se num erro. Obtenha valor dos seus erros. Por vezes, perde-se valor porque os defeitos têm de ser reparados e entregues de novo. O valor a ser obtido em troca é a oportunidade que está agora exposta. O valor pode ser criado na recuperação, compreendendo as razões do problema e mitigando as fraquezas e vulnerabilidades associadas. Se as causas profundas dos erros forem significativamente reduzidas, então as hipóteses de um erro semelhante voltar a acontecer são reduzidas. A capacidade de recuperar eficazmente será vista como um ponto forte da organização.

129. ***Grandes perguntas:*** Se o objetivo é a aprendizagem é o objetivo, então ter uma boa pergunta é melhor para a aprendizagem do que ter boas respostas. As perguntas são para aprender e as respostas são para ensinar. Compreenda a diferença e qual é a intenção das suas acções. Se a sua intenção é aprender, certifique-se de que as suas perguntas são tão boas quanto possível. O que recebe como resposta terá uma qualidade muito superior quando as suas perguntas são boas e a sua escuta é ativa. Ouvir ativamente não é apenas obter uma resposta, mas compreender a resposta em profundidade.

130. ***Dor com um objetivo:*** A dor tem um objetivo. Quando caímos, podemos ter uma lesão dolorosa. Não fazemos pressão sobre essa parte e tentamos evitar as mesmas condições que resultaram na lesão. Aqueles que são teimosos podem sentir dor devido às mesmas

circunstâncias repetidamente. A força do seu conhecimento cresce mais lentamente porque não aprendem rapidamente. A dor é necessária para a aquisição de força. A pessoa mais forte pode ter experimentado mais dor através de fracassos ou esforços.

131. ***Conceção colectiva:*** Se for a única pessoa a conceber uma solução, esta será menos robusta do que poderia ter sido, a menos que seja a única pessoa a utilizar ou a ser afetada pela conceção. Quando as soluções se destinam a ser utilizadas por outras pessoas, estas devem ser representadas na conceção. Quais são as suas necessidades? Como estão a ser satisfeitas na conceção? Se os representantes das necessidades não estiverem envolvidos, ficarão desiludidos com as caraterísticas da conceção.

132. ***Destinos divergentes:*** Certifique-se de que você e as pessoas que estão consigo na viagem têm os mesmos resultados. Se os resultados desejados forem diferentes, não espere que todos estejam de acordo com o processo ou com o caminho a seguir. Pergunte-lhes qual é a visão que têm do destino e veja se é semelhante à sua. Na medida em que não reflecte a sua, espere divergências na direção que cada participante está a tomar. Eles podem estar no mesmo autocarro que você agora, mas na próxima paragem, desembarcarão e entrarão num autocarro diferente. A suposição de que se dirigem para o mesmo local torna-se incorrecta.

133. ***Ajuda inteligente:*** Se é a pessoa mais inteligente da sala, está a prestar um mau serviço a si próprio. Rodeie-se de pessoas brilhantes e peça-lhes que lhe digam onde está errado. Elas ajudá-lo-ão a ter um melhor desempenho e dar-lhe-ão uma melhor compreensão da situação com que está a lidar. O excesso de confiança pode fazer com que o seu ego assuma o controlo. Pessoas

mais competentes podem ajudá-lo a saber mais sobre o que não sabe. A realidade é algo com que tem de lutar constantemente.

134. ***Avaliação da aptidão:*** Perceber rapidamente se alguém é adequado para a sua função. Deixar a pessoa assumir a função se ela não for adequada é um mau julgamento. Deixá-lo na função é um abuso. Remova-os para que possam estar numa situação em que a sua adequação os torne bem sucedidos. Não permita que uma má adaptação se transforme em fracasso. Uma pessoa que não consegue utilizar os seus dons num ambiente de trabalho tem mais hipóteses de não ser bem sucedida.

135. ***Resultados reais:*** O sucesso ocorre quando os resultados esperados são alcançados no ambiente em que vivemos e trabalhamos. Para alcançar o sucesso, é necessário desenvolver e aplicar uma compreensão desta realidade. Sem isso, o sucesso não pode ser medido e, se acontecer, é falso. O fracasso é mais frequente quando as realidades não são adequadamente consideradas ou aceites. A compreensão da realidade deve ser prioritária antes da implementação de um plano de ação para evitar um fracasso desnecessário. Fazer as coisas erradas não produzirá os resultados certos.

136. ***Catalisador de pensamentos:*** Os melhores pensamentos devem ser mais considerados. Aceite bem a ideia de que nem sempre terá os melhores pensamentos. Saiba quando os seus pensamentos não são os melhores e assegure-se de que são rapidamente despriorizados, uma vez que não lhes deve ser dada mais atenção. Uma meritocracia de pensamento não terá em conta o ego de ninguém, as aberturas dramáticas ou o estilo de apresentação. Preservar os egos não é essencial quando o objetivo é

o desempenho. Seja um catalisador para gerar os melhores pensamentos e reconheça-os quando os vir.

137. ***Precisão de proximidade:*** As pessoas mais próximas do local da ação têm muitas vezes uma melhor ideia da realidade do que as pessoas da mesma organização que observam à distância. Como líder, tem de aceitar a ideia de que pode saber o que está a acontecer no local da ação. Aceite bem o conceito de que a exatidão é mais importante do que a forma como é visto. Uma vez compreendido, não será um obstáculo às representações exactas da realidade.

138. ***Compensação de fraquezas:*** Quando lhe pedem para fazer algo, sente-se à vontade para dizer: "Não sou bom nisso e precisaria de algum apoio adicional se me fosse atribuída essa responsabilidade." Por vezes, aceitamos responsabilidades que podemos não ser capazes de executar bem. Estamos a preparar-nos para uma luta e, potencialmente, para o fracasso. Os líderes devem ser abertos sobre aquilo em que não são bons, para que outros recursos para que outros recursos possam ser fornecidos para ajudar a garantir o sucesso. Se o seu ego o impede de pedir ajuda, ficará desiludido consigo próprio quando falhar.

139. ***Fracassar com sucesso:*** As melhores inovações envolvem ciclos rápidos de fracasso e recuperação. Aceite bem a ideia de que os erros fazem parte do processo de inovação inovação. Falhar rapidamente é fundamental para chegar a uma solução de projeto. É por isso que são necessários protótipos. Aprendizagem iterativa exige que haja etapas que conduzam a uma solução desejada. As melhorias introduzidas em cada iteração devem ser rápidas porque outros podem estar a trabalhar para explorar a

mesma oportunidade. É mais importante a rapidez com que se avança do que a rapidez com que se chega.

140. ***Aprender melhor:*** Nunca saberás tudo o que precisas de saber. A educação nunca está completa. Não deixes que o teu ego te impeça a ti ou a qualquer outra pessoa de quem dependas de aprender. Saiba como aprender melhor do que aqueles que estão a competir consigo. Os melhores alunos têm as melhores oportunidades para atingir os seus objectivos. As pessoas inteligentes estão abertas a receber feedback sobre as suas ideias. O feedback ajuda-as a ter um melhor desempenho porque melhoram constantemente as suas perspectivas numa realidade que não é estática.

141. ***Sucesso na conceção:*** As fraquezas pessoais podem ser um obstáculo desnecessário ao progresso. As fraquezas são típicas e fazem parte da nossa atividade de conceção. As limitações não devem ser vistas de forma negativa. Em vez disso, devemos conceber as nossas soluções em função delas. Pode haver várias maneiras de atingir os nossos objectivos. Escolha a forma que não permita que as suas fraquezas controlem o resultado. Nalguns casos, as fraquezas tornam-se uma força. A incapacidade de analisar uma folha de cálculo pode resultar num ponto forte para estabelecer contactos com pessoas que se tornam clientes fiéis.

142. ***Realização Aparência:*** A sua aparência pode não estar de acordo com a especificação de beleza do seu sistema socialdo seu sistema social. Alcançar a beleza é uma corrida sem fim e não tem importância. O que é mais importante são as suas realizações. Conhecemos pessoas que são consideradas pouco atractivas e que alcançaram feitos extraordinários. Não são conhecidas pela sua

aparência, mas sim pelos seus feitos. A aparência não deve ser um obstáculo ou um entrave à realização.

143. ***Retrospectivas pessoais:*** O tempo para retrospectivas pessoais é fundamental. Podemos considerar esta pausa na ação como uma perda de tempo; no entanto, a autorreflexão acelera a nossa evolução. Podemos fazer melhor. Não fazemos melhor porque não pensamos sobre como estamos a fazer e depois determinamos o que deve mudar. O benefício do passo evolutivo em frente ultrapassa de longe o impacto de uma pausa rápida. Consequentemente, as retrospectivas pessoais ajudam-nos a evoluir os nossos níveis de desempenho e a atingir os nossos objectivos.

144. ***Fracasso Transparência :*** Sentimo-nos envergonhados quando falhamos. A melhor maneira de recuperar dos nossos erros é expô-los abertamente para que possam ser analisados. Este comportamento não deve ser inibido pelo ego ou pela vergonha, e a reação dos outros deve ser construtiva. Exclua as sugestões dos escarnecedores que não estão a tentar ajudá-lo. A transparência em relação aos fracassos deve ser uma rotina, porque esconder os fracassos não é uma opção para melhorar rapidamente. Habitue-se a sentir-se desconfortável com a transparência dos fracassos.

145. ***Excelência de desempenho:*** O desempenho excelente é o objetivo de qualquer líder numa organização de sucesso. É necessário um entendimento coletivo da excelência para aumentar a maturidade. Uma vez que exista consenso sobre o que é a excelência, é necessário que haja um entendimento coletivo sobre a forma como se pretende alcançar a excelência na sua área de influência. Cada área de responsabilidade terá um plano único para atingir o estado previsto de desempenho excelente.

146. ***Direito a fazer perguntas:*** Certifique-se de que permite que todos façam uma pergunta se tiverem uma. As perguntas são um direito de todos no âmbito de uma atividade. Algumas partes interessadas são tímidas e precisam que lhes seja perguntado se têm dúvidas sem serem intimidadas. Todos têm o direito de fazer perguntas e o debate só termina quando todos disserem que não têm nenhuma. Todas as perguntas são válidas. As perguntas dos participantes não serão aceites se estes as considerarem inválidas ou indesejáveis.

147. ***Mente aberta:*** A oportunidade de aprender e compreender é significativa quando se está rodeado de pessoas que sabem mais do que nós. As pessoas de mente aberta gostam de estar com pessoas que sabem mais do que elas. A oportunidade deve ser apreciada, não evitada. Um perito na matéria tem um conhecimento significativo sobre um tópico; no entanto, de uma perspetiva de aprendizagem, é melhor estar aberto a outras pessoas. No entanto, do ponto de vista da aprendizagem, é melhor ter uma mente aberta do que ser um perito num conjunto de conhecimentos que se considera fixo.

148. ***Conceção dos participantes:*** Os interesses variados representados pelos participantes num debate são fundamentais. A mistura deve ser diversificada e relevante para o conteúdo que está a ser discutido. O evento será mais eficaz se garantir que as pessoas mais adequadas estão envolvidas num debate. Se os participantes relevantes estiverem ausentes, a possibilidade de criação de valor de criação de valor diminuirá. Deve ter-se o cuidado de não realizar o debate sem que as pessoas certas se comprometam a estar presentes.

149. ***Alavancar a realização:*** No âmbito de uma iniciativa, determine quem é credível e tem opinião e quem não tem. Certifique-se de que envolve as pessoas que não são credíveis e com opinião formada, para que saiba o que estão a planear e a fazer. Se não forem monitorizadas, podem fazer descarrilar uma boa iniciativa. Devem ser controladas sem retirar a energia positiva dos primeiros utilizadores. Não devem ser autorizados a distrair ou dividir as partes interessadas da iniciativa com um empenhamento negativo. Não podem drenar a energia da iniciativa ou afetar o moral.

150. ***Conflito necessário:*** As frustrações acumuladas precisam de ser resolvidas. As diferenças de opinião que não são geridas causam stress, cansaço e frustração. As tensões não resolvidas tendem a acumular-se até atingirem um limiar em que a raiva se impõe. São então tomadas medidas que podem ser lamentáveis. Evite este risco através de conflitos atempados e controlados, que irão diminuir as tensões, promovendo relações mais longas e mais fortes. Os conflitos são necessários para as boas relações.

151. ***Perspectivas discordantes:*** As pessoas ponderadas são credíveis porque não são tendenciosas e podem fazer inferências exactas a partir dos dados. No entanto, quando duas pessoas ponderadas discordam, existe um potencial de aprendizagem significativo. aprendizagem significativa. A diferença entre as duas opiniões é relevante e interessante. Uma está mais próxima da verdade do que a outra, ou as suas perspectivas são situacionais e têm contextos diferentes. Dê-lhes a oportunidade de discutir as suas diferenças. Durante a discussão, terá a oportunidade de conhecer perspectivas bem ponderadas e aprender com cada uma delas.

152. ***Alinhamento de interesses:*** Quando todos têm interesses semelhantes e se movem numa direção singular e apropriada, existe alinhamento. Os líderes devem fazer investimentos significativos em esforços que criem alinhamento. O poder de uma organização alinhada pode ser imparável porque o consenso contínuo é difícil de alcançar. O alinhamento precisa do seu tempo e do seu esforço. Não espere que seja fácil; no entanto, é poderoso.

153. ***Influência amigável:*** As pessoas que trabalham para si e consigo podem gostar de si, mas não vale a pena se não conseguir fazer nada. Não se trata de saber se gostam de si; trata-se de saber se as ajudou a serem significativas e influentes. Saberá que são grandes porque conseguem realizar coisas difíceis. Saberá que são influentes porque conseguem levar os outros a pensar de forma diferente. A influência é fundamental no que diz respeito à cultura. A cultura deve merecer a sua atenção porque tem de ser adequada e evoluir continuamente. A oportunidade que ela tem de evoluir pode envolver tarefas difíceis.

154. ***Adaptação contínua:*** É essencial saber se as pessoas pelas quais é responsável garantem que se enquadram no ambiente de trabalho em constante evolução onde criam valor. Para ajudar a compreender isto, avalie continuamente os seus subordinados diretos. Poderão necessitar de alguma formação para os ajudar com as novas competências de que necessitam. Certifique-se de que recebem o que precisam para criar o máximo de valor possível.

155. ***Reflexão sobre os objectivos:*** Os objectivos são definidos por uma razão. Destinam-se a ajudar o indivíduo a ter sucesso, explicando o que deve ser alcançado. Incentivar e participar

numa reflexão periódica sobre os objectivos. Determinar se o ritmo de realização é adequado ou se precisa de ser acelerado. Pode haver um obstáculo que esteja a impedir a pessoa de avançar. A reflexão pessoal pode ajudar a pessoa com os objectivos a compreender os obstáculos e a forma de os contornar.

156. ***Mitigar as vulnerabilidades:*** Algumas pessoas tendem a reagir aos problemas. Outras pessoas tentam evitar os problemas ou tomar precauções para que as vulnerabilidades não produzam problemas. Esta última opção é menos destrutiva. Para evitar problemas destrutivos, tenha um nível profundo de compreensão das vulnerabilidades que podem ocorrer. Tome medidas para mitigar as vulnerabilidades que conhece. Um post-mortem lida com as causas profundas de um problema. Um pré-mortem antecipa os problemas e evita que eles aconteçam.

157. ***Cuidadosamente curioso:*** Quando se trata de ser curioso, não seja tímido. A sua razão para sondar é evitar surpresas. A curiosidade é um atributo saudável que produz resultados positivos. As surpresas podem ser perturbadoras. Devem ser vistas logo que surgem. Devem ser antecipadas e preparadas. O fim do ciclo de vida de uma surpresa é quando ela é descoberta. Prepare-se para elas para que não sejam destrutivas. Ultrapassar o impacto negativo de uma surpresa mantê-lo-á saudável a nível profissional e pessoal.

158. ***Gestão do caos:*** Compreender o estado de caos numa situação. Se o caos estiver a aumentar a um ritmo difícil de recuperar, faça planos para o escalar e obtenha algum apoio. É crucial escalar a situação antes que esta fique fora de controlo. O controlo perde-se quando o caos está a gerir a resolução do problema em vez de si. Se não tiver a certeza de onde está, a sua

situação pode não ser recuperável. Em vez disso, faça planos de recuperação para que possa recuperar o controlo.

159. ***Rigor no planeamento:*** O rigor durante a fase de planeamento de um projeto, que inclui a exploração das capacidades existentes e uma implementação sequenciada, reduzirá o esforço e o tempo necessário para executar o plano. O investimento de esforço antes da execução tem um retorno de investimento positivo porque é inferior ao esforço retirado do plano. Tirar partido das capacidades existentes significa que a procura de talentos é eliminada e que há menos desperdício por parte de pessoas que não são capazes de executar bem as tarefas que lhes são atribuídas. Quando as tarefas são bem executadas, podem também ser sequenciadas para potenciar as dependências. A sequência pode ser paralelizada para minimizar o comprimento do caminho crítico.

160. ***Organização de transição:*** Uma visão holística do desenho organizacional detalhado construído para alcançar os requisitos encoraja uma transição focada. Uma medida proactiva antes de uma mudança é migrar para o desenho organizacional que irá operar o novo estado de equilíbrio após a mudança. Esta mudança organizacional ajudará a puxar a organização para um novo equilíbrio e ajudará a eliminar alguma da *resistência*. Um pequeno período de tempo deve permitir que as pessoas que ocupam as suas novas posições se instalem. Este tempo deve ser limitado, uma vez que haverá uma tendência para regressar ao estado anterior. Os novos líderes não serão bem sucedidos no estado anterior porque não têm as capacidades necessárias para serem bem sucedidos nesse ambiente.

161. ***Mitigação do esforço:*** Uma consciência aguda dos comportamentos que produzem inércia dá ao líder da mudança a oportunidade imediata de mitigar um esforço excessivo excessivo. A inércia impede a aceleração da mudança. Muitas vezes, um líder de mudança precisa acelerar o ritmo da mudança devido a contratempos inesperados. A negatividade e outros comportamentos tendem a criar inércia, resultando em alocação extra de energia para para superar os desafios da aceleração. A consciência dos comportamentos que contribuem para a inércia ajudará o líder a gerir e a ultrapassar os factores que a influenciam.

162. ***Ideação da visão:*** Execução da transição O desempenho da transição depende significativamente da convicção e da participação das partes interessadas no processo de conceção da visão da mudança. Um processo criativo vibrante pode produzir atributos de design para alcançar um estado idealizado. As ideias serão atractivas se tiverem valor-As ideias serão atractivas se tiverem valor para os participantes e para a organização. Ideias convincentes envolverão os participantes para tornar possível o movimento para a frente com o menor esforço necessário. Para que isso aconteça, os participantes devem acreditar que o novo estado e todas as partes interessadas serão melhores para eles.

163. ***Crescimento rápido:*** Gaste trinta por cento do seu tempo a desenvolver um negócio maduro com um potencial de crescimento significativo. Gaste cinquenta por cento do seu tempo a gerir o negócio. Gaste vinte por cento da sua capacidade de reflexão, planeamento, formação, administração, implementação de estruturas, etc., para fazer crescer a sua empresa. Embora as percentagens não sejam exactas, não pode passar todo o tempo a

gerir a empresa porque os concorrentes porque os concorrentes vão passar por si e ganhar vantagem à medida que o ambiente muda. É necessário dedicar muito tempo ao crescimento da empresa e à sua evolução para uma posição competitiva. competitiva. Uma afetação de tempo adequada pode contribuir significativamente para a realização pessoal e organizacional.

164. ***Execução furtiva:*** Se o que sugerir não se enquadrar na agenda atual ou no conjunto de preocupações, espere ser ignorado, especialmente se a visão do futuro for relativamente breve. Todos podem não partilhar a sua visão das ameaças e vulnerabilidades futuras. Para ser bem sucedido, cumpra os seus objectivos com o apoio necessário, gerindo simultaneamente o risco de fracasso associado a cada iniciativa. Se o fracasso acontecer, prove que a iniciativa não é viável. Esteja pronto para seguir em frente rapidamente antes da exposição, que pode exigir recursos para solucionar problemas e gerir as consequências. Se a iniciativa for bem sucedida, planear uma revelação para mitigar a resistência antes da operacionalização.

165. ***Utilização de inquéritos:*** Utilizar inquéritos para recolher informações de várias fontes sobre uma questão de interesse. Faça o acompanhamento dos que não responderam e dê-lhes uma última oportunidade de serem ouvidos. Os participantes que cumprem o prazo são provavelmente as pessoas que têm algo de relevante a dizer, e dirão-no bem. Por exemplo, os inquéritos podem recolher informações sobre os riscos de determinadas funções ou recolher informação sobre as definições de indicadores-chave do processo. Os inquéritos podem ajudar a registar tarefas ou a obter consensos. As fontes destas informações devem ser direcionadas. Obter informações das pessoas com mais conhecimentos ou

influência no que respeita ao aspeto do sistema em questão é uma boa prática.

166. ***Exatidão das previsões:*** Pode confiar mais nas previsões daqueles que confiam em si. Para validar este facto, meça a exatidão da previsão para ver em que medida a previsão ocorreu como previsto. A sua intuição pode ser mais exacta do que uma previsão formal. O pessoal deve ter cobertura para estar preparado para uma surpresa em qualquer altura. A dimensão da surpresa pode ou não afundá-lo, mas se estiver preparado para ela, a sua sobrevivência é mais provável. Faça uma previsão baseada em dados históricos e prognósticos do futuro próximo. Provavelmente será pelo menos tão boa como a deles.

167. ***Jogada ousada:*** Faça uma jogada ousada e depois faça a gestão do risco até à sua conclusão. Veja a oportunidade e avance. Leve-se a si e aos outros ao limite das suas capacidades e do seu desempenho. Assegure-se de que a sua capacidade de gerir o risco é substancial e crescente. Desenvolva e explore esta capacidade para ultrapassar os passos evolutivos que são demasiado lentos para uma vantagem competitiva sustentada. vantagem competitiva. Um passo ousado parece estar carregado de riscos. É possível que assim seja, mas daí o valor potencial potencial. É possível fazer progressos rápidos se o risco associado à mudança puder ser gerido de forma eficaz.

168. ***Disponibilidade dos dados:*** Os dados operacionais devem estar disponíveis para todos os líderes. A transparência pode promover a colaboração. Negar aos decisores e aos serviços de apoio o acesso aos dados não é útil, especialmente se as funções de apoio forem construtivas. Os dados validam as melhorias e dão prioridade

aos desafios a considerar. A direção de operações deve saber se um esforço de mudança concluído fez uma diferença mensurável. Métricas de processo devem ser escolhidas para medir melhor essas mudanças críticas. A capacidade de dar prioridade aos esforços ajudará a criar fluxos de trabalho maduros com métricas fiáveis baseadas em dados.

169. ***Prazo de entrega:*** Não deixar que os prazos sejam demasiado longínquos. As pessoas que executam as tarefas dão a si próprias o máximo de tempo possível e não o necessário. Quando o horizonte de planeamento é demasiado longo, as iniciativas são esquecidas, as prioridades mudam ou o ambiente altera-se. O prazo para a conclusão da iniciativa deve ser curto, uma vez que os clientes internos e externos podem mudar de opinião sobre a encomenda, a quantidade de produtos a entregar ou as especificações. As mudanças rápidas ajudam a garantir que as informações mais recentes são planeadas e consumidas. Colher o máximo de valor possível durante o ciclo de vida da oportunidade. A encomenda torna-se mais crítica quanto mais se aproxima a data de entrega.

170. ***Relevância para o futuro:*** A liderança de topo formalizou a estratégia para o futuro. As pessoas-chave da organização estão a trabalhar para um futuro melhor para a organização. Esses esforços podem não estar alinhados, e um pode ser mais relevante para as necessidades do mercado do que o outro. Reconheça a diferença, considerando que muitas organizações burocráticas se movem mais lentamente do que as exigências do mercado. A velocidade da mudança é a razão pela qual as empresas que estão à frente dos seus concorrentes são muitas vezes compradas por aquelas que não conseguem acompanhar o ritmo. Saiba quem está a trabalhar para o futuro e alinhe-se com eles tanto

quanto possível. Desta forma, estará tão sincronizado quanto possível com o que o mercado exige agora e exigirá no futuro. Está a preparar-se para o futuro no que diz respeito à produção de valor organizacional. organizacional está a ser produzido.

171. ***Recalibrar as percepções:*** As conversas significativas recalibram as nossas perspectivas sobre vários tópicos. Para que uma conversa seja significativa e crie valordeve chegar a pelo menos uma conclusão que não tenha sido previamente aceite ou compreendida. A descoberta é o resultado de uma conversa significativa. Para o ajudar a recordar a epifania significativa, documente-a num local onde possa ser consultada sempre que necessário sem se perder. Uma descoberta de utilização única não é tão valiosa como uma epifania de utilização múltipla.

172. ***Preparação para o futuro:*** Quando estiver pronto para dar o próximo passo em frente, visualize o próximo marco para que possa fazer mudanças significativas na sua abordagem, descobrir bloqueadores emergentes e antecipar as implicações de passos futuros. passos futuros. Está constantemente a criar o seu futuro. Prepare-se para ele, para que possa dar o próximo passo com o mínimo de esforço e com a máxima recompensa. Trabalhe na sua capacidade de criar e alcançar bem o nível seguinte. Aprecie o presente, tenha curiosidade sobre o futuro e vá até lá.

173. ***Adaptação ao futuro:*** Considerar como será a organização em breve. Considere as capacidades das pessoas que precisam de ter sucesso neste ambiente. Saiba como é o pessoal atual para que possa decidir se as suas qualidades se adequam às suas futuras responsabilidades futuras. Se se enquadrarem, então reforce os seus pontos fortes e faça-os avançar. Se se adequarem

parcialmente, determine se são treináveis. Em caso afirmativo, treine-os para que sejam capazes de demonstrar as competências necessárias para a sua próxima função. Caso contrário, ou se não se enquadrarem no futuro, considere onde podem ser úteis.

174. ***Aumentar a capacidade:*** Descobrir continuamente oportunidades e diagnosticar vulnerabilidades. Se houver uma pausa na descoberta e no diagnóstico, haverá um desvio nas capacidades da organização. São necessárias novas capacidades para explorar novas oportunidades. São necessárias novas capacidades para garantir que as vulnerabilidades não sejam exploradas. Planear proactivamente a aquisição contínua destas capacidades ajudará a garantir que está sempre pronto a agir. As acções podem incluir a exploração de uma oportunidade ou a atenuação de uma vulnerabilidade.

175. ***Conceção proactiva:*** Como é que a conceção da organização precisa de mudar para atingir cada marco sucessivo? A organização irá evoluir e mudar. O processo de design iterativo deve acontecer com cada marco. Os requisitos de conceção devem ser validados em relação ao desempenho da organização em cada estado evoluído. A falta de conceção inibirá a evolução da organização e aumentará o risco de fracasso da organização. Consequentemente, a conceção é necessária antes de atingir cada marco sucessivo.

176. ***Conceção dos objectivos:*** Os objectivos são atingidos, mas a conceção da organização não se altera. A organização foi concebida em torno de um conjunto anterior de objectivos que foram alterados para serem bastante diferentes. Consequentemente, a organização que conseguirá atingir esses objectivos será diferente. A realização dos objectivos é limitada pela estrutura organizacional

fixa; consequentemente, a organização deve ser construída em torno dos seus objectivos.

177. ***Alavancar os Alavancadores:*** Algumas pessoas são boas a aproveitar oportunidades. Elas podem beneficiar também de si quando as potencia. Desenvolva a sua capacidade de influenciar as pessoas que são boas a influenciar os outros. Descubra quem são e inclua-as no seu grupo de recursos. É ainda melhor se conseguir que elas executem tarefas que lhes interessam e que são difíceis para si. Se ambos necessitarem de executar tarefas semelhantes ou relacionadas, eles podem sentir-se motivados a terminá-las consigo.

178. ***Controlar o imprevisível:*** As surpresas são iminentes. Algumas forças caóticas podem não ser previstas. Para prosperar num ambiente que não é totalmente controlável ou previsível, é necessário ter a forte capacidade de saber como lidar com o desconhecimento. Ter um controlo firme sobre o que se sabe é um começo. Se não conseguir gerir o que sabe, então será mais difícil lidar com as surpresas. A força da liderança deve incluir ser flexível e ágil para que as surpresas sejam esperadas e trabalhadas à medida que vão surgindo. A capacidade de prever surpresas pode ajudar a preparar-se para elas; no entanto, nem todas as surpresas podem ser previstas, mas todas as surpresas devem ser geridas. Esteja preparado para o que não sabe.

179. ***Soluções de crítica:*** As suas recomendações e sugestões devem estar sempre abertas a críticas. Pense em quem as está a criticar. Se for "a resistência", então o seu contributo não é tão relevante. Não deve haver orgulho na autoria de uma revisão por pares ou de uma revisão por participantes. É muito provável que não tenha tido em conta algo que deveria ter tido. Qualquer

recomendação ou sugestão deve ser testada e aperfeiçoada de modo a que não seja a sua resposta, mas a melhor resposta a um problema, a ser concebida e implementada.

180. ***O que está a faltar:*** Pergunte-se continuamente: "O que é que me está a faltar?" Muitas vezes, os itens críticos foram negligenciados. Peça a outra pessoa que lhe faça um favor e pergunte sobre o que preparou com a intenção de encontrar algo em falta. Talvez tenha saído para ir trabalhar e se tenha esquecido do crachá que precisava para entrar no edifício. Devia ter-se perguntado se lhe faltava alguma coisa antes de sair e este lapso não teria acontecido. Quando faz as malas para uma viagem, pede a alguém que reveja o inventário da mala consigo para ver se se esqueceu de alguma coisa. Este mesmo princípio aplica-se aos projectos e iniciativas. Não tenha medo de uma crítica de planeamento.

181. ***Consequências do risco:*** Antecipar as consequências negativas e atenuá-las. Utilizar um quadro pré-mortem para discutir o que pode correr mal e corrigir a vulnerabilidade antes de esta ser explorada por algo ou alguém. Não há risco de consequências negativas porque as vulnerabilidades foram mitigadas. Os planos de contingência podem ser utilizados para recuperar antes de os prazos serem ultrapassados, se uma surpresa se tornar num bloqueador operacional. Fazer o failover rapidamente para um recurso redundante ou utilizar uma ferramenta diferente para realizar a tarefa se a ferramenta atribuída falhar.

182. ***Recolha de oportunidades:*** Lançar a rede de forma alargada para captar o maior número possível de oportunidades. Serão oportunidades não relacionadas e não correlacionadas; no entanto, a quantidade resultará em oportunidades de sucesso com

base no rendimento da conversão. Tentar obter negócios a partir do mesmo sítio que todos os outros pode resultar numa corrida que exige um elevado nível de esforço e concessões significativas para obter receitas. e concessões significativas para obter receitas. Os nichos de mercado podem não ser atendidos e, com pequenas alterações, a organização pode obter receitas lucrativas sem uma concorrência substancial.

183. ***Priorização de probabilidades:*** Os dados devem ser utilizados para potenciar as variáveis e dar prioridade às acções. As probabilidades devem ser calculadas com a maior exatidão possível para que a definição de prioridades funcione. A precisão perfeita é impossível; no entanto, deve ser planeada a utilização de certas variáveis influentes para determinar a probabilidade. Por outro lado, a exatidão do cálculo fica comprometida quando uma variável crítica é omitida. As variáveis influentes e as combinações de variáveis que se correlacionam fortemente devem ser compreendidas e consideradas para que possam ser aproveitadas na análise de probabilidades. As inferências da análise podem ser utilizadas com confiança para dar prioridade às acções com impacto imediato mais significativo.

184. ***Suficientemente verdadeiro:*** A verdade perfeita será difícil de obter na realidade. A equipa de análise pode pensar que conseguiu uma análise pura, mas isso é impossível. O que se deve procurar é uma análise que funcione. As restrições de tempo evitarão a paralisia da análise. Algo que não é totalmente verdadeiro pode ser utilizável porque é suficientemente preciso para obter informações sobre as acções que devem ser tomadas. Se a análise lhe fornecer o que precisa, não há necessidade de trabalho adicional a fazer, exceto monitorizar as alterações para garantir que têm impacto.

185. ***Taxa de mudança:*** Para ser aproveitada, uma oportunidade requer uma capacidade. Um conhecimento básico do nível de maturidade atual ajudará a compreender a lacuna a colmatar. Uma organização deve atingir o nível de maturidade correto tão rapidamente quanto necessário. Mesmo que a organização esteja a atingir uma taxa de mudança elevada, pode não ser suficientemente rápida. Compreender a taxa de mudança necessária ajudará os líderes a decidir se querem aproveitar a oportunidade.

186. ***Coordenação de níveis:*** Poderá ter de se reunir com vários níveis organizacionais em simultâneo para criar uma dinâmica ou clareza. A autoridade ajuda a criar um impulso. A clareza é auxiliada pela visão e descoberta. O consenso criará um alinhamento que pode alcançar o impulso com resistência minimizada. Conseguir que várias camadas concordem simultaneamente agiliza a comunicação, a aplicação da autoridade e alcança rapidamente o consenso, resultando em alinhamento.

187. ***Visão a longo prazo:*** Desenvolver uma visão a dois anos é difícil porque uma visão exacta seria difícil de acreditar para a maioria, dado o ritmo a que o ambiente muda. Um plano relevante seria tão radical que a maioria das pessoas pensaria que é impossível de concretizar, apesar de, para ser um sobrevivente, ter de o concretizar. Este plano radical afectá-los-á de alguma forma, pelo que o temerão. Os trabalhadores preferem o status quo, mesmo que este conduza à extinção, porque pensam que o plano radical conduzirá à extinção mais rapidamente.

Estar preparado

É importante colocar a sua organização numa posição em que esteja pronta para enfrentar um desafio (Heifetz & Linsky, 2017). Quando uma oportunidade se apresenta, uma organização preparada para capturar a receita adicional e crescer cria uma vantagem competitiva vantagem competitiva e boa sorte. O esforço incremental não stressa esta organização (McGrath, 2013). Este líder tinha assegurado que a organização estava pronta para se expandir antes de ter de o fazer. Os resultados são tipicamente muito positivos, porque os funcionários têm a oportunidade de crescer e experimentar tarefas maiores. A responsabilidade é atribuída àqueles que conseguem alcançar a prontidão para mudanças positivas.

Figura 17. A preparação conduz ao sucesso se for organizada, adequada e atempada.

As seguintes tácticas de serendipidade na engenharia, sem qualquer ordem específica, podem ajudar a estar preparado:

188. ***Auto-Liderança*** : Esperar que os líderes abaixo de si se liguem e colaborem sem si. Se eles estiverem alinhados com os objectivos e valores da empresa, por que não? Não é necessário estar

no meio de tudo para mostrar valor. O objetivo é realizar as tarefas corretamente e com antecedência, se possível. Deixe a equipa trabalhar arduamente em conjunto. Mostre-lhes que existe confiança entre si e eles. Se eles não precisarem da sua supervisão ou orientação, está a fazer um excelente trabalho a liderá-los e a orientá-los.

189. ***Explorar os dados*** : Utilize os dados para tomar decisões cruciais. Não se preocupe com a forma de os recolher, a menos que seja necessário. Os dados não têm de ser exatamente exactos se estiver a fazer uma estimativa ou um palpite. Podem ser aproximadamente exactos para que se possa tomar uma decisão. Um palpite requer muito menos tempo para a recolha de dados porque não existem tantas variáveis e não são necessários tantos dados. Um palpite pode ser utilizado para obter uma imagem ou um modelo da situação. Os aperfeiçoamentos podem ser efectuados depois de se ter provado que o modelo é viável.

190. ***Alinhamento de competências*** : Certifique-se de que as pessoas que fazem o trabalho têm as competências necessárias e a oportunidade de serem os melhores do mundo naquilo que estão a fazer. A oportunidade será temporária (manter-se no topo pode não durar muito tempo), e a procura contínua de domínio nunca pára. Alinhar as competências com uma visão impulsiona uma organização através dos seus objectivos para o estado previsto.

191. ***Bloqueio de acesso*** : Uma pessoa de apoio será contratada e o seu chefe dir-lhe-á para "não intervir" porque esta nova contratação não vai "gostar da forma como gere as pessoas". Em vez disso, utilize os seus subordinados diretos para envolver esta pessoa de apoio de uma forma que se adeqúe à sua agenda e ao

estilo de gestão deles, para que possa atingir os seus objectivos. Se pressionar os seus subordinados diretos, eles podem pressionar a pessoa de apoio, e você fica oficialmente *sem intervenção*, e todos ficam satisfeitos.

192. ***Reiniciar a ilusão*** : Um líder pode não gostar da forma como as coisas estão a correr, apesar de estar a ganhar impulso diariamente. Eles podem até estar no caminho da aceleração do impulso ou ter um curto período de atenção, e você não está indo rápido o suficiente. Eles sugerem um "Reset". Isto significa que vai parar, mudar algumas coisas e depois recomeçar, avançando novamente. Acabou de matar o progresso que fez e qualquer impulso que tenha criado. Evite esta "ilusão de um reset" e concentre-se em vez disso, concentre-se em construir o impulso necessário, ajustando-se continuamente. Chegará mais cedo do que se "reiniciar" e começar de novo. O impulso custa muito para ser criado. Considere este custo antes de o matar.

193. ***Entropia do sistema*** : O "sistema" que a empresa explora para atingir as expectativas dos clientes vai-se desviando. Com o tempo, os controlos são comprometidos ou tornam-se obsoletos. A disciplina dá lugar a atalhos. A energia que estava concentrada na construção da perfeição é dissipada. A entropia deve ser esperada e antecipada. O líder proactivo não só estará atento a ela, como também estará à frente da deriva. Continuamente a avançar, o líder proactivo não deixará que a deriva aconteça; em vez disso, orientará a organização para a adoção de controlos mais robustos que aumentem o desempenho relativamente ao "certo à primeira" com o mínimo de esforço e desperdício.

194. ***Trabalho partilhado*** : Quando os recursos são partilhados entre departamentos, não se deve esperar que os melhores talentos sejam oferecidos ao departamento que os recebe. É mais provável que o departamento recetor receba recursos com poucas competências e motivação. Estes recursos causam o mínimo de sofrimento ao departamento que os envia. Uma afetação por conveniência pode resultar num consumo significativo de capacidade para formação e para recuperar de erros cometidos. O departamento recetor pode ter sorte e o recurso partilhado ser adequado. Este resultado tem uma probabilidade baixa. Pergunte como é medido o desempenho de cada pessoa e peça os dados de cada um. O líder recetor pode estar a transferir a tarefa de lidar com um mau desempenho. Não seja ingénuo. Decida se é melhor ser você a escolher a pessoa ou aceitar alguém que lhe foi dado.

195. ***Left Behind*** : Se escalar demasiado depressa, as deficiências começam a acumular-se. Os problemas começam a acumular-se. Um exemplo seria a faturação. Está concentrado nos fluxos de trabalho, na formação e na entrega do produto. Não se apercebe de que as facturas se estão a acumular. Não faturar o trabalho pode ser o seu fim, porque se o cliente não quiser pagar facturas antigas, perdeu o seu custo, margem e talvez mais. Outras coisas também se podem acumular. Veja-se, por exemplo, a acumulação de férias. Todos estão a trabalhar arduamente enquanto a acumulação aumenta. De repente, é verão e todos querem ir de férias com a família. Pode não ser capaz de funcionar quando toda a gente está fora. Esteja atento às pilhas que se aproximam de si enquanto faz escala. Trate-as rapidamente ou evite-as por completo, concebendo um processo que evite o aparecimento de pilhas.

196. ***Jogo de poder*** : Um líder que esteja a perder o controlo pode afirmar-se apontando problemas noutra área de negócio como uma distração. Esta fraqueza percebida de uma "fonte anónima" será amplamente comunicada e receberá muita atenção. Infelizmente, terá de descobrir a que é que a fonte se está a referir. Seria útil se fosse à procura do problema, da causa principal e da solução. Depois, terá de comunicar que resolveu o problema. Esperar que o líder produza algo mais. A certa altura, sentimos que estamos a trabalhar para eles porque "a cauda está a abanar o cão". Afinal de contas, o objetivo não é resolver o problema, mas sim fazer com que o líder exerça influência sobre si. O problema desaparecerá misteriosamente se eles puderem tirar a função de si. Não porque o tenham resolvido, pois eles não são bons a resolver problemas, mas porque já não se queixam do problema. Missão cumprida tanto para o chefe como para o queixoso. Todos os outros ficam desmoralizados. Há paz e harmonia, e você fica diminuído. Um bom líder precisa de reconhecer este jogo de poder, porque o efeito líquido é que a empresa fica em pior estado do que estava.

197. ***Foco rápido*** : Pergunte aos líderes o que podem fazer pela organização nos próximos dias. Pergunte-lhes como os pode ajudar. O curto espaço de tempo irá concentrar-se O curto espaço de tempo irá focar o problema a ser resolvido ou a oportunidade a ser aproveitada. A oportunidade ajudá-los-á a concentrarem-se no imediato e a afastarem-se da distração das iniciativas a longo prazo. Poderá impulsionar os planos actuais e melhorar o envolvimento. A inércia institucional é uma força a ter em conta. Esta tática é uma forma de lidar com ela e criar um impulso para a mudança.

198. ***Cuidador*** : Esteja pronto para mostrar que se preocupa com alguém. Ser empático em alturas críticas da vida das pessoas pode ser muito útil. A compaixão é uma componente vital para um líder. Mostra que se preocupa mais do que apenas com os resultados organizacionais. Assistir a um evento especial, a um funeral, etc. A compaixão pode melhorar os resultados da organização, porque as pessoas de quem se cuida podem estar mais atentas à realização dos objectivos. Não deixe que a sua compaixão não deixe que a sua compaixão seja abusada ou sugira favoritismo, mas isso não significa ignorá-la por completo.

199. ***Serviço inteligente*** : As suas capacidades são afectadas ao serviço dos outros que o seguem e a quem reporta. Utilize as suas capacidades para compreender o valor que lhe foi pedido para criar - as capacidades da pessoa a quem reporta podem ser úteis de forma selectiva. Da mesma forma, sirva aqueles que estão a criar valor sob a sua responsabilidade. Ajude-os a serem capazes, empenhados e utilizados. A sincronização do serviço em toda a estrutura organizacional, de acordo com os objectivos, cria um ambiente de colaboração e realização. O objetivo de todos está a ser cumprido de forma eficiente e simultânea.

200. ***Capability Fit*** : Nunca subestime as capacidades de um trabalhador a qualquer nível. A questão é: "Estarão eles no lugar certo a fazer as coisas certas de acordo com o seu talento?" A sua função é descobrir as suas capacidades e aproveitá-las para criar valor organizacional. Se não houver progressos num objetivo, pode ser que a pessoa a quem foi atribuída a tarefa não a consiga realizar. Poderá ser necessário algum treino para determinar como é que a pessoa se pode adaptar. Pode ser necessária uma compensação ou a

pessoa pode estar no sítio errado. Descubra onde a pessoa se encaixa e substitua-a por alguém que possa progredir. Todos se sentirão melhor com o seu trabalho.

201. ***Contágio de energia*** : Realizar tarefas não é apenas uma questão de gestão do tempo; é uma questão de gestão da energia energia. Se criar energia em torno de um objetivo, as pessoas trabalharão de graça para lá chegar. Se forem pagas, é um bónus. Estarão concentradas. Não se preocuparão com mais nada. Há muitos exemplos de pessoas que se sacrificam para fazer algo significativo porque são apaixonadas pelo que fazem. Têm diante de si uma oportunidade de realizar um sonho. Sabe qual é a paixão das pessoas? Elas conhecem uma oportunidade disponível que lhes interessa? Têm a possibilidade de influenciar o resultado? Combinar a energia com a oportunidade produzirá um resultado notável.

202. ***Decisão do chefe:*** Os patrões fazem o que fazem, decidem o que decidem e contratam quem contratam; não deixes que isso te incomode. Tudo se resolverá. Se contratarem a pessoa errada, despedem-se a si próprios. Se a decisão do chefe for incorrecta, acabará por se tornar evidente, ele mudará de rumo e poderá pedir desculpa por não lhe ter pedido ou confiado em si. Não se preocupe com isso, mas procure outro local de trabalho onde possa ser bem sucedido, se a situação se tornar esmagadora e contínua. As pessoas não deixam as empresas; deixam os patrões.

203. ***Os melhores do mundo:*** Onde quer que exista uma equipa, certifique-se de que é a melhor equipa do mundo naquilo que faz. Se não quiserem ser a melhor equipa do mundo, procurem pessoas que queiram sê-lo e substituam as que não querem. O seu trabalho é importante e não há lugar para a mediocridade. Compare

outras organizações ou funções semelhantes noutros locais. O que é que eles estão a fazer que os torna bons no que fazem? Descubra e aplique a energia da equipa para superar a capacidade de outra pessoa. Desenvolva sempre as melhores capacidades de uma equipa para que esta se sinta orgulhosa do que tem. O trabalho é mais agradável quando se sabe que se é o melhor.

204. ***Publicidade da equipa:*** Divulgue o sucesso da sua equipa no momento certo. Se o mencionar na altura errada, não terá qualquer efeito porque não é a prioridade agora e ninguém se importará. Pode ser necessário um ligeiro atraso se todos estiverem a ser consumidos por uma crise. Atravesse a linha de chegada quando as pessoas estiverem a ver. Organize o momento do anúncio. Quem deve saber e como deve ser informado? Por vezes, adiar o anúncio pode ser bom porque as suas notícias podem entrar em conflito com outro item crítico. Faça-o quando sentir que terá o melhor impacto, nem demasiado cedo nem demasiado tarde.

205. ***Ciclo dramático:*** Esperar que o ruído e a postura se acalmem, depois inserir-se e resolver o problema. Algumas pessoas fazem barulho ou drama porque estão surpreendidas com um resultado, querem desviar-se da negligência ou não sabem como proceder. Se a pessoa confia em si para a ajudar, é provável que aceite de bom grado a sua capacidade de fazer a triagem da situação e iniciar o processo de recuperação. Poderão mostrar-se agradecidos durante algum tempo ou nem sequer o fazer. Lembre-se de que, muitas vezes, o nadador-salvador não recebe nada por salvar um nadador que se está a afogar. É apenas parte do trabalho de uma pessoa capaz e empenhada. Sinta-se bem por ter salvo uma pessoa, mesmo que ela não lhe agradeça.

206. ***Desafio da migração:*** Algumas pessoas pensam que o seu primeiro passo numa etapa de migração cultural organizacional será perfeito. Criam um comité de direção e as coisas não correm bem desde o início. Não faz mal. Se fosse fácil, qualquer pessoa o poderia fazer. Defina as expectativas. Diga: "Vai ser feio". O chefe organiza uma reunião para acompanhar o progresso de um projeto. Inclui pessoas de vários níveis abaixo, contornando o seu nível C. As pessoas abaixo desse nível dizem-lhe o que acham que ele deve ouvir. A pessoa do nível C responsável por essas áreas sabe o que as pessoas abaixo dele não estão a dizer. A eficácia da comunicação é posta em causa porque o chefe obtém uma imagem cor-de-rosa quando não é o caso. As surpresas estão a caminho. Algumas pessoas são à prova de bala, quer o mereçam ou não. As que não o merecem são um problema. As que merecem são os HiPo's (high potentials). É normal que uma equipa se atrase quando outras não o podem fazer? O atraso pode acontecer com as funções de apoioNo entanto, as operações não se podem atrasar, pois têm de entregar os produtos a tempo, apesar das mudanças culturais organizacionais. As funções de apoio não devem ter a mesma latitude. Aguente-se e seja pontual. Todos nós temos desafios, e você não é especial.

207. ***Definir concluído:*** Quando mudar alguma coisa, certifique-se de que sabe o que é "feito". Sem uma definição de feitohaverá desvios de âmbito e o projeto nunca terminará. Não será possível seguir em frente. O projeto ou a tarefa ficará lá fora, e os espectadores pensarão que não fez nada porque nunca cruzou a linha de chegada. Um pequeno sucesso sugere que o projeto continua por outras vias. Encerre-o para evitar que se ramifique noutras actividades e, em seguida, inicie um novo projeto com um âmbito definido. Caso contrário, o "feito" nunca acontecerá. Chegar

ao "feito" e depois fazer uma pausa. Deixe a poeira assentar. Depois, avance para outra coisa com um âmbito definido e uma definição de "feito".

208. ***Compreender os desafios:*** Uma tarefa assustadora não é assim tão má quando a compreendemos, a dividimos em componentes, a medimos e começamos a trabalhar. Não é fácil quando não se sabe o que fazer com ela. Descobrir como começar pode levar mais tempo do que fazer o trabalho em si. Um caminho crítico para a conclusão é possível se o desafio for bem compreendido. O caminho pode não ser perfeito, mas pode ser aperfeiçoado ao longo do percurso. A descoberta acontece àqueles que estão envolvidos num desafio. À medida que se sabe mais sobre o desafio após a realização de marcos, é possível ajustar o caminho crítico que foi definido. Mantenha-se empenhado e atinja um ritmo que seja encorajador. A falta de movimento é desgastante-e desencorajadora.

209. ***Mudança faseada:*** Por vezes, uma mudança de paradigma é impossível, e a mudança desejada deve ser realizada numa sequência de de fases. Uma organização que se conforta com as suas rotinas pode não tolerar mudanças drásticas. Os participantes não entendem como o caminho os levará a um lugar que eles não entendem. Use marcos para explicar onde a próxima fase os levará. Uma vez que não se trata de uma mudança tão significativa, os participantes irão apreciá-la e empenhar-se. A fase seguinte deve ser colocada na sua mira assim que o marco for alcançado. Isto será agora compreensível, tendo em conta onde acabaram de chegar. O passo seguinte é mais fácil de compreender do que o último.

210. ***Momento de falar:*** Saiba quando deve ir falar com alguém e quando é desnecessário. Enviar um e-mail ou um canal de chat pode ser complicado. A comunicação falha a dada altura e o tópico é abandonado, aguardando uma recuperação quando todos tiverem arrefecido. Saiba quando o meio de comunicação deve mudar e actue em conformidade. Passe para uma chamada telefónica, uma videochamada com a câmara ligada ou uma visita pessoal. A linguagem corporal pode fornecer a medida extra necessária para resolver um problema.

211. ***Fonte da verdade:*** Certifique-se de que o seu adversário não é a única fonte de verdade para os seus principais contactos nos seus clientes. Estes contactos podem não gostar do que lhes está a ser dito, uma vez que contradiz o que ouviram de si. O seu adversário não tem em mente os seus melhores interesses. Com a informação incorrecta, eles começarão a alinhar-se com o seu adversário. Será necessária uma energia significativa para quebrar a lealdade deles, reprogramá-los e trazê-los para o seu campo. Pense se vale a pena gastar essa energia. Melhor ainda, não deixe que isso aconteça em primeiro lugar. Mantenha-se próximo dos contactos dos seus clientes e só permita que sejam contactados por pessoas que os ajudem a alinhar-se com os seus esforços.

212. ***Ideias maduras:*** Não se limite a aceitar as ideias dos outros. Avalie-as e aperfeiçoe-as para que sejam úteis quando estiver pronto para as pôr em prática. As ideias prometedoras estão sempre parcialmente maduras. É preciso determinar o grau de maturidade das ideias e colmatar a lacuna entre o ponto em que estão e o que precisam de estar. Se foram concebidas a partir de uma necessidade, então pode haver alguma verdade na sua validade, dependendo da influência de preconceitos no processo de pensamento. Aumentar o

valor da solução, compreendendo bem o problema a resolver e abordando as soluções com uma mente aberta.

213. ***Escolhas de batalha:*** Escolhe as tuas batalhas. Existe uma sequência de batalhas que ganharão a guerra. Quando se ganha uma, deve considerar-se a batalha certa para ganhar a seguir, e o momento deve ser determinado com precisão. A forma mais eficaz de fazer cair as peças de dominó é fazer com que as peças certas influenciem as peças certas no momento certo. Não te envolvas em guerras intermináveis ou triviais. Não vale a pena. Entre, ganhe, saia, ou não se envolva de todo. Se foste arrastado para a guerra, procura rapidamente a paz, um reinício ou a vitória. Quando as guerras se prolongam, esgotam a energia de todas as partes envolvidas. Uma resolução positiva é o melhor resultado.

214. ***Rótulos descuidados:*** Ter cuidado com a linguagem e os rótulos. Rotular mal alguém ou interpretar mal as suas acções pode ser doloroso e desmoralizante para todos os que sabem quando a verdade é revelada. Por exemplo, se disser que alguém está a cometer erros desleixados, mas que os erros não foram cometidos por essa pessoa, que não os conseguiu apanhar ou que não foi responsável por eles, o rótulo pode pegar e ser desmoralizante sempre que for referido. Nalguns casos, pode não ter sido dito a alguém para fazer algo. Pode não lhe ter sido dito como o fazer ou não ter a ferramenta necessária para executar a tarefa. a tarefa. Julgamentos rápidos podem transformar-se em rótulos descuidados que carecem de cortesia e empatia.

215. ***Documentar os planos:*** É melhor ser capaz de planear do que ter um plano. O planeamento é uma atividade contínua; no entanto, a documentação dos planos ajuda a prestar contas, a

mapear os recursos necessários, a justificação através de um retorno e a publicação de um calendário que pode ser partilhado. Os documentos podem sempre ser alterados, mas a última revisão deve estar disponível para todos os que precisam de ter acesso. Quando se tem um plano documentado, pelo menos tem-se uma base a partir da qual se pode agir e algo para atualizar. Um plano que não seja suficientemente específico pode não ser exequível. Um plano rígido atrofia-se e torna-se irrelevante à medida que o ambiente muda.

216. ***Revisor obrigatório:*** Se fizer um relatório ou uma apresentação, certifique-se de que outra pessoa o revê, para o caso de haver erros ou questões que não tenha visto. Não deve haver orgulho na autoria de um documento. O facto de alguém ter conhecimento do erro antes de toda a gente é muito melhor. Disponibilize o documento para ser revisto por alguém que discorde de si. Essa pessoa ajudá-lo-á a ter uma apresentação mais equilibrada, identificando conteúdos em que não teria pensado.

217. ***Desafio estratégico:*** Utilizar dados externos de webinars e outros recursos para desafiar os planos estratégicos. Os planos não devem ser elaborados isoladamente, partindo do princípio de que mais ninguém tem nada a dizer sobre as decisões que estão a ser tomadas. As partes interessadas com diferentes pontos de vista devem desafiar a estratégia. As soluções alternativas podem ser mais fáceis de implementar e estar mais prontamente disponíveis. A abordagem convencional deve ser avaliada; se não for aceitável, deve ser posta em causa e devem ser consideradas alternativas.

218. ***Luzes apagadas:*** Se houver uma falha de energia numa instalação, o serviço ao cliente não deve ser interrompido. A continuidade do serviço ao cliente é normalmente designada por continuidade do negócio. Diferentes tipos de desastres têm diferentes consequências para a operação. O nível de interrupção deve ser compreendido (falta de eletricidade ou terramoto), descrito e documentado. Em seguida, devem ser elaborados planos para recuperar a operação num prazo aceitável para o cliente e para a empresa. Este tempo de recuperação guiará as acções e a infraestrutura redundante necessárias para atingir o objetivo.

219. ***Atribuição de capacidades:*** Atribuir as tarefas mais sensíveis aos talentos mais capazes. Algumas tarefas têm perfis de alto risco. As pessoas capazes de executar a sequência de tarefas para atingir o objetivo devem ser escolhidas cuidadosamente para melhor gerir o risco. As capacidades vão para além das competências necessárias e incluem os comportamentos utilizados para executar o plano. As sensibilidades em matéria de estratégias de comunicação, de gestão de conflitos e de inspiração dos participantes são fundamentais para o êxito da missão. A situação ditará quais as capacidades comportamentais essenciais para o sucesso da missão.

220. ***Análise adequada:*** Efetuar uma análise adequada dos dados e apresentar os resultados. Certifique-se de que as variáveis utilizadas são relevantes e compreendidas. Algumas variáveis não são influentes no cenário e não devem ser ponderadas ou consideradas influentes se não o forem. Descobrir padrões de dados para estabelecer causalidade e relações fortes entre variáveis. Um padrão de comportamento, uma vez reconhecido, pode ser mais facilmente mitigado porque as relações entre as variáveis são compreendidas.

221. ***Revisão pelos pares:*** Os pares devem rever os planos estratégicos antes de serem publicados ou amplamente comunicados. Os pares podem encontrar erros embaraçosos ou tácticos que podem comprometer a credibilidade do plano. Dados incorrectos ou inferências a partir de dados podem ter induzido em erro as análises. Consequentemente, as acções determinadas para avançar podem não atingir os objectivos. Se for este o caso, um par pode ser imparcial na sua avaliação do plano, enquanto o autor pode ser tendencioso a favor de tácticas familiares que podem não ser eficazes.

222. ***Pessoas certas:*** Certifique-se de que as pessoas certas estão presentes e envolvidas nas conversas. Por vezes, os participantes estão a fazer outras coisas ou a pensar em actividades diferentes. Certifique-se de que estão física e mentalmente presentes. Ajude-os, assegurando-se de que existe clareza e uma progressão do pensamento. Clareza significa que está a lidar inequivocamente com a questão e que o plano para a resolver está calendarizado e sequenciado de forma adequada. Monitorize o ritmo e faça os ajustes necessários. As pessoas certas no início de um projeto podem não ser as pessoas certas no final.

223. ***Linhas de comunicação*** : Estabeleça linhas de comunicação e depois deixe que os seus relatórios continuem a trabalhar no problema. Ligue as partes relevantes de todos os lados de uma organização ou entre organizações. As ligações devem fazer sentido. Pessoas com interesses e competências semelhantes podem ser boas ligações. Interesses e capacidades semelhantes tornarão a ligação ainda melhor. Os participantes terão de decidir como deve ser o protocolo de comunicação. Quando existe consenso, a execução do plano de comunicação é mais fiável.

224. ***Caminho de melhoria*** : Assegurar-se de que todos estão num caminho de melhoria. A situação deve estar sempre a melhorar. A melhoria aplica-se tanto ao processo como ao plano de desenvolvimento da pessoa. Documente-o e acompanhe-o para garantir que as metas estão a ser atingidas a tempo. Se puder antecipá-las, faça-o para criar uma margem de segurança para quando houver um pequeno deslize. Verifique se o roteiro está em conformidade com as alterações ambientais do mercado. Faça os ajustamentos necessários, de preferência de forma previsional e não reactiva.

225. ***Inquérito de dados*** : Utilizar uma ferramenta de inquérito para obter informações de interesse em toda a cadeia de abastecimento. Uma ferramenta de aquisição de dados em massa pode reunir uma quantidade significativa de informações comparativas. O inquérito pode ser anónimo, se isso ajudar a aumentar a taxa de resposta. Peça a uma figura de autoridade para pedir que a informação seja obtida através das funções rapidamente. Será necessário um sentido de urgência para a participação. A informação deve revelar os pontos positivos e os pontos fracos que precisam de ser tratados (ex.: inquérito sobre a produtividade inquérito de produtividade em todas as funções). Um inquérito é uma forma rápida de recolher muita informação sobre uma organização. Deve ser estruturado corretamente para que os resultados sejam significativos. Os dados do inquérito devem resultar em tarefas para melhorar as respostas. Estas tarefas têm de ser acompanhadas até à sua conclusão. Caso contrário, os participantes podem não participar no inquérito seguinte.

226. ***Permitir a inação:*** Não permita a inação. Se alguém lhe der uma resposta vaga ou se desviar para outro assunto, prenda-o. A resposta à sua pergunta deve ser acionável, específica, mensurável, exequível, baseada no tempo e realizável. "O que é que vai fazer em relação a isso?" Na medida em que permite a utilização de respostas ambíguas, os outros vão perceber e fazer o mesmo. É uma tática de diversão. Passará todo o seu tempo a acompanhar a situação e, quando o fizer, obterá respostas mais vagas até desistir. É esse o objetivo da pessoa que está a ser interrogada. A inação não deve ser permitida. Algumas pessoas tentarão empatar ou adiar a conversa. Pensam que a situação vai passar e que se vai esquecer do que lhes pediu para fazer. Se não se pode confiar neles para fazer algo, dê a tarefa a outra pessoa. Alguns empregados são excelentes executantes e estarão à sua frente. Os trabalhadores com bom desempenho farão a tarefa sem que se aperceba. Ajude-os a serem mais informativos para que não pense mal deles. Se eles lhe derem informações actualizadas, pode apreciar o que eles realizaram de uma forma significativa.

227. ***Encaminhamento da informação*** : Assegure-se de que o encaminhamento da informação é bem definido e adequado. Quando os dados são encaminhados para a pessoa errada, ficam na "terra de ninguém" e não serão aproveitados ou respondidos. O desvio de informação ocorre especialmente quando os sistemas estão a encaminhar automaticamente a informação. Normalmente, existem algumas tabelas que, se não forem actualizadas, dificultam a comunicação. As tabelas têm de ser exactas e actualizadas com frequência. As mensagens de correio eletrónico geradas automaticamente serão frequentemente ignoradas por rotina. Para contrariar esta situação, assegure-se de que as pessoas que recebem

as mensagens de correio eletrónico são acompanhadas. Os lembretes automáticos podem ter o mesmo tratamento. São ignorados até que alguém se aperceba de que são importantes. As notificações devem ser enviadas para as pessoas a montante e a jusante na hierarquia. Se for importante, devem ter conhecimento do assunto e se os seus colaboradores não estiverem a tratar da questão.

228. ***Urgência do Backlog*** : Criar urgência em torno de um backlog. Não deve ser permitida uma acumulação de trabalho. Só deve haver trabalho suficiente num fluxo de trabalho para manter tudo a funcionar a toda a velocidade. Se se formar um atraso, acelere o fluxo de trabalho para corresponder à procura. Tudo o que está à espera cria uma vulnerabilidade ao atraso na entrega. Os atrasos são como os buracos; quanto maiores forem, mais caro será remediá-los. Não espere até que o atraso se torne um problema. Um atraso pode exigir que as horas extraordinárias sejam reduzidas para um nível aceitável porque os clientes estão a reclamar e os recursos não estão disponíveis. Devem ser aplicados recursos administrativos adicionais para controlar o que está em atraso e o que falta concluir. As encomendas em atraso podem perder-se. Podem ser necessárias novas versões de activos ou materiais. É sempre mais eficiente não ter um atraso.

229. ***Documentos disponíveis*** : Quando for necessário apresentar provas, certifique-se de que os registos estão prontamente disponíveis. Colocá-los em cima da mesa quando solicitados inspira confiança no processo e na pessoa que os solicita. Antecipar quais serão as provas exigidas antes de serem solicitadas. As provas são um requisito comum em quase todos os cenários de auditoria. Lembre-se que alguns documentos podem ser entregues, mas outros são confidenciais e só podem ser vistos ou referidos. De

qualquer forma, se for esse o caso, o auditor ficará impressionado se puder fornecer rapidamente as provas para satisfazer as perguntas. Se não puder fornecer todos os documentos solicitados, o auditor irá provavelmente investigar mais profundamente para compreender melhor a quantidade de provas em falta. As consequências da falta de provas são variadas, dependendo da importância da área em questão.

230. ***Estratégia Momentum :*** A estratégia para uma implementação global deve ter em conta a dinâmica da gestão da mudança e a capacidade da organização para efetuar uma implementação eficaz. Uma implementação global terá várias entidades geográficas a adotar novos tipos de activos e fluxos de trabalho. Algumas localizações serão ávidas, famintas e flexíveis. Outros locais serão mais lentos na adaptação e resistirão às mudanças. A dinâmica pode ser acelerada pelos que estão dispostos e desacelerada pelos que não estão dispostos. A estratégia tem de ter em conta esta reação e navegar através dela para o sucesso, independentemente da atitude dos participantes.

231. ***Eficácia operacional:*** A eficácia operacional local baseia-se na eficácia da liderança eficácia da liderança, evidenciada pela concentraçãootimização e implementação. A focalização nas oportunidades ajuda os líderes locais a verem onde são possíveis melhorias operacionais. A melhoria começa com a relevância da medição e a medição da linha de base. Saber onde se encontram é essencial para determinar as oportunidades de otimização. O valor não é criado até que as mudanças sejam operacionalizadas. A operacionalização implica que a mudança esteja a ser utilizada sempre que possível. Os benefícios da implementação são mensuráveis e excedem as expectativas.

232. ***Capacidade de transição:*** A provisão de capacidade de transição e de tolerância de custos no âmbito de um projeto definido pode acelerar a obtenção de resultados e atenuar a fadiga da mudança. A energia extra necessária para efetuar uma mudança ou transição será drenada dos recursos disponíveis. Se não for prevista, esta é uma vulnerabilidade que pode levar ao fracasso da iniciativa. Normalmente, os recursos já estão a ser muito utilizados. O pressuposto de que existe energia adicional disponível para a iniciativa de mudança é míope. Fornecer a capacidade necessária de forma proactiva ajudará a proteger talentos valiosos de sofrerem uma quantidade acelerada de fadiga. Os participantes podem já estar cansados antes da iniciativa. Pode ser necessária uma recuperação desse estado antes de iniciar a transição.

233. ***Integridade da comunicação:*** A integridade da estratégia de comunicaçãoincluindo a natureza do conteúdo e o âmbito temporal, pode reduzir a inércia da mudança. A preocupação e a frustração consomem energia. A confiança está em risco se os líderes não comunicarem de forma autêntica e transparente quando necessário. As pessoas envolvidas estão a ver e a ouvir. Quando há lacunas de informação, elas preenchem-nas. A informação acrescentada por aqueles que desconhecem os factos não será exacta e encorajará a resistência e mais preocupação ou frustração. Quanto maior for o atraso na comunicação, mais difícil será para a comunicação oferecida cumprir a sua missão de dissipar o medo e a frustração.

234. ***Comunicação situacional:*** A comunicação é concebida de forma situacional, dependendo da cronologia atual, do local e das audiências relevantes. Quando se trata de comunicação, não existe

um tamanho único para todos. A conceção da comunicação deve ser adaptada à situação. Uma estratégia de comunicação irá criar clareza numa sequência. O que precisa de ser abordado mudará durante um evento ou transição. As culturas organizacionais locais devem receber mensagens personalizadas porque cada local tem as suas preocupações. Dentro da área, há uma variedade de públicos com as suas preocupações. A comunicação deve ser adaptada a grupos dentro dos locais com responsabilidades e interesses únicos.

235. ***Relações com as partes interessadas:*** A concretização dos requisitos de capacidade tem tanto a ver com a compreensão dos pormenores dos requisitos como com a relação das partes interessadasA relação das partes interessadas com os líderes da mudança. Os pormenores dos requisitos para satisfazer as expectativas têm de ser claros e compreendidos. A transferência de conhecimentos sobre estas especificações está relacionada com as relações entre as partes emissoras e receptoras. As partes receptoras terão de interpretar com exatidão os pormenores da especificação. Alguns pormenores podem não aumentar o valor e podem ser candidatos adequados à omissão. A eliminação de informações que não acrescentam valor pode ser efectuada por consenso. Os pormenores das especificações são incompletos porque não são inteiramente explicáveis, tendo em conta todos os factores. O grau de exatidão das especificações é determinado pelo livre fluxo de informações através de pontes possibilitado por participantes empenhados.

236. ***Lacuna de mercado:*** A direção da organização é apoiada pelo desempenho da localização, uma vez que está alinhada com as tendências do mercado. Cada local deve estar alinhado com os aspectos da missão da organização, embora em contextos

diferentes. Elementos únicos de uma área resultarão em conexões que também são únicas, mas contributivas. A intenção é que a direção da organização esteja alinhada com as tendências. Caso contrário, o líder local deve influenciar a situação para manter o alinhamento entre o mercado local e a organização. As tendências do mercado local são conhecidas pelo local que serve os seus mercados.

237. ***Conhecer o impacto:*** Um líder deve gerir eficazmente a mudança, recolhendo informações críticas sobre a evolução dos seus ambientes interno e externo. Um sistema de medição que utilize indicadores-chave de desempenho relevantes deve fornecer informações cruciais sobre as mudanças que foram operacionalizadas. Os ambientes internos podem incluir medições entre unidades de negócio numa cadeia de abastecimento. Os ambientes externos em mudança consistirão em feedback e medições dos clientes que estão a ser servidos. Um líder deve estar ciente destas medições e tomar medidas proactivas para melhorar a perceção do desempenho da marca.

238. ***Prejuízo para os talentos:*** As partes interessadas pessoalmente investidas no sucesso da unidade empresarial podem ficar desanimadas com as suas perspectivas de emprego se não lhes for permitido participar nas actividades de mudança. Muitos empregados querem avançar na sua aprendizagem e o seu crescimento na organização. Têm interesse em participar nas actividades de mudança. Podem procurar outras oportunidades para arquitetar o seu futuro sucesso futuro numa organização se não lhes for pedido ou permitido. Muitos colaboradores trabalham para o sucesso pessoal e organizacional para benefício mútuo.

239. ***Custo da mudança:*** O custo das actividades de mudança é elevado quando as partes interessadas não têm a oportunidade de racionalizar as actividades de mudança antes de estas ocorrerem. A sequência original numa estratégia de mudança pode ser simplificada através da redução dos passos necessários, da redução do esforço de cada passo, executando os passos utilizando ferramentas diferentes que sejam mais eficientes, alterando a sequência dos passos e executando os passos em paralelo para reduzir o tempo necessário para realizar o caminho crítico. Dentro do seu âmbito de responsabilidade, as partes interessadas são as que têm mais conhecimentos sobre a forma como a estratégia pode ser racionalizada nas suas áreas. A participação de cada parte interessada pode resultar numa redução de custos planeada durante as fases de mudança. Por conseguinte, o seu envolvimento é fundamental.

240. ***Desempenho relacional:*** O desempenho do relacionamento está ligado à mudança transformacional através de atributos como a conetividade, a adaptabilidade, a proteção e a profundidade. O fluxo de informação é diferente entre as relações que estão ligadas e as que estão desligadas. Neste último caso, os factores de confiança e os filtros significam que o destinatário receberá uma mensagem incompleta que requer um esforço adicional para ser compreendida. para a compreender. A confiança também conduzirá à vontade de se adaptar, conforme necessário, para alcançar a mudança. Uma vez estabelecida a confiança e as ligações, o valor da relação será elevado e deve ser protegido. Devem ser tomadas medidas para manter relações construtivas. A profundidade destas relações deve ser adequada. Por vezes, a comunicação tem de ser feita em pormenor e com uma

profundidade significativa. A clareza deve ser possível com base na relação entre os participantes.

241. ***Resultados do desempenho:*** Os resultados do desempenho são influenciados pela abordagem utilizada, pela oportunidade dos controlos comportamentais e pela obtenção de um nível adequado de supervisão. Os participantes podem não apreciar a abordagem utilizada para atingir os objectivos. Podem compreender melhor como atingir esses objectivos sem incorrer no risco de fadiga ou frustração. Os comportamentos destrutivos devem ser antecipados para que possam ser implementadas medidas para os enfrentar à medida que forem surgindo. A estratégia para o plano, incluindo as capacidades e comportamentos necessários, exigirá um nível significativo de supervisão para que os progressos sejam feitos a um ritmo adequado.

242. ***Alinhamento das partes interessadas:*** O grau em que o líder da mudança e as partes interessadas alinham com o objetivo está correlacionado com o esforço necessário para executar o roteiro de mudança. Partindo do princípio de que cada parte interessada tem energia para realizar um roteiro de mudança, a energia líquida mede a magnitude e a direção em que é aplicada. Um nível de energia semelhante na direção da iniciativa e o de outro participante na direção oposta resultam em energia líquida zero. Se toda a energia for dirigida numa direção, a energia total é a soma da energia aplicada. Se mais pessoas se moverem na direção errada, o nível de energia líquida será negativo. A diferença entre o esforço necessário e o esforço que está a ser exercido agora é a lacuna de energia a ser preenchida. O alinhamento reduz o esforço.

243. ***Envolvimento motivado:*** As partes interessadas são motivadas pelo envolvimento pessoal na mudança, impulsionado pelo respeito, participação e interesse no resultado pretendido. O empenhamento é reforçado quando as relações entre os participantes se baseiam na admiração mútua. Se a representação das capacidades for inadequada, a lista de participantes deve ser selecionada. O envolvimento é motivado pela oportunidade de participar. Se o plano for concebido sem envolvimento, o envolvimento na execução do plano pode ficar comprometido. A mudança deve ser de interesse para os participantes. Se a estratégia Se a estratégia não for de interesse, então os participantes podem não ter sido adequadamente selecionados.

244. ***Orientações para os debates:*** Os debates devem ser atractivos, justos, razoáveis e abertos. A participação é encorajada sob certas condições que valorizam e interessam os participantes. As normas que orientam os debates devem ser conhecidas para que todos possam participar. Estes princípios orientadores devem ser bem compreendidos, aplicados e testados. O seu valor é evidente para todos os que estão à mesa, encorajando a sua utilização. O líder do debate deve aplicá-los para manter um ambiente controlado e produtivo.

245. ***Aptidão do participante:*** Assegurar a sua própria condição física e a dos que o ajudam. A saúde da organização é fundamental para o sucesso. Se a moral for baixa, se for esperado um bónus e este não for entregue e se os empregados tiverem sido mal tratados, então a saúde da empresa será baixa. Não espere que os participantes num desafio tenham um bom desempenho. Pelo

contrário, se você e os participantes estiverem saudáveis, capazes e aptos para o desafio, espere resultados significativos a tempo.

246. ***Estar informado:*** Procure continuamente obter informações e respostas. Não fique desinformado. Talvez não tenha sido atualizado ou exista um obstáculo à comunicação que deve ser eliminado. Descubra o bloqueador e reduza-o. "Não sabia que queria ser atualizado." "Agora já sabe. Por favor, faça isso daqui para a frente." Se estiver informado, pode fornecer recursos adicionais se necessário.

247. ***Gestão de pivôs:*** Gerir um pivot com uma excelente comunicação. Deve haver mais comunicação do que a que se pensa ser necessária, porque é uma manobra crítica e complicada para mudar de direção. É necessária uma coordenação com todos os envolvidos para estabelecer o alinhamento numa nova direção a um ritmo adequado. Cada discussão deve ser oportuna e de alta qualidade. As actualizações rápidas podem incluir o que fizemos hoje, o que será feito amanhã, os problemas que lutámos para ultrapassar, o que podemos fazer para tornar os desafios menos difíceis, questões sobre o que se segue, observações sobre o desempenho e aprendizagens que serão importantes para o futuro.

248. ***Contacto pessoal:*** Ter contacto pessoal com pessoas que estejam a passar por dificuldades ou celebrações pessoais. Se quiser manter relações fortes com as pessoas de quem depende, terá de compreender que a realidade inclui sentimentos. Tenha cuidado para não deixar que as emoções toldem o seu julgamento. Quando se liga emocionalmente às pessoas, elas estarão mais dispostas a falar se não estiverem a ultrapassar os seus desafios e terá mais probabilidades de cumprir os prazos.

249. ***Expectativas excelentes:*** Não pode ter excelência sem ser sincero quanto às suas expectativas. Será que eles podem fornecer o que pretende? Avalie continuamente as capacidades das pessoas de quem depende o seu sucesso. A verdade tem a ver com exatidão e não com o que se sente em relação a alguém. Determine aquilo em que se pode confiar e dê-lhe apenas isso.

250. ***Descoberta da verdade:*** Abordar a descoberta da verdade com cuidado. Por exemplo, se compreender bem o desempenho de alguém, pode acelerar a sua evolução para níveis de desempenho mais elevados. Sintetizar é compreender a diferença entre um desempenho não suficientemente bom e um desempenho suficientemente bom. O desacordo pode ser um fator de descoberta da verdade. Encoraje a discordância, não a perda de posição ou a retórica contenciosa. Peça a outras pessoas credíveis para avaliarem o seu raciocínio, aumentando a probabilidade de ter razão agora ou no futuro. Uma descoberta cuidadosa produzirá melhores resultados.

251. ***Coaching de Capacidades:*** A formação orienta o nosso desenvolvimento pessoal. O formando decide o que vai fazer em relação ao seu desenvolvimento. Pense na situação como uma aprendizagem em que o formando ganha experiência criando músculos. O formador terá de ver estes músculos a serem utilizados em várias situações. O feedback sobre o desempenho ajudará o formando a aperfeiçoar as suas competências. O objetivo da formação é compreender e melhorar. Os formadores devem ajudar, não prejudicar.

252. ***Causas do sucesso:*** Compreender bem as causas do sucesso e do insucesso. O benefício da aprendizagem progressiva deve ser equilibrado com os danos potenciais de um erro. Esta

análise informa e descreve a aprendizagem baseada no risco. Veja as capacidades de alguém, decida o que fazer com elas e atribua-lhe uma ação com base na probabilidade de ser bem sucedido. Criaram sucesso ou fracasso? Compreender os resultados e a forma como foram alcançados. Quando utilizaram as suas capacidades para resolver problemas, experimentaram oportunidades de aprendizagem e de evolução.

253. ***Conceção do processo:*** Como é que o seu processo está a funcionar e precisa de ser melhorado? Em caso afirmativo, como? A conceção do processo e a adequação dos talentos são os factores que determinam os erros e os resultados que não correspondem às expectativas. Redesenhe o seu processo para otimizar o fluxo de trabalho e o talento que o utiliza para o esforço e fiabilidade. Pode esperar-se um certo nível de disciplina do talento humano. As limitações da disciplina devem ser tidas em conta na conceção do fluxo de trabalho, de modo a que as ferramentas ou a automatização assumam o controlo nos casos em que a disciplina humana não possa ser executada de forma fiável.

254. ***Alavancar o Talento:*** O seu maior recurso é o talento que pode utilizar para atingir os seus objectivos. Este recurso pode estar empenhado no seu trabalho, trazendo um elevado nível de energia elevada. O nível de energia depende do seu grau de motivação e do facto de utilizarem a sua energia para criar valor para a organização. para a organização. Para ter sucesso, tem de reconhecer que as pessoas são o seu recurso mais incrível. Este reconhecimento é insuficiente porque elas precisam de se envolver e de ser motivadas. Para compreender isto, precisa de saber o que as motiva.

255. ***Evolução guiada:*** O Coaching é uma evolução pessoal guiada. O coaching é uma aprendizagem pessoal específica para as necessidades da pessoa que está a ser treinada. O coaching é uma valiosa experiência de aprendizagem personalizada que pode produzir resultados significativos. Os resultados podem ser medidos comparando onde se está com onde se estava. A sua capacidade de absorver conhecimentos está relacionada com a qualidade do seu coaching.

256. ***Experiência do professor:*** As suas realizações ensinar-lhe-ão o que é correto fazer, porque receberá uma recompensa valiosa pelo seu esforço aplicado corretamente. Uma compreensão do que cria valor e o que é destrutivo pode ser útil. A experiência dos outros também pode ser benéfica e está rapidamente disponível. Deixe que o sucesso seja um professor sobre o que é correto fazer.

257. ***Purga de comportamentos:*** Se se sabe que algo está errado, deixe de o tolerar. O âmbito pode ser uma atitude ou um fluxo de trabalho fluxo de trabalho. Pode ser a arquitetura de um sistema ou a fiabilidade de uma ferramenta. Temos tendência a tolerar coisas que sabemos que não nos estão a ajudar porque não queremos parar e eliminá-las das nossas organizações ou vidas. É benéfico parar, tratar e seguir em frente sem isso. A situação será melhor sem a influência negativa da "coisa má". Não resolver um problema ou comportamento é infelicidade e mais trabalho. Quando olhar para trás, vai desejar ter resolvido o problema.

258. ***Causa principal:*** A investigação de uma vulnerabilidade ou a reação a uma falha produzirá informações relacionadas que necessitam de análise. A análise deve revelar a razão pela qual a vulnerabilidade do problema existe. A razão é muitas vezes referida

como causa raiz, e devem existir várias delas. Lembre-se que uma causa raiz é uma razão, não uma ação. Uma ação diminuirá a influência de uma causa principal. Diminuir a causa raiz diminuirá a probabilidade de o problema voltar a ocorrer ou de a vulnerabilidade continuar a influenciar o potencial de perda do risco.

259. ***Consciência de valor:*** A procura de valor é fundamental para as organizações e para os seus clientes. Saiba o que é valioso para si e o que é benéfico para eles. As suposições sobre o valor são frequentemente erradas. Um gestor pode pensar que uma recompensa é um bónus quando o empregado apenas quer tirar algum tempo de férias. Atribuir o pressuposto de valor não produzirá o efeito desejado e pode causar frustração. A aplicação incorrecta do valor aplica-se tanto aos clientes internos como aos externos.

260. ***Libertar as percepções:*** Muitos influenciadores estão interessados em alterar as suas percepções. Aprenda a pensar por si próprio. Pensar por si próprio é libertador porque lhe permite formar as suas opiniões sem estar dependente das influências à sua volta. Decida por si próprio o que acha que é a verdade, aceitando apenas influências que tenham em mente o seu melhor interesse. Alterar as suas percepções para beneficiar o interesse próprio de outra pessoa não o ajuda.

261. ***Aprendizagem acelerada:*** A capacidade de aprender é um requisito para o sucesso. O ritmo de aprendizagem deve continuar a acelerar. O ritmo de aprendizagem corresponde às exigências do ambiente em que vivemos e trabalhamos. Para acelerar a aprendizagem, aprenda sobre as coisas que são interessantes para si. Não dê prioridade à aprendizagem que não é interessante porque não absorverá a informação tão rapidamente nem estará interessado

em aplicá-la. Se estudar porque gosta, a taxa de absorção será mais elevada, tornando a utilização do seu tempo mais eficiente.

262. ***Progresso do discernimento:*** Compreender a atitude correta a tomar. Pode mudar à medida que se torna mais consciente do que está a acontecer ou das opções disponíveis. Quando as suas decisões estão corretas e as dos outros participantes estão erradas, irá ultrapassá-las e criar mais valor para si e para a sua organização. para si e para a sua organização. A diferença entre o certo e o errado tornar-se-á evidente e as pessoas à sua volta aperceber-se-ão de que fez o que estava certo.

263. ***Desempenho da decisão:*** As decisões produzirão resultados que devem ser conhecidos. Os resultados corresponderão ou não às expectativas. Compreender os resultados das decisões é o primeiro passo para ajudar a tomar melhores decisões ou reforçar escolhas comprovadamente eficazes. Vale a pena dedicar algum tempo à reflexão pessoal sobre o que produz resultados desejáveis. No âmbito dessa reflexão, considere o que pode ser feito para melhorar as decisões a partir de agora. Os resultados que estão abaixo das expectativas devem ser evitados e não repetidos.

264. ***Aprender a verdade:*** Desviar-se da verdade afectará a sua credibilidade junto dos outros que estão a tentar obter a verdade de si. Eles irão para outro lado. Para evitar esta perda de influência, tenha o hábito e o registo de ser uma fonte de verdade muito procurada. Além disso, permite que os outros sejam verdadeiros, permitindo-lhes participar. A partilha mútua da verdade permite que todos os participantes no intercâmbio aprendam. A ignorância e o engano só estão envolvidos quando a verdade não está envolvida. Quando somos enganados, não somos tão livres para sermos nós

próprios. Em vez disso, está a compensar a dissonância que está a sentir devido à diferença entre o que ouve e o que pensa ser a realidade. A hipocrisia leva-o a estar desnecessariamente em conflito.

265. ***Testando crenças:*** As suas crenças, bem como as crenças dos outros, podem não ser um verdadeiro reflexo da realidade. Saiba em que é que você e os outros acreditam para que possa compreender e depois decidir o que é verdade. As crenças e teorias devem ser testadas para que se possa saber até que ponto são verdadeiras. Quando testadas em relação a uma compreensão profunda da realidade, as suas crenças podem precisar de ser refinadas. A maturidade é um reflexo da aprendizagem e do teste do que foi experimentado. Está numa posição em que se pode agarrar àquilo em que acredita porque sabe que é correto.

266. ***Julgamento informado:*** Quantas vezes já decidiu algo sobre alguém para depois descobrir que estava completamente errado? É melhor não julgar alguém se não compreender a sua perspetiva. Seja curioso e aprecie profundamente a sua posição antes de tirar conclusões sobre ela. Toda a gente tem uma história. As suas experiências moldam e aperfeiçoam as suas perspectivas e crenças. Se o que diz é aquilo em que acredita na altura, então essa é a definição de integridade; no entanto, pode ter integridade e estar errado sobre alguém. Para conhecer alguém, é preciso compreendê-lo primeiro.

267. ***Lidar com os erros:*** Ninguém é perfeito. Os erros acontecem. O que é importante é a sua abordagem para lidar com eles. Os seus clientes, colegas e familiares observá-lo-ão quando chegar a altura de admitir um erro. Também estarão interessados na

sua recuperação e na forma como esta é gerida. Um erro cometido com um cliente pode fortalecer a sua relação com ele, dependendo da forma como lida com o erro. Não admitir prontamente que cometeu o erro é apenas mais um erro. Não deixe que os erros se acumulem porque será mais difícil recuperar de vários problemas em vez de apenas um.

268. ***Definição de sucesso:*** O que é o sucesso para si? Se não tiver uma definição, como é que pode saber o sucesso que já teve? Não o pode medir se não souber o que é. Defina o sucesso por si próprio. Não deixe que os outros o façam por si, porque a definição deles é provavelmente diferente. O que é importante para eles não é tão importante para si. Quer uma vida diversificada, excitante, cheia de aprendizagemtrabalho significativo e relações de apoio? A sua definição de sucesso incluirá as coisas que são importantes para si.

269. ***Alavancar a realização:*** As invenções que têm valor satisfazem uma necessidade não satisfeita. As invenções influentes provêm de pessoas que se baseiam na realidade. A verdade é uma compreensão exacta das regras que regem o universo. As regras incluem as perspectivas das pessoas que devem ser compreendidas. As necessidades são relativas às experiências da pessoa que tem a necessidade. As necessidades podem estar relacionadas com a inadequação de um processo existente. Um hiper-realista terá uma forte compreensão do que as pessoas com necessidades enfrentam e de como as coisas realmente funcionam. Esta compreensão profunda é fundamental para inventar soluções que criam um valor significativo.

270. ***Educar melhor:*** A educação é desafiada a ensinar o senso comum, a visão, a criatividade, a criação do caminho crítico ou

a tomada de decisões. Não dependa de professores ou formadores para que isto aconteça por si. É responsável por alcançar cada um destes objectivos, aplicando o que aprendeu e, em seguida, concretizando o resultado. Reserve algum tempo para refletir sobre estes factores que influenciam o seu sucesso, para que possam amadurecer e ser mais fiáveis. Devem ser mais robustos para o ajudar a progredir em direção e para além de cada marco que tem pela frente.

271. ***Aprendizagem dolorosa:*** Aprender com a dor em vez de deixar que os erros repetidos bloqueiem o seu progresso. Compreender e contornar ou eliminar as barreiras no seu caminho. Para ter sucesso, tem de enfrentar realidades difíceis e lidar com elas. Uma visão incompleta ou inexacta da realidade conduzirá a más escolhas. Não esconda as suas fraquezas, pois elas impedi-lo-ão de enfrentar a realidade. Conheça-as e aprenda a lidar com elas para que não sejam um obstáculo para si. Compensa os teus pontos fracos para que eles não te prejudiquem.

272. ***Retrospetiva de execução:*** As retrospectivas pessoais ajudá-lo-ão a saber porque é que fez o que fez. Reserve um momento para verificar o seu raciocínio. A sua intuição pode ter ditado as suas acções. A sua intuição foi uma ferramenta eficaz? Se não, precisa de ser recalibrada? Ao considerar o que aconteceu, examine a forma como a sua intuição determinou os passos seguintes com base nas informações disponíveis. A informação foi suficiente para tomar a decisão? Deveria ter recolhido mais informação ou ter tomado a decisão mais cedo com menos informação? Os resultados da retrospetiva podem ajudar a orientá-lo na situação seguinte, em que é necessário tomar decisões. Se a execução foi impecável, então é

bom reconhecer que as decisões foram bem executadas, encorajando a repetição de um desempenho superior.

273. ***Desempenho do diagnóstico:*** A recolha de dados relacionados é essencial quando se investiga um problema ou uma questão. O investigador não deve presumir o que aconteceu, mas sim recolher informações e efetuar os testes necessários que conduzam a informações adicionais. Um mau diagnóstico conduzirá a especulações sobre a verdade. Um bom diagnóstico apontará para a verdade. Se se quiser chegar à verdade, um diagnóstico pouco rigoroso deve ser repetido para se chegar a melhores conclusões; no entanto, isto pressupõe que as provas ainda estão disponíveis. Quando há um atraso, as pessoas envolvidas tendem a esquecer o que aconteceu ou o que fizeram para contribuir para o problema. Por conseguinte, a execução de um bom diagnóstico é a melhor abordagem, porque conduz à verdade e às acções que se seguem.

274. ***Elementos interligados:*** O panorama geral da situação inclui muitos elementos que estão interligados. Alguns destes elementos estão a ser considerados, enquanto outros não. Mesmo assim, eles dependem uns dos outros em diferentes graus. Uma pessoa que é promovida num país pode desencadear uma reação de alguém na mesma empresa, mas noutro país. A consideração relativa ao âmbito da decisão pode não ter incluído as partes interessadas noutros países, mas deveria tê-lo feito devido às ligações. Não considerar a conetividade entre os elementos da organização permite que as forças caóticas assumam o controlo. A esperança pode ser deixar a poeira assentar e depois continuar. Esta atitude pressupõe incorretamente que não foram causados danos no tecido social da organização e que não há qualquer impacto persistente da ação. O tecido social mudou e os líderes não têm consciência disso.

275. ***Conceção da solução:*** As soluções para as necessidades podem ser concebidas de forma inadequada se o problema não for bem compreendido. Devem ser recolhidas e avaliadas as provas sobre a falha e as suas causas profundas. Uma necessidade pode ser um pedido de um cliente interno ou externo. Os clientes internos podem precisar de uma ferramenta ou de um processo. Um cliente pode precisar de um produto ou de um serviço. Estes não podem ser concebidos a não ser que a necessidade não satisfeita seja bem compreendida, para que se saiba o que se está a planear. Uma vez determinada a conceção, a solução pode ser construída e validada para satisfazer a necessidade.

276. ***Relevância da política:*** As políticas são muitas vezes criadas como uma solução para um problema, mas não são aplicadas ou executáveis. Uma política não é válida até ser operacionalizada. As políticas têm de ser validadas para que o seu cumprimento seja real. Tem de existir um mecanismo que permita validar continuamente a sua conformidade. Uma política pode ser validada, mas depois a sua conformidade desvia-se. Pode haver uma perda de interesse após um evento, o ambiente pode ter mudado e já não ser necessário, ou as ferramentas ou métodos de conformidade podem ter sido removidos ou tornados ineficazes. O "ambiente político" é dinâmico e necessita de atenção constante. As políticas devem ser actualizadas após as auditorias de conformidade, para que as que permanecem na lista sejam sempre relevantes.

277. ***Sugestões credíveis:*** Quando as respostas aos problemas estão a ser concebidas, considere as sugestões de pessoas credíveis. O seu contributo será puro no que respeita à questão. Os contributos de outras fontes terão de ser filtrados e interpretados.

Esforço adicional será necessário para extrair valor de fontes inacreditáveis. Certifique-se de que envolve fontes credíveis para produzir valor rapidamente com o mínimo de esforço.

278. ***Eliminar o ruído:*** Dar prioridade aos factores que influenciam uma decisão. Considere os cinco ou menos factores principais ao conceber a decisão. Todos os outros factores devem ser considerados menos críticos ou ruídos por enquanto. Os factores podem ser considerados mais tarde, depois de a decisão inicial ter sido implementada. O ruído pode contribuir para a confusão e o atraso. É necessário agir rapidamente para influenciar a situação. Pode ser executada uma iteração adicional em que os novos cinco ou menos factores principais são considerados na próxima iteração da decisão.

279. ***Decisões mais rápidas:*** Não tomar uma decisão terá uma consequência negativa maior do que uma decisão atempada que é tomada sem considerar todos os factores ou detalhes. A influência imediata é valiosa; no entanto, uma vez operacionalizada a decisão inicialNo entanto, uma vez operacionalizada a decisão inicial, a situação deve ser revisitada para ver se é possível outra iteração de melhoria, considerando os factores não envolvidos na conceção da decisão inicial.

280. ***Imperfeição da decisão:*** Não existe uma decisão perfeita. Não existe uma "bala de prata". Haverá sempre algo de errado com uma decisão. A deficiência pode ser chamada de risco residual. Uma decisão terá impacto em várias causas significativas de um problema; no entanto, outras causas menos significativas serão remediadas. Estas causas resultarão numa postura de risco aceitável; no entanto, à medida que o ambiente em que o risco se insere se

altera, o impacto da vulnerabilidade também se altera. Pode tornar-se significativa, as expectativas podem mudar e o risco pode tornar-se inaceitável. Compreender a parte da decisão excelente que não é tratada é essencial e não deve ser ignorada.

281. ***Felicidade incompleta:*** Terão de ser tomadas decisões que não farão toda a gente feliz. Esta decisão é muitas vezes impossível, e não vale a pena adiar uma decisão até que a felicidade colectiva esteja garantida. Deve ser planeada uma quantidade ideal de alegria. Chegar a esta decisão não deve demorar mais do que a oportunidade permite. Uma decisão que apenas faz alguns felizes é uma má decisão. É necessário refletir mais. Uma segunda fase pode ser possível para tornar os retardatários, que estão infelizes, mais felizes; no entanto, isso não deve atrasar a operacionalização da decisão relacionada com a primeira fase da mudança.

282. ***Navegar na realidade:*** O que é a realidade no seu ambiente? Saiba o que é e seja capaz de lidar com ela de forma eficaz. Ela apresentará desafios e oportunidades. A sua posição competitiva A sua posição competitiva depende da sua capacidade de conhecer a realidade e de atuar eficazmente dentro dela. Houve um barco famoso que não se virou a tempo de evitar um icebergue. A realidade do ambiente consumiu o navio e muitos dos seus ocupantes pereceram. Se conhece o seu ambiente, deve assegurar-se de que consegue navegar com sucesso dentro dele e chegar ao seu destino a tempo.

283. ***Perturbação emocional:*** É difícil avaliar rapidamente e atuar com precisão quando se está em conflito ou perturbado. Os constrangimentos que o ajudam a tomar decisões não estão activos. A capacidade de dar sentido à informação é consumida pelo ruído

emocional. Está em turbulência intelectual e o seu nível de desempenho é afetado. Por vezes, isto acontece aos líderes que estão a gerir uma crise. Estão tão perturbados que não conseguem pensar corretamente. Consequentemente, há atrasos na tomada de decisões e a situação pode agravar-se ou ser contagiosa. É necessária uma ação rápida e precisa porque o que está em jogo é muito importante.

284. ***Reforçar as capacidades:*** Os comportamentos e as capacidades fazem parte da sua conceção. Trabalha-se com eles. Algumas pessoas têm uma inclinação artística e conseguem criar visualizações influentes. Outras pessoas têm uma inclinação analítica e conseguem ver padrões valiosos nos dados. As suas capacidades vêm consigo, mas as suas competências mudam à medida que aprende. Algumas competências podem ser abandonadas porque não são utilizadas ou não têm valor. Outras competências são adquiridas por necessidade para atingir os objectivos a tempo. Não perca tempo a tentar mudar comportamentos que não podem ser mudados. Em vez disso, adquira competências que permitam que os comportamentos se tornem mais valiosos.

285. ***Capacidade de sucesso:*** O sucesso está ligado à clareza no que respeita ao aproveitamento das suas capacidades. Quando as capacidades são combinadas com as oportunidades, o sucesso é provável com o empenhamento. Será bem sucedido no trabalho que requer aquilo que faz bem. Por outro lado, se o seu papel não for claro e exigir capacidades que não possui, o sucesso será ilusório e exigirá uma energia considerável para o alcançar. para o alcançar. É necessária uma responsabilização mútua pela utilização das capacidades para alcançar o sucesso.

286. ***Consenso iterativo:*** O consenso é uma fotografia instantânea do acordo. Deve ter um tempo de vida muito curto porque o ambiente está em constante mudança. À medida que avança, certifique-se de que está em sincronia com os outros que o acompanham. O movimento alinhado é fundamental, porque estará continuamente a obter consenso. A mudança é a parte vertical do passo, e o consenso é a parte horizontal. O ciclo terá de ser constantemente repetido para ascender a novas alturas.

287. ***Sentir-se lógico:*** Os seus sentimentos são muito relevantes. Eles dir-lhe-ão se está a ir na direção errada. Mesmo assim, se a sua tomada de decisão for baseada na lógica, na razão e no senso comum, os seus sentimentos devem concordar com o seu raciocínio. Se não estiverem, tem a oportunidade de conciliar as diferenças. Compreenda porque é que são diferentes e porque é que são semelhantes. Esta compreensão ajudá-lo-á a determinar como seguir em frente.

288. ***Colaboração Altitude:*** A melhor informação vem das pessoas mais próximas do trabalho. Se quiser saber o que acontece, tem de lhes perguntar. Trabalhe com pessoas que estão um nível abaixo das pessoas que trabalham para si. Desta forma, também determinará se o nível imediato sabe o que está a acontecer no chão de fábrica.

289. ***Custo da decisão:*** Uma decisão incorrecta resultará num múltiplo do esforço que teria sido necessário para executar a tarefa corretamente da primeira vez. O benefício de uma boa decisão será menor do que o custo de uma decisão insensata. Uma boa decisão produzirá uma margem de lucro margem de lucro. Uma decisão insensata irá consumir a margem de lucro de uma sequência

de resultados e manchar a marca. Para recuperar de uma decisão insensata, é necessário fazer compromissos significativos, que implicam uma perda significativa de lucros. O esforço e o custo necessários para recuperar a quota de mercado são substanciais.

290. ***Dia de folga:*** Se alguém estiver a ficar para trás no seu trabalho, peça-lhe que tire um dia de folga a fingir para o pôr em dia. Durante esse dia, a pessoa só trabalhará no seu atraso. Estabeleça expectativas sobre o que pode ser feito e o que será feito. Apoie a redução dos atrasos obtendo os recursos necessários ou disponibilizando-os. A unidade de negócios sobreviveu da última vez que tirou um dia de folga, mas a unidade de negócios pode não sobreviver se não completar o atraso das acções pendentes. Refactorize a unidade de negócio, eliminando tudo o que precisa de ser eliminado.

291. ***Construtor e reparador:*** Se tem um construtor e um reparador, facilite-lhes a tarefa em que são bons. Remova os obstáculos para que possam avançar rapidamente. Colaborar partilhando talentos. A partilha é útil porque este talento estará intimamente a par do processo. A construção pode ser feita por fases. O valor pode ser produzido após as primeiras fases. O mesmo se aplica à reparação, que é feita por fases. Para determinar, otimizar e implementar soluções, é necessário um conhecimento profundo do que deve ser construído ou corrigido.

292. ***Méritos do conceito:*** Convencer alguém dos méritos de um conceito, fazer com que o inclua numa apresentação pública de uma forma credível e, em seguida, voltar a falar sobre ele para que não se perca o ímpeto de completar todas as tarefas. A ideia será esquecida com um atraso e o interesse em operacionalizá-la

desvanecer-se-á. Além disso, as mudanças no ambiente e a perspetiva da visão mudarão, deixando o equipamento alocado para melhorar os fluxos de trabalho em vez de os criar. Se os participantes acreditarem na ideia, fá-lo-ão por si. O impulso é preservado quando a ação está alinhada com as paixões e crenças.

293. ***Ruído dramático:*** Não perca tempo nem dê ouvidos a pessoas que não são credíveis e que concordam com as que o são. Não tem tempo para ruídos dramáticos e tendenciosos. É uma distração. Quando inclui várias partes, o desperdício aumenta. O elevado nível de ruído é atrativo porque é muito alto. É percetível de longe. Identifique o que é e afaste-se. O seu tempo é mais bem empregue em algo que cria valor.

294. ***Dar prioridade aos que acreditam:*** As pessoas credíveis devem ser tratadas com mais prioridade do que as outras (por exemplo, as arrogantes). Passe mais tempo com pessoas que produzem clareza. O arrogante produz ambiguidade e caos. O ambiente incluirá sempre caos e complexidade. A necessidade de clareza de pensamento para tomar as melhores decisões é preciosa. Deve ouvir as pessoas em quem pode confiar e que estão interessadas em procurar e revelar a verdade. A sua perspetiva e orientação podem ser influentes.

295. ***Em busca da verdade:*** Tratar as pessoas de acordo com a sua capacidade de chegar à verdade. Encontrar a verdade é extremamente valioso, pois ajuda na tomada de decisões e na resolução de problemas. Uma procura tendenciosa da verdade conduzirá a decisões não optimizadas. A capacidade de descobrir a verdade (por exemplo, a resolução de problemas) permite poupar tempo. A rápida descoberta de informações relevantes pode levar à

aplicação de decisões muito mais rapidamente do que seria o caso de outra forma.

296. ***Descanso reflexivo:*** Tire algum tempo para descansar e refletir. É rejuvenescedor e inspirador, e ajuda-o a mitigar os bloqueadores e a redefinir a sua direção. A lista que é demasiado grande ou a culpa por se ter afastado das responsabilidades vão desafiá-lo; no entanto, a lista continuará a ser demasiado grande e a culpa terá de ser resolvida depois de ter tido tempo para recalibrar os seus esforços. Refletir sobre as ineficiências e as más escolhas irá acelerá-lo, resultando num retorno do investimento reflexivo.

297. ***Afetação do tempo:*** Gaste 60% do seu tempo a lidar com os problemas do departamento e os restantes 40% do seu tempo em iniciativas de melhoria proactivas. Muitos líderes são consumidos pelo caos. Passam todo o tempo a tentar manter a cabeça à tona da água. Obtenha a vitória sobre o caos criando a capacidade de gerir surpresas, enquanto passa o tempo a tomar medidas para manter o caos sob controlo. Depois, logo que possível, inverta os valores para que 40% do tempo seja reativo e 60% seja proactivo. As surpresas vão sempre acontecer. Quando estiver preparado para elas e conseguir lidar com elas, terá muito mais controlo sobre o seu ambiente de trabalho.

298. ***Aviso de ameaça:*** Se avisar alguém de uma ameaça emergente ou existente, faça-o por escrito para que possa ser consultado mais tarde, repetidamente em alturas oportunas, se necessário. Indicará se as pessoas certas o estão a ouvir. O risco é assumido de forma imprudente pelos líderes que não querem enfrentar as suas vulnerabilidades. Se forem avisados, é porque um

"terceiro" fez uma observação que devem ter em conta. A abordagem "cabeça na areia" espera que a ameaça surja, na esperança de que não se manifeste, pelo menos enquanto eles forem responsáveis. Afinal de contas, podem passar o problema ao seu substituto.

299. ***Crises de problemas:*** Um líder proactivo dirá ao chefe que um problema tem de ser resolvido antes que apodreça ou que haja contágio. O chefe reativo não dará ouvidos até que haja uma crise porque não pode ser incomodado com uma vulnerabilidade que ainda não causou danos. Um quase acidente é um aviso sobre uma vulnerabilidade porque é um problema que poderia ter acontecido. Revelou-se e proporcionou uma oportunidade de atenuação. Uma vulnerabilidade pode ser significativamente difundida, resultando num impacto significativo quando explorada pelo ambiente ou por um oportunista. O contágio durante uma crise afectará normalmente uma parte maior da organização do que o previsto. Evitar o problema mitigando a vulnerabilidade tem um bom retorno sobre o investimento.

300. ***Desempenho incremental:*** Uma compreensão clara do funcionamento de um processo revelará as ineficiências. Um processo não pode ser facilmente melhorado se não for compreendido. Adivinhar as oportunidades de melhoria conduzirá a acções que não se aplicam às verdadeiras causas do fracasso. Um novo nível de desempenho no fluxo de trabalho pode ser alcançado quando um esforço concentrado é realizado após um nível exaustivo de descoberta sobre o fluxo de trabalho, as expectativas de entrega e o ambiente em que se espera que seja bem sucedido. Um fluxo de trabalho bem sucedido no próximo nível superior de desempenho pode então ser imaginado e alcançado.

301. ***Planeamento emocional:*** Muitas conversas incluem uma componente emocional. Este aspeto do discurso é especialmente verdadeiro se houver uma paixão pelas ideias apresentadas ou uma perceção de uma necessidade crítica não satisfeita que deve ser remediada rapidamente. A emoção pode ser enganadora, uma vez que podem estar envolvidas preferências e preconceitos. O tópico da conversa é o que deve ser o foco e não a emoção. Reserve algum tempo para ouvir ativamente e aprender mais sobre o assunto, para que a parte emocional da apresentação possa ser filtrada conforme necessário. Uma abordagem analítica que não seja guiada pela emoção ajudá-lo-á a chegar à melhor conclusão relativamente às acções que devem ser planeadas.

302. ***Responsabilidade de deveres:*** A separação de funções deve ser acompanhada de um entendimento claro da responsabilidade pessoal. A documentação e a comunicação devem dissipar a ambiguidade em torno da responsabilidade pessoal, se necessário (por exemplo, descrições de funções). Cada pessoa deve compreender claramente a sua responsabilidade; no entanto, qualquer pessoa que se associe a essa pessoa deve também saber qual é a sua responsabilidade. Quando alguém ocupa um cargo, as suas capacidades devem ser relevantes para as tarefas pelas quais é responsável. A pessoa deve ter uma mentalidade de serviço ao cliente para clientes internos e externos. E deve ter um desejo de realização. O serviço e a capacidade são inúteis se não forem aplicados através de uma tendência para a ação.

303. ***Adaptação bem sucedida:*** A adequação das capacidades à função organizacional está diretamente relacionada com o esforço necessário para o sucesso. Uma boa adequação

acelera a realização dos objectivos. Uma má adaptação exigirá apoio adicional para atingir os objectivos. A escolha da pessoa certa para a responsabilidade inclui capacidades que vão para além de uma lista de competências. Os comportamentos também são fundamentais para uma boa adequação. Alguns exemplos vitais podem ser uma mentalidade de serviço ao cliente e uma tendência para agir atempadamente.

304. ***Obsolescência das competências:*** As competências tornam-se obsoletas rapidamente porque rapidamente se tornam irrelevantes num ambiente em mudança. As capacidades estão relacionadas com a adequação a um ambiente empresarial em mudança. A adequação segue um ciclo de vida durante o qual as capacidades se tornam cada vez mais relevantes e, depois de um ponto de inflexão, tornam-se menos relevantes. Em contrapartida, os valores são intemporais, mas evoluem à medida que são aplicados a situações diferentes e novas. Por exemplo, o valor da honestidade é intemporal. A forma como a honestidade se manifesta em várias situações é exclusiva do cenário. A aplicação da honestidade em diferentes situações também pode ser única para o cenário. A divulgação total das finanças de uma empresa pode não ser adequada quando se está a criar preocupação com a segurança salarial.

305. ***Percurso educativo:*** Aprender é adquirir conhecimentos através da transferência, das experiências, da descoberta, da observação e da criação de sentidos. Baseia-se na memória e tem provavelmente um ciclo de vida. O processo educativo a que alguém está exposto pode não ser propício à sua capacidade ou necessidade de aprender. A responsabilidade pessoal pela aprendizagem sugere que os aprendentes devem determinar a

melhor forma de conhecer aquilo em que têm interesse. A busca do conhecimento é uma viagem pessoal que exige responsabilidade individual. Ser autodidata.

306. ***Conhecer-se a si próprio:*** O auto-conhecimento é fundamental para navegar pelos desafios de cada dia. Até que ponto está confiante de que a sua autoavaliação é correta? Faça disto uma prioridade para poder tirar partido dos seus pontos fortes e obter a ajuda necessária para compensar os seus pontos fracos. Se não compreender com exatidão os seus pontos fortes e fracos, terá dificuldade em avançar a um ritmo aceitável. Terá uma retrospetiva pessoal e dirá: "Quem me dera ter sabido que tinha aquela fraqueza antes de tentar..." Em vez de tropeçar e cair, utilize as ferramentas existentes para se avaliar. Utilize várias delas e veja onde coincidem. Pergunte a outras pessoas próximas de si se concordam com os resultados, especialmente se discordar. Provavelmente está enganado e esta perceção incorrecta tem de ser corrigida.

307. ***Tendências motivacionais:*** Embora todas as pessoas sejam diferentes, os líderes podem ser classificados entre os mais emocionais e os mais intelectuais. O líder da unidade de negócios deve saber quem é mais de uma dessas categorias. As pessoas que lideram através da emoção terão de ser motivadas pela emoção. As pessoas que são conduzidas pelo intelecto precisam de ser motivadas intelectualmente. Motivar corretamente as pessoas conduzirá a resultados positivos com menos esforço. Saiba como incentivar cada pessoa de acordo com as suas tendências.

308. ***Abertura às diferenças:*** Certas competências podem ser obrigatórias para determinados cargos. Por exemplo, os gestores de projectos têm de ser organizados. No entanto, todas as pessoas

são diferentes e pode ter herdado uma equipa com capacidades diversas. Cada pessoa precisa de fazer a sua parte, apesar das suas diferenças. Podem ser distribuídas por diferentes funções com base nos seus pontos fortes. Reconhecendo a necessidade de diversidade em termos de capacidades e de conjuntos de competências profundas, é lógico que se abra o jogo sobre as diferenças entre as pessoas, para que se possa determinar como trabalhar em conjunto para obter os melhores resultados com o menor esforço. Uma abertura em relação às diferenças torná-lo-á mais acessível e mais capaz de descobrir as diferenças.

309. ***Consciência estratégica:*** A maioria dos líderes pensa que está plenamente consciente dos acontecimentos na sua área e pensa que tem uma noção dos aspectos críticos das razões para os elementos do plano estratégico. Na prática, apenas uma pequena percentagem dos líderes responsáveis pela execução do plano estratégico são capazes nestas áreas. Consequentemente, apenas algumas pessoas num grupo de liderança de liderança estão a par do que está a acontecer atualmente e do que tem de acontecer em breve. A operacionalização do plano estratégico deve ter em conta esta mistura psicográfica.

Ser forte

Um líder forte é decisivo e fundamentado (Baran & Scott, 2010). A consistência permite que os seguidores compreendam o que é essencial e quais os itens a que devem dar prioridade. Este líder pode ser bem sucedido e depois passar para a próxima oportunidade. Os obstáculos são ultrapassados e o progresso é contínuo, sem interrupções. O sucesso é iminente em todos os casos. Sim, têm um sentido de curiosidade que resulta numa aprendizagem rápida

(Senge, 2017), mas este conhecimento adquirido é aproveitado da forma correta para influenciar e concentrar uma equipa com os talentos certos para ser excecional.

Figura 18. A força inclui a capacidade de ver, compreender e melhorar em tempo útil.

As seguintes tácticas de serendipidade na engenharia, sem qualquer ordem específica, podem ajudar a ser forte:

310. ***Aversão às métricas:*** Alguns líderes opõem-se às métricasNo entanto, têm de saber como se estão a sair e onde se encontram no seu roteiro para um melhor desempenho. Uma parte deste facto pode ser ignorância, mas outra pode ser o desinteresse pela transparência. No caso da ignorância, a pessoa com aversão pode não saber que variáveis (KPIs) são importantes, como medi-las ou os pormenores do cálculo. Precisará de orientação para criar um sistema que crie valor apontando os resultados do sucesso e as consequências do desperdício do processo, incluindo a criação de defeitos. Se houver desinteresse pela transparência, esteja atento, porque se as métricas estivessem implementadas e fossem exactas, descobriria que a vedação que foi construída está a obstruir a visão

de uma confusão. A vedação tem um objetivo: manter afastadas as medições e o escrutínio. As vedações não são sustentáveis porque, a dada altura, a vedação não consegue esconder a confusão e os problemas ficam expostos. "Como é que não sabíamos disto?" será a afirmação do chefe. Apontar para a vedação. "Não devemos permitir vedações."

311. ***Fazer progressos*** : Obter jardas na jogada. Se fizeres uma jogada e ganhares alguma distância, não há problema se conseguires o primeiro "down" a certa altura. O futebol é instrutivo no que diz respeito à aplicação da estratégia. Cada decisão, quando executada, é uma "jogada". Algumas estratégias produzem bons resultados, enquanto outras caem por terra. Os líderes precisam de minimizar os problemas e gerir os riscos. A ideia é marcar e ganhar antes do fim do jogo. Há um limite de tempo para o progresso, porque a oportunidade de marcar é efémera. A maioria das empresas está ligada a uma gama de produtos ou serviços com um ciclo de vida. Os ciclos de vida têm início e fim, durante os quais as empresas extraem o máximo possível de receitas do produto ou serviço. Lembra-se do VHS? Faça boas escolhas sobre as jogadas que executa e assegure-se de que avança para a linha de golo com rapidez suficiente. Caso contrário, altere a forma como utiliza as estratégias.

312. ***Culture Power*** : A sua equipa está empenhada? Em caso afirmativo, tem curiosidade pelas oportunidades? Se sim, estão a ouvir para descobrir e compreender os pormenores que envolvem a oportunidade? Se sim, estão a aprender sobre o ambiente em que a oportunidade se insere, de modo a poderem formular uma estratégia eficaz para obter rentabilidade? Com cada uma destas perguntas, a adesão diminui. Embora alguém possa estar empenhado, pode não estar curioso sobre as oportunidades. As pessoas curiosas podem não

ouvir as opiniões dos outros para obter informações relevantes para a oportunidade. Nem todos os que ouvem aprendem com eficiência ou rapidez suficiente. Nem todos os que adquiriram conhecimentos sobre a oportunidade conseguem formular e executar uma estratégia. No final, quantas pessoas são deixadas de fora em comparação com o número de pessoas na equipa? Se o rácio for pequeno, então o poder cultural é fraco.

313. ***Cultura em evolução*** : Os ingredientes da cultura organizacional precisam de mudar ao longo do tempo e a uma velocidade adequada. Esta mudança é aleatória, mas evolutiva, para manter a relevância num ambiente em mudança. A cultura que é eficaz hoje não o será amanhã. Os elementos culturais que já não são relevantes devem ser eliminados. Os novos elementos culturais necessários terão de ser acrescentados como novos componentes. Consegue evoluir com rapidez suficiente para se manter à frente do ambiente em mudança? Atualmente, existem expectativas de desempenho para as equipas que não teriam sido pensadas há alguns anos. Dentro de alguns anos, as expectativas voltarão a ser diferentes. Não contrate alguém que se enquadre na sua cultura atual, porque essa pessoa começará a perder a sua adequação logo no primeiro dia. Contrate pessoas que se enquadrem na cultura do futuro próximo para aumentar a sua adequação à medida que o ajudam a alcançar o futuro.

314. ***Solucionadores de problemas*** : Incentivar os empregados a serem solucionadores de problemas. Eles não devem ser distraídos por actividades que não acrescentam valor.-Em vez disso, devem descobrir e resolver problemas de forma eficiente e eficaz. Devem estar emocionalmente empenhados na questão atual até que esta esteja resolvida, podendo então passar à seguinte.

Deixar para trás um problema não resolvido irá piorar a situação, porque o problema não resolvido tornar-se-á mais significativo e mais consequente. Um buraco que não seja reparado provavelmente não ficará mais pequeno à medida que os veículos passarem por cima dele - siga os problemas não resolvidos. Estabeleça prioridades para a sua resolução. Faça um acompanhamento para se certificar de que não são deixados para trás. O risco residual de problemas não resolvidos existe. Em alguns casos, o risco pode parecer pequeno; no entanto, uma vulnerabilidade pode tornar-se um problema significativo nas condições certas. Qualquer vulnerabilidade que não seja totalmente mitigada terá um risco residual.

315. ***Não ouvir*** : Um líder assertivo pode fazer avançar uma decisão porque sente que esta deve ser tomada nesse momento. "Sou eu que mando e é isto que vamos fazer". A maioria das pessoas pode discordar do momento, da sequência sequência de tarefas, ou a lógica da decisão. O líder avançará e ficará desapontado com a execução qualidade. Os participantes responderão dizendo: "Devia ter ouvido quando nos opusemos". Agora o problema é pior e perdeu-se tempo a implementar algo destrutivo para o progresso que já estava a acontecer. O plano removeu capacidades ou progressos que poderiam ter sido aproveitados. Agora, o ímpeto foi-se. As pessoas que estão mais próximas do local onde se encontra a questão são as que mais sabem sobre o ambiente em que o problema ocorreu. Elas devem ser consultadas para entender melhor as opções e garantir que as pessoas que executam a estratégia aderem ao plano.

316. ***Aprendizes respeitosos*** : Um líder deve respeitar as pessoas com quem pode aprender. Rodeie-se de pessoas mais inteligentes do que você e respeite-as para que possa haver

transferência de conhecimentos entre elas e você. Juntos, são mais inteligentes e mais fortes. Respeite-os, mesmo que trabalhem para si. O respeito não diminui a sua autoridade, antes a reforça, porque eles sabem que a aprendizagem é essencial. Espere resultados, mas respeite as capacidades das pessoas que lhe foram atribuídas e que conhecem o trabalho. A transferência de conhecimentos é reforçada quando as pessoas com quem está a falar se sentem respeitadas. O fluxo é libertado porque a confiança na relação é respeitada. A confiança acelera o fluxo de informação e a rapidez com que as decisões são tomadas. Quando são necessárias sete assinaturas para obter a aprovação de algo, isso é prova de que há falta de confiança e respeito.

317. ***Direitos de decisão*** : Certificar-se de que as pessoas certas, aos níveis adequados, têm direitos de decisão que sejam do seu conhecimento e adequados à sua atividade. Estes direitos devem aplicar-se às tarefas realizadas. Um barista de um café tem o direito de decisão de repetir uma bebida se o cliente não gostar do que recebeu. Após a contratação, a satisfação do cliente acontece com a aprovação do gestor, uma vez que o serviço ao cliente é uma prioridade sem atrasos de escalonamento. Ter níveis mais elevados de direitos de decisão nos níveis mais baixos da organização para alcançar níveis elevados de atenção às necessidades dos clientes. A pré-aprovação reduzirá os atrasos no atendimento a pessoas com necessidades, capacitará os funcionários a ver e resolver problemas rapidamente e reduzirá o esforço para liderar com eficácia, uma vez que as camadas de aprovação são contornadas.

318. ***Servir a todos*** : Quando "o chefe" serve os trabalhadores, estes sentem-se inspirados e energizados. "Eu precisava mesmo disso para o meu trabalho e ela arranjou-mo

rapidamente." Pode obter mais 50% dos trabalhadores se eliminar os obstáculos que se lhes colocam no caminho. O sucesso deles também é o seu, por isso há uma componente de interesse próprio no serviço. O sucesso não se resume à eliminação de obstáculos, mas também à criação de um ambiente de trabalho amigável, confortável e produtivo. Procure oportunidades para tornar o trabalho mais fácil, mais divertido e mais produtivo. Servir as pessoas que trabalham no ambiente, tornando o trabalho confortável, inspirador e motivador. A criação de um ambiente positivo irá aumentar a criatividade e a produtividade em contraste com um ambiente negativo.

319. ***Qualidade em primeiro lugar*** : Se não se preocupa com a qualidadenão espere que as pessoas que trabalham para si se preocupem com ela. É necessária uma dedicação consistente e inabalável à qualidade. Um deslize e a sua credibilidade neste tópico desaparece. Se já estava ocupado, ficou ainda mais ocupado porque tem de lidar com questões de qualidade para além das questões de produtividade ou capacidade. Um produto defeituoso terá de ser reparado e entregue de novo. O processamento de defeitos consome capacidade e pode não ser pago por isso. Quando se tem um produto de qualidade, ele fluirá através do processo porque nenhuma configuração será defeituosa ou necessitará de atenção extra. Quando não há qualidade, o produto interrompe o processo. Quando o processo é mais demorado, o inventário prolonga-se por mais tempo. Há mais carga administrativa porque os itens devem ser rastreados, seja em andamento ou em quarentena.

320. ***Primeiro artigo*** : Antes de fazer a segunda versão, é preciso que a primeira versão cumpra as especificações aos olhos do destinatário. Quando o destinatário disser que o seu produto está perfeito, pode prosseguir, mas com cautela. Os primeiros itens

devem ser monitorizados até que haja confiança no fluxo de trabalho. Quando houver confiança, as verificações intermitentes devem garantir que o processo não sai da tolerância. Também deve ser pedida periodicamente a aprovação do destinatário. Forçar a produção em detrimento da qualidade é uma receita para o desastre, porque podem ser feitos muitos defeitos. Os resultados imediatos podem ser gratificantes, mas prepare-se para o que vem a seguir. Haverá uma grande pilha para remediar, e o tempo foi agora encurtado.

321. ***Dívida de fluxo*** de ***trabalho*** : Se continuar a utilizar fluxos de trabalho sem os alterar constantemente para os tornar mais eficientes, aumentará o número de efectivos com o aumento do volume. Quando a tecnologia e as ferramentas são continuamente actualizadas, ao mesmo tempo que se cumprem as normas da indústria e as expectativas dos clientes, é mais fácil obter margens à medida que se compete com outros na indústria. Fazer as coisas à "maneira antiga" também está relacionado com os níveis de desempenho que eram aceitáveis na altura. Estes padrões já não são adequados. As expectativas de qualidade e de pontualidade mudam com o tempo. Estão continuamente a tornar-se mais rigorosas. A forma antiga é mais cara e fica aquém das expectativas dos clientes e do que a concorrência pode oferecer. Na ausência de tecnologias escaláveis, o número de funcionários aumentará e os custos laborais ficarão fora de controlo com o aumento do volume e do status quo do processo.

322. ***Acredite neles*** : Por vezes, um chefe não acredita em si quando discorda. Encontre alguém de quem ele goste e que esteja abaixo de si e peça-lhe que lhe escreva uma resposta que possa enviar ao chefe indicando que a ideia apresentada não era boa. "Se

não me ouve, talvez ouça alguém de quem goste e que esteja mais perto da ação." Se o chefe continuar a passar por cima de ambos, correrá o risco de ser avisado. Para evitar uma situação difícil, o chefe terá de ser gerido. Determine como fazer passar a mensagem se não a conseguir transmitir pessoalmente.

323. ***Tarefa curta*** : Se uma tarefa demora três minutos a terminar, não estabeleça o prazo para a realizar até ao final da semana. Diga que vai esperar que a tarefa esteja concluída enquanto eles pensam nela. Fique por perto enquanto eles a concluem. Analise os resultados e dê feedback imediatamente se a tarefa for revista ou alterada. Muitas tarefas demoram minutos a concluir e o prazo é a próxima semana. Perguntamo-nos porque é que demorou tanto tempo. Faça-a agora para que outras tarefas dependentes ou subsequentes possam ser consideradas. Mesmo quando alguém diz que a tarefa será feita na próxima semana, esquece-se dela, e então é preciso passar cinco minutos a lembrá-lo de fazer a tarefa de três minutos. Não deixe que isso aconteça.

324. ***Tendências de Tensão*** : Os líderes precisam de conhecer as tendências de tensão na sua equipa e nas outras equipas com que trabalham. A resolução rápida dos problemas reduzirá a possibilidade de escalada. O escalonamento é um fator de aumento da tensão, uma vez que se consome uma capacidade preciosa a perder tempo com alguém que não nos vai ajudar ou que talvez seja a razão da existência da situação. A medida proactiva que atenua a escalada é uma escolha melhor. Deve ser atingido um limiar, após o qual é exercida uma contingência e os líderes são informados para tomarem medidas para mitigar a escalada. "Bater na parede" não deve ser uma opção. A recuperação dos danos causados às pessoas envolvidas após uma escalada é um desafio. É mais fácil atenuar a

tensão do que reagir a uma crise. Um líder que pensa no futuro sabe onde se encontra o icebergue, tomará o tempo necessário para o evitar ou compreenderá as consequências do contrário.

325. ***Líder superficial*** : Alguns líderes dizem o que o chefe quer que eles ouçam, fazem apenas metade do que dizem que vão fazer e não comunicam tanto quanto deveriam. Estas pessoas são perigosas porque não fazem nada e nunca se sabe onde estão mentalmente. É possível responsabilizá-las utilizando técnicas sólidas. Devem ser chamados à atenção quando concordam com o chefe e depois mudam de rumo quando se encontram numa situação. Se não responderem, visite-os ou telefone-lhes. Num ambiente de grupo, mencione o que eles disseram que iriam fazer e a data em que concordaram em fazê-lo. Outra tática é ignorá-los ou passar por cima deles. Estas pessoas falam bem. Demoram dois minutos a dizer o que poderia ter sido dito em cinco segundos. A sua presença atribui valor a quem não percebe. Quem as conhece tende a interromper ou a não as ouvir porque não vale a pena. O que eles dizem será rapidamente esquecido.

326. ***Nomear*** : Tenha cuidado ao dizer o nome do chefe quando uma ação suscita resistência. Esta técnica não é a melhor maneira de conseguir que algo seja feito, mas pode ser um último recurso, se necessário. O hábito indica uma falta de capacidade ou frustração com os participantes. A razão para a resistência deve ser compreendida antes de se começar a falar de nomes. Uma vez compreendidas as razões, pode ser possível desbloquear os bloqueadores e realizar a ação sem ter de dizer nomes. Se alguém não quiser mudar, certifique-se de que essa pessoa conhece as consequências do status quo num ambiente em evolução. Se não compreender, pode não ser a pessoa certa para a iniciativa. Trabalhe

com outra pessoa para o fazer, ou faça algo que não esteja bloqueado.

327. ***Ciclo de Melhoria*** : Um simples ciclo de melhoria pode resultar em maturidade organizacional, o que é evidente no desempenho. As capacidades relevantes em relação aos concorrentes e as expectativas dos clientes são fundamentais para uma vantagem empresarial sustentada. Um ciclo simples que melhora a maturidade pode incluir a observação, a análise e o ajustamento. Este ciclo contém a aquisição de dados utilizando as variáveis adequadas. As variáveis podem ser priorizadas e limitadas com base em critérios como a gravidade ou a frequência de ocorrência. A análise destas variáveis em termos do seu impacto no desempenho deve basear-se em dados e não em preconceitos ou intuições. Devem ser utilizados métodos adequados para eliminar noções preconcebidas que são frequentemente incorrectas. A visualização das relações e dos padrões emergentes nos dados revelar-se-á instrutiva e valiosa para a criação de conhecimentos. O conhecimento acumulado não produz valor até que se actue sobre ele. A ação ocorre na etapa de ajustamento. O ciclo repete-se à medida que o impacto da etapa de ajuste é avaliado quanto à sua eficácia em relação às expectativas de melhoria.

328. ***Densidade da comunicação*** : Dar aos empregados apenas a informação de que necessitam no momento. Seja transparente; no entanto, os limiares de densidade de informação podem ser ultrapassados, altura em que a pessoa deixa de compreender e depois deixa de ouvir. A pessoa fica sobrecarregada e não consegue absorver mais informação. O armazenamento da informação é apenas uma componente. Normalmente, uma pessoa tenta dar sentido à informação ou ligar os pontos. Com demasiados

inputs, pode ser difícil processar a informação. A comunicação deve ser simplificada e não fluida. Só deve ser incluído o que é necessário. Todo o ruído (informação que não é necessária para transmitir) deve ser omitido porque também ele precisa de ser absorvido. Os factores de ruído incluem o conteúdo e o número de palavras utilizadas. A ambiguidade pode causar dissonância cognitiva, especialmente para aqueles que não conseguem lidar com ela (por exemplo, a Geração Z). O ruído é indesejável. A redação não deve ser confusa, apenas concisa.

329. ***Navegação de tendências*** : Ser capaz de medir as tendências relevantes para o sucesso da empresa. Estas tendências devem seguir na direção prevista. Se não for esse o caso, a causalidade deve ser determinada e atenuada. Nalguns casos, uma influência externa (por exemplo, a erosão dos preços) pode ter impacto nas tendências (por exemplo, o lucro por hora de trabalho). por hora de trabalho); no entanto, com uma compreensão dos factores determinantes, existe a oportunidade de influenciar as tendências, independentemente da ocorrência de uma perturbação. As medidas de referência podem estar relacionadas com o desempenho passado e com o que os concorrentes concorrentes estão a realizar. A capacidade de navegar pelas tendências é uma vantagem competitiva. competitiva.

330. ***Risco residual*** : Compreender que uma decisão de fazer algo para controlar um processo só terá uma influência parcial. Nenhum controlo tem controlo total sobre o risco de falha. Haverá sempre um risco residual de falha que o controlo implementado não cobrirá. Se este facto não for tido em conta, haverá frustração e prejuízos quando a mesma falha voltar a ocorrer. Antecipando este cenário, e dependendo da responsabilidade, seria bom considerar

uma abordagem por camadas, em que a camada seguinte apanhe os problemas que a camada anterior não apanhou. Cada camada deve ser independente, de modo a poderem responsabilizar-se mutuamente. A responsabilização significa que, se o segundo nível detecta algo que o primeiro não detectou, essa informação deve ser fornecida ao primeiro nível para que este possa melhorar. Suponhamos que os níveis secundários são capazes e não detectam nada durante um período significativo. Nesse caso, os controlos no processo podem ser validados como estando maduros, e os níveis secundários podem ser reduzidos ou mantidos para garantir que não haja desvios no desempenho dos níveis primários.

331. ***De - Arriscar o fracasso***: O facto de se correr o risco de falhar não implica que se tenha sucesso. Significa apenas que se pode falhar sem consequências. Não falhar é também não ganhar ou evoluir. Não se está a fazer nada. A redução do risco consiste em passar a situação de mais arriscada para menos arriscada. Não aprender é não fazer nada num ambiente em que são necessários riscos elevados para progredir. Os líderes avessos ao risco tendem a não fazer nada porque não querem perder ou fazer má figura. Em última análise, falham porque todos os outros assumem riscos enquanto avançam num ambiente em mudança. Deixam de ser adequados e perdem a sua vantagem competitiva. vantagem competitiva.

332. ***PM preguiçoso*** : Alguns gestores de projeto não querem realizar todas as tarefas que lhes são atribuídas, mesmo que sejam as mesmas tarefas que estão a ser realizadas por outros gestores de projeto. A tarefa foi atribuída dessa forma por uma razão. Se houver uma maneira melhor, ela será bem-vinda depois que o GP entender como as coisas são, por que elas são assim e

detalhes sobre os sistemas que as suportam. Nestas situações, a ligação de uma pessoa de operações com o PM é adequada para explicar porque é que as coisas são como são. A pessoa de operações pode recolher feedback sobre oportunidades construtivas, que podem incluir a formação do PM sobre os sistemas e o fluxo de trabalho e determinar se o PM tem a atitude correta e se está apto.

333. ***Feedback de desempenho*** : Os operadores e líderes devem receber feedback baseado em dados sobre o desempenho nas suas áreas. Os dados relativos aos problemas e à origem da sua introdução no fluxo de trabalho são normalmente recolhidos. A recolha de dados pode ser efectuada com o esforço de vendascomo na expedição. Todos precisam de feedback sobre o seu desempenho porque o problema pode ser descoberto a jusante na cadeia de abastecimento ou pelo cliente. Tratar o defeito será mais dispendioso quanto mais longe ele for. Além disso, será desperdiçado um tempo precioso, uma vez que o problema terá de ser corrigido após a sua descoberta.

334. ***Abertura autêntica*** : Ser aberto com o que pensa sobre algo. A franqueza pode ser construtiva para garantir que as outras pessoas saibam o que pensa, porque o seu discurso é consistente, conciso e direto. Envolver-se em conversas significativas sobre aprendizagemplaneamento, ou estratégia eventos de formulação de estratégias. Seja aberto sobre os resultados da conversa. As pessoas apreciarão se puderem obter uma resposta direta da sua parte e passar à ação. A autenticidade criará confiança entre os participantes através da transparência organizacional, para que os problemas corretos sejam resolvidos atempadamente.

335. ***Eficácia da mão de obra*** : Como líder, é responsável pela eficiência. Não se trata da quantidade de mão de obra que tem, mas do que faz com ela. Se tiver mais trabalho para fazer, mais mão de obra é aceitável se houver um retorno adequado sobre o custo do trabalho. Se a eficácia da mão de obra for elevada, os lucros serão tão elevados quanto possível, tendo em conta a situação. Aumentar o ROI é o melhor plano para aumentar a eficácia do trabalho, mas, mais uma vez, o que está em causa é a eficácia e não o número de efectivos. Alguns factores podem estar fora do seu controlo. Factores externos como perturbações logísticas, motins, greves ou catástrofes naturais podem influenciar os resultados. Mesmo assim, a eficácia contínua deve evoluir a um ritmo melhor do que a concorrência se for essencial manter uma diferença.

336. ***Interesses errados*** : É preciso lutar e vencer todos os dias. O único dia fácil foi ontem. Os desafios são muitos. Especificamente, identificar as forças que não estão interessadas no bem de ninguém a não ser delas próprias. O interesse próprio não pode ocorrer à custa do interesse coletivo. Estas forças destrutivas devem ser encontradas, identificadas e combatidas até mudarem ou deixarem de ter influência. Os combatentes precisam de estar disponíveis, capazes e dispostos a expurgar os destruidores da organização. Se for deixada em paz, a força perturbadora infectará a organização com negatividade e fará com que o desempenho sofra. Os desafios são oportunidades que se apresentam. Os solucionadores de problemas devem responder ao desafio de forma rápida e eficaz.

337. ***Impulso Forte*** : Os líderes devem empurrar vigorosamente as suas organizações para a frente, apesar dos obstáculos. O interesse pelo movimento significa, em primeiro lugar,

que precisam de saber onde estão. Como podem levar as suas equipas para o nível seguinte se não souberem onde estão ou para onde devem ir? Para compreender isto, comece por obter feedback dos seus colegas. O que é que eles pensam sobre a forma como a sua função está a fazer? Tem de interpretar e filtrar as respostas, pois podem não ser do seu interesse. Se concebesse a sua organização em função do que deve ser daqui a três anos para ser relevante, como seria? Saiba a resposta e siga nessa direção. O objetivo é crescer e criar rentabilidade ao longo do caminho. O crescimento pode significar uma reviravoltae isso é aceitável.

338. ***Processo frágil*** : Alguns líderes não sabem como criar um processo robusto que lhes permita alargar e aceitar novos desafios. O processo frágil tende a ser sensível aos requisitos de excesso de capacidade porque é rígido. Parte-se facilmente e de forma significativa quando é aplicada uma pequena quantidade de pressão. Alguns líderes têm unidades de negócio rentáveis que são frágeis. Têm um desempenho rentável, mas uma ligeira perturbação fá-los-á entrar em modo de recuperação, tornando-os pouco fiáveis. A falta de potencial de escalabilidade impede o crescimento destes processos. Se estes processos fizerem parte de uma cadeia de abastecimento, impedirão a cadeia de abastecimento de crescer. Quando se percebe isto, devem ser tomadas medidas para aumentar a elasticidade da organização. Qual é o plano se for assinado um novo contrato e o volume de trabalho aumentar em cinquenta por cento? Se houver uma resposta aceitável, então o risco de crescimento está a ser atenuado.

339. ***Líder intermédio*** : O chefe funcional deve conhecer os objectivos e o roteiro da empresa. Terá também de saber o que os seus colaboradores podem fazer. Ao comunicar os objectivos aos

seus colaboradores, estes devem contribuir para a lista de acções a realizar. O chefe funcional recolherá os planos do terreno, envolvendo as pessoas mais próximas do trabalho. São elas que sabem onde estão as oportunidades. Os chefes de equipa ajudam os seus colaboradores a atingir os objectivos da empresa, um marco de cada vez, a um ritmo aceitável, tendo em conta o ambiente empresarial e a concorrência.

340. ***Leading Ahead*** : O líder funcional deve ter sempre iniciativas em curso que antecipem o que a "empresa" vai pedir. Provavelmente, a empresa irá pedir reduções do custo dos bens vendidos e novos produtos ou expansões de capacidade. Quando se pode antecipar o que eles vão querer, isso ajudará no tempo de ciclo para atingir os objectivos, porque os planos que já estão disponíveis e bem pensados são mais rápidos de executar. Mesmo que a "empresa" não peça algo, leve a organização para onde ela precisa de estar. Lembre-se de que, se lhe pedirem para avançar, será a partir do ponto em que se encontra, por isso, mantenha o ritmo. Mais uma vez, isto é mais fácil de executar proactivamente do que reactivamente.

341. ***Melhoria sazonal*** : Muitas empresas têm volumes sensíveis à sazonalidade. Talvez o primeiro trimestre seja o mais lento e, a partir daí, o volume aumente. Se for esse o caso, os preparativos devem ser feitos no quarto trimestre em relação às melhorias do processo no primeiro trimestre. Os trimestres seguintes beneficiarão com isso. Por vezes, as melhorias não podem ser efectuadas quando os dias estão ocupados. Se assim for, então a época baixa tem de ser a época alta. Durante a época alta, todos precisam de trabalhar rapidamente para preparar e implementar mudanças que serão benéficas durante as outras partes do ano.

342. ***Perguntas inteligentes*** : O que importa é a pergunta. Pode ter a melhor resposta. Não é esse o objetivo, porque não se trata de si, e a resposta pode não ser suficientemente boa. Se assim for, o objetivo deve ser procurar uma resposta suficientemente boa. As perguntas de seguimento podem ajudar a descobrir os conhecimentos necessários para compreender a pergunta. Utilize perguntas mais específicas para provocar o pensamento, de modo a que a compreensão se transforme numa ação valiosa, eliminando um problema ou explorando uma oportunidade. Quando as pessoas respondem à pergunta, estão a indicar os seus pontos de vista. As suas perspectivas incluem informações úteis, mas consistem apenas numa parte do quadro. A visão colectiva é uma melhor representação do que está realmente a acontecer. Certifique-se de que a voz de todos é ouvida. A pessoa que está no canto e que não diz nada tem muitas vezes a melhor opinião. Certifique-se de que ela participa na conversa.

343. ***Redimir a desilusão*** : Se as pessoas não cumprem as suas promessas, assegure-se de que elas sabem que está desiludido. Concordaram em fazer algo mas não o fizeram a tempo. Falharam o objetivo, as suas expectativas. Não passe por cima disso. Dê-lhes uma oportunidade de se redimirem. A pessoa não veria a necessidade de se redimir se não fosse informada da desilusão. Não há nada de errado com segundas oportunidades, mas as terceiras oportunidades devem ser raras. Nesta altura, pode não ser capaz de se redimir. Dê o trabalho a outra pessoa.

344. ***Trabalho dos outros*** : Se lhe pedirem para fazer o trabalho de outra pessoa, vá em frente e mostre que é capaz de o fazer, mas não lhe dê uma boleia gratuita e não deixe que a sua carga

de trabalho ou a qualidade do trabalho não se deixe afetar. Se isso acontecer, o resultado será bom e não mau. Certifique-se de que eles sabem que pode pedir-lhes um favor. Eles devem estar preparados para isso e executá-lo e executá-lo com, pelo menos, o mesmo nível de desempenho. Se não conseguir executar a tarefa solicitada, adopte uma abordagem de gestão do risco. Assumir uma tarefa e falhar não é um bom resultado. Seria melhor recusar, desculpando-se, não por vontade própria, mas por capacidade e pelo risco de fracasso.

345. ***Desempenho dececionante*** : Seja implacável com alguém que não está a fazer o seu trabalho. Se ele não se aperceber, os outros aperceber-se-ão. A equipa não está a corresponder às expectativas. O "preguiçoso" deve saber que está a desiludir como primeiro passo para resolver o problema. Não seja rude, mas seja sincero. Eles precisam de saber de que forma ficaram aquém das expectativas. Certifique-se de que compreende a situação antes de a julgar. Pode haver uma razão pessoal legítima ou um obstáculo com o qual não se contou ou que não foi resolvido suficientemente depressa. Poderá ter-lhes sido atribuída uma tarefa que não corresponde às suas capacidades. Os bons empregados geralmente não querem desiludir; no entanto, alguns estão em posições que não se adequam a eles. Pode melhorar as suas capacidades ou colocá-los numa posição que lhes seja adequada. Eles ficariam aliviados por não os desiludir.

346. ***Atribuição de tarefas*** : Ser altamente eficaz a pedir às pessoas que cumpram as suas tarefas; as pessoas certas a fazer as coisas certas na altura certa e da forma certa. Pedir a uma pessoa incapaz para realizar uma tarefa implica riscos. A tarefa deve incluir elementos lógicos relacionados com o problema a resolver. Se a

tarefa não incluir as acções certas, corre-se o risco de não atingir os objectivos. As tarefas são sensíveis ao tempo. Não devem ser realizadas demasiado cedo ou demasiado tarde. Há penalizações para este facto. A tarefa também deve ser realizada da forma correta. Os comportamentos coercivos podem realizar a tarefa, mas este método é destrutivo de formas que podem ser invisíveis. Por exemplo, insultar uma pessoa na esperança de a motivar pode fazer com que ela cumpra uma tarefa; no entanto, a sua relação com ela foi prejudicada, com as consequências que se seguirão.

347. ***Perceção fácil*** : Faz com que o que fizeste pareça fácil, mesmo que não tenha sido. As tarefas complexas podem ser realizadas com muita energiaorganização e estratégia execução. Os outros pensarão que a tarefa é complicada ou difícil porque precisam da sua ajuda. Ser uma fonte de ajuda aumentará o seu valor porque foi capaz de realizar a tarefa a tempo. Eles poderão voltar a pedir-lhe mais ajuda e você poderá mostrar-lhes como executar por conta própria se não puder ajudá-los. Em vez de utilizar os seus recursoscrie capacidade nos outros.

348. ***Gerir a agressividade*** : Se o chefe lhe disser para ir atrás de algo de forma agressiva, faça-o. Ele está a abrir a porta a um nível de energia elevado e mostrou que a tarefa é uma prioridade. Depois, se as pessoas com quem está a trabalhar disserem que é demasiado agressivo, recue um pouco para ver se o nível de energia precisa de ser mantido a tempo. Se a produtividade se a produtividade se desviar, o nível de energia deve ser restaurado para ultrapassar a inércia organizacional. Se o chefe lhe disser que é demasiado agressivo, tome nota e date. Reduza a sua agressividade, mas tenha cuidado, porque mais tarde, quando o objetivo não for atingido a tempo, o chefe tem de perceber que estrangulou a sua

energia e que o progresso foi atrasado. O chefe precisa de saber que foi responsável por o atrasar.

349. ***Gestão de RH*** : Os Recursos Humanos (RH) ajudam-no. Sabe o que precisa deles? Deixe que eles o ajudem. Obtenha valor da relação. Mas, se os deixar entrar, esteja preparado porque eles encontrarão problemas na sua área. A transparência é boa, mas eles têm de o informar se virem algo de perturbador. Em última análise, estará numa posição melhor porque pediu feedback aos RH, o que deve ser notado pelos outros departamentos que serve. Os RH podem ajudá-lo a atingir os seus objectivos, mas tenha o cuidado de filtrar as suas opiniões, porque não estão a gerir a operação e podem não saber porque é que as coisas estão organizadas da forma como estão. Não os deixe dirigir o seu departamento por não saberem como. Não é para isso que eles existem. Não os deixe estabelecer objectivos irrealistas para si: "Não são permitidos conflitos". Recuse isso. Se eles souberem o que acontece no seu departamento, podem arranjar-lhe pessoas que se adaptem melhor do que as que tem. Se não quiserem compreender os seus métodos de sucesso, não criarão valor para si.

350. ***Vergonha pública*** : Se não conseguir que alguém complete a sua tarefa e não houver uma explicação razoável para isso, apesar das repetidas tentativas de o ajudar, então envergonhe-o à frente de toda a gente. Talvez essa seja uma jogada que funcione. Por vezes, a responsabilização é difícil. Se tiverem de ser repetidamente envergonhados e não houver qualquer mudança na sua atuação, podem ser colocados noutro local onde possam ser responsabilizados.talvez sejam colocados noutro local onde tenham sucesso. Sucesso significa fazer as coisas corretamente e a tempo.

351. ***Validação de auditorias*** : Utilizar as auditorias para validar o desempenho e a conformidade com a política. As auditorias podem ser aplicadas a qualquer domínio em que se suspeite que existe uma oportunidade para melhorar. As auditorias devem ser bem-vindas. Se não forem, deve haver uma razão para que o responsável funcional não as queira efetuar. As auditorias podem ser efectuadas a produtos, processos e sistemas. Quanto tempo é necessário para que uma configuração passe por uma parte do fluxo de trabalho?? Qual a eficácia do processo de deteção de problemas? O conjunto de processos geridos por um sistema recebe as informações de que necessita para ser bem sucedido? Deve ser criada uma carta de auditoria que identifique o que está a ser analisado. O modelo de projeto de relatório que apresenta os resultados da auditoria deve ser elaborado e aprovado. Se a conceção do relatório for conhecida antecipadamente, a auditoria pode ser concebida para fornecer as informações solicitadas no formato desejado.

352. ***Medição da compreensão*** : As actividades de formação devem ter um âmbito optimizado e incluir a medição da compreensão. Os limites de um módulo de formação devem fazer sentido. A maior parte da formação deve ser efectuada em menos de dez minutos. A formação pode aumentar a compreensão de algo ou tornar alguém capaz de realizar uma tarefa. É difícil afetar um período longo à formação. Quando os módulos são curtos, podem ser mais facilmente encaixados entre as actividades de trabalho. Os períodos de atenção também são curtos, pelo que limitar o conteúdo é uma ideia inteligente. Os resultados da compreensão em módulos curtos serão melhores do que em módulos mais longos. Um pequeno questionário posterior pode facilmente medir essa compreensão.

353. ***Medir a formação*** : No final de cada sessão de formação, deve ser feito um pequeno conjunto de perguntas para fornecer informações sobre a utilidade da formação. A formação foi relevante? Foi compreensível? Posso aplicá-la ao que estou a fazer agora? Podem ser feitas outras perguntas que forneçam feedback sobre a eficácia da formação. Dependendo dos resultados, a formação pode ter de ser modificada para aumentar o seu valor. É preferível que um simples inquérito revele a eficácia da formação do que não saber se a formação foi útil para os participantes. A ilusão da formação é quando as pessoas passam tempo a aprender algo que não as ajuda.

354. ***Nível do Líder*** : Os líderes devem trabalhar ao seu nível. Quando há caos no chão-de-fábrica, os líderes descem frequentemente vários níveis para resolver o problema. Entretanto, as responsabilidades do seu nível estão a ser negligenciadas. Alguns líderes são promovidos para além do seu nível, mas nunca deixam o cargo de onde vieram. Há responsabilidades em cada nível. Se um nível for negligenciado, surgirão problemas que esse nível deveria gerir. Quando um nível não funciona corretamente Quando um nível não funciona corretamente, o caos começa a instalar-se na organização, levando ao contágio e à dificuldade de recuperação. Algumas organizações são consumidas pelo caos porque a segregação de funções em cada nível não é tratada.

355. ***Contornar a responsabilidade*** : Dirigir pessoas dois níveis abaixo elimina a responsabilidade das pessoas um nível abaixo, porque estas foram contornadas. Quando isto acontece, o líder que está a ser ultrapassado diz: "Acho que vou ficar de lado e esperar que o meu chefe termine o que está a fazer com os meus subordinados

diretos". Esta tática deixou um líder offline. Ele não está a contribuir. Não está a liderar ou a influenciar. Os seus subordinados diretos perguntam-se para quem trabalham e porque é que o seu chefe foi ignorado. Será que o seu chefe pensa que ele não é capaz de liderar através desta questão? O chefe está zangado com ele, perdeu a confiança nele ou já não confia nele? Faça com que um líder numa posição ganhe o seu salário sendo o que tem de ser para que o sucesso aconteça. Encoraje, treine e equipe os líderes para que eles possam liderar onde estão, em vez de os ignorar quando não está satisfeito com os resultados ou com o tempo de progresso.

356. ***Gerenciando Vulnerabilidades*** : Os líderes precisam de conhecer e gerir as vulnerabilidades dos outros. Cada pessoa tem um dom único. Saiba quais são para si e para os que trabalham para si. Não deve ser uma surpresa se der a alguém uma tarefa para a qual não está dotado, e essa pessoa não conseguirá cumprir as suas exigências. Aproveite os pontos fortes de cada pessoa da equipa e compense as suas vulnerabilidades. Se uma pessoa é boa com folhas de cálculo e outra não, então, na medida em que isso seja valioso, uma pode ajudar a outra que é mais fraca nessa área quando houver essa necessidade. Se a situação for urgente e a aprendizagem uma competência não relacionada com o dom da pessoa, dê a tarefa da folha de cálculo à pessoa capaz. Se a pessoa mais fraca conseguir compreender, peça à pessoa capaz que verifique o trabalho da pessoa mais fraca para se certificar de que não há erros.

357. ***Escolhendo o trabalho*** : Os líderes que se preocupam com a empresa estão mais interessados no trabalho que sabem que será bom para a empresa. O benefício para a empresa pode ser o facto de haver uma margem aceitável e o trabalho pode levar a outros trabalhos que tenham uma margem. Assinar um contrato de

trabalho em que a empresa perde dinheiro em cada entrega não é sensato, mesmo que a receita total pareça significativa ou que o contrato tenha sido retirado a um concorrente. Todos os empregados que recebem um bónus baseado nos resultados da empresa não vão querer fazer um trabalho que prejudique os seus bónus. Será necessária uma explicação sólida para convencer os trabalhadores a terem um bom desempenho se o trabalho não for rentável.

358. ***Tempo de reflexão*** : Reserve algum tempo para refletir e recalibrar. Faça um postmortem sobre qualquer atividade que exija alguma reflexão. "Como é que me saí durante a apresentação ao cliente?" "Fui suficientemente inspirador durante aquela conversa individual ou tirei-lhe o fôlego?" Trabalhe continuamente no seu desempenho para o melhorar. Tente não cometer erros, mas certifique-se de que não comete o mesmo erro duas vezes. Não se coloque numa posição em que tenha de recuperar. E se recuperar, certifique-se de que a recuperação é suficientemente boa para não necessitar de mais atenção. Uma recuperação que não aconteça ou que seja inadequada deixará cicatrizes em todas as pessoas envolvidas. Todos se lembrarão da dor causada pela lesão.

359. ***Implicações da estratégia*** : É necessário dedicar um certo tempo à análise e à reflexão sobre as implicações das acções estratégicas. "Foi uma boa jogada?" "A jogada foi bem executada?" "Fizemos progressos com esse esforço?" "Como poderíamos ter executado melhor?" Qualquer plano estratégico terá implicações quando for executado. Alguém pode não gostar do facto de outra pessoa ter sido promovida. O contrário também pode ser verdade. Algumas das tarefas não pareciam lógicas e, por isso, as pessoas envolvidas não se empenharam e o trabalho não foi feito. O sucesso de uma equipa conduzirá agora ao sucesso de outras equipas que

podem reutilizar as mesmas tácticas. As implicações da execução estratégica devem ser construtivas, positivas, replicáveis e benéficas para todas as partes interessadas. Se não for esse o caso, deve ser considerada uma revisão para que se possa proceder a uma recuperação quando necessário e evitar os mesmos danos no futuro.

360. ***Motivação para o envolvimento*** : Os seus subordinados devem querer ter uma reunião consigo se sentirem que os apoia. Devem pedir para discutir consigo o que estão a fazer. Podem pedir que a reunião individual seja feita cara a cara para obter o máximo benefício e envolvimento. Aproveite a oportunidade para garantir que eles são encorajados e têm o que precisam para executar o seu trabalho. Os seus esforços podem precisar de ser redefinidos. Podem ter dúvidas sobre o âmbito de um projeto. Uma reunião individual oferece muitas oportunidades para acelerar o trabalho que está a ser feito por um subordinado direto. Cada subordinado direto deve ser impulsionado, e não frustrado, através da reunião periódica individual com o seu supervisor.

361. ***Eficiência de comunicação*** : É necessário otimizar a eficiência das reuniões, dos e-mails e de outras formas de comunicação. Existem muitas estruturas e construções que podem ser utilizadas para fazer chegar a informação ao público correto. Quem está a receber a informação? Como deve ser formatada para uma leitura rápida? Que método de entrega será o mais conveniente para a audiência? Os processos de transferência de conhecimentos podem ter uma quantidade significativa de desperdício. Os relatórios podem demorar horas a preparar e depois não são lidos. Uma conversa num canal pode ser ignorada. Os e-mails podem desaparecer numa nuvem de lixo eletrónico. Será que uma parte do conteúdo da comunicação é desnecessária porque existe noutro

lugar? A capacidade de atenção das pessoas que estão a receber informação é cada vez menor. A estratégia de comunicação deve ser optimizada para ser eficiente e ter impacto.

362. ***Email Killer*** : Os e-mails têm o seu lugar, mas a certa altura deixam de funcionar. Um tópico fica fora de controlo ou morre devido à falta de interesse ou paralisia (ninguém sabe o que dizer a seguir). Se nada acontecer, o tempo e o esforço gasto na criação da discussão será desperdiçado. Muitos tópicos morrem, reflectindo este desperdício. Quando os e-mails não são apropriados ou não estão a funcionar, tenha conversas cara a cara. Esta tática pode eliminar muitas mensagens de correio eletrónico. Especificamente, a gestão por deslocação (MBWA) é uma tática recomendada que é mais valiosa do que estar sentado na secretária a escrever mensagens de correio eletrónico. Ir ao escritório de alguém para uma conversa rápida de cinco minutos pode produzir resultados significativos. A linguagem corporal ajudará a transmitir a mensagem. Muitos e-mails e atrasos são eliminados quando se anda por aí e se tem conversas rápidas e concentradas com várias pessoas envolvidas num tópico de interesse.

363. ***Personal Aura*** : Concentre-se no poder em vez de na influência. O poder influenciará apenas com a sua presença. Trata-se de uma aura e não de uma ação. Algum poder é falso porque toda a gente sabe que a pessoa não sabe do que está a falar, é controlada por interesses próprios e tem um historial pobre de realizações. Se o oposto for verdadeiro, então o seu poder é autêntico. Utilize-o para desbloquear iniciativas paradas, obter o empenho dos participantes, felicitar alguém por um feito ou estabelecer uma decisão e um caminho a seguir. A força da aura depende da autenticidade do seu

poder. Sabe-se que está presente quando as pessoas ouvem e tomam notas durante a conversa.

364. ***Esforços rebeldes*** : Lidar com os resistentes e os retardatários de forma agressiva. Exponha a sua incompetência com dados. Lide com eles publicamente porque estão a desperdiçar o seu tempo e energia. Deixe-os envergonhar-se quando expostos, porque a sua resistência está a prejudicar todos os envolvidos. O embaraço motivá-los-á a mudar ou a diminuir o seu esforço de rebelião. Repita o seu tratamento até que eles entrem no autocarro ou desapareçam. Eventualmente, eles aparecerão como combatentes não cooperativos, pondo em risco o futuro da empresa. Se ficarem, têm de obedecer; não há misericórdia para estes tipos. Ou participam no esforço, ou vão-se embora. Não é preciso dizer nada.

365. ***Sentir-se Realizado*** : Chegar ao trabalho com a sensação de já ter realizado muito. O impulso já foi posto em ação. Se não se sente bem, deve fazer uma retrospetiva pessoal. Idealmente, seria útil se já tivesse posto em dia os e-mails da noite anterior. Deve saber quais são as suas prioridades e como as vai executar. as suas prioridades e como as vai executar. Não chegue ao trabalho sem saber o que vai fazer desde o início do dia. Ponha as coisas em movimento assim que chegar. Você representa a energia que está a empurrar a organização numa direção. A sua vitória já está estabelecida quando entra pela porta, porque já decidiu como a batalha vai ser ganha. Terá de se ajustar ao longo do dia, mas se não estiver a ganhara sua tática deve ser revista. Talvez não esteja a obter dados ou a análise dos dados seja incorrecta. Tenha uma fórmula para ganhar desde o início do dia.

366. ***Ordenando o Caos*** : Os líderes devem pôr ordem no caos com o mínimo de esforço. O caos está em todo o lado. Por vezes vemo-lo, outras vezes não. Ele pode emergir, especialmente se lhe dermos condições para que prolifere. O caminho seria assumir o controlo do caos, efetuar mudanças e experimentar a excelência. A complexidade desnecessária e os processos inúteis criam o caos. A imaturidade cultural contribui para o caos. O caos pode ficar fora de controlo e comer uma organização viva. É contagioso e alimenta-se a si próprio quando os participantes se desligam, resistem, se rebelam ou se queixam. As coisas certas a fazer não estão a ser feitas. O caos está no controlo e pode fazer o que quiser. Não o permita.

367. ***Passar -através do Caos:*** O caos pode chegar à organização a partir do exterior. Os clientes são fontes significativas de caos. Não deixe que o caos do cliente entre na operação. As equipas de vendas, desenvolvimento comercial e gestão de projectos devem controlar este caos. Quando ele passa para a operação, todas as partes interessadas sofrem. A operação funciona funciona bem quando existe ordem, consistência e controlo. Têm de fornecer, de forma consistente, um produto que satisfaça as expectativas a tempo. A consistência é contrária a um ambiente de caos onde a operação é "sacudida". Quando uma operação está a ser agitada, não é fácil controlar a qualidade e ser pontual de forma consistente. E não será certamente eficiente em termos de custos.

368. ***Friction Redux*** : Os líderes devem tomar medidas para reduzir a inércia e o atrito. A inércia provém da energia que é dissipada ou consumida por actividades inúteis. Estes desperdícios de energia e fábricas ocultas devem ser detectados e, em seguida, racionalizados ou eliminados rapidamente para facilitar o fluxo de

trabalho. A complexidade desnecessária cria fricção porque o tempo de formação é mais longo. As oportunidades de cometer um erro são mais significativas porque haverá quem conheça o sistema (conhecimento tribal) que controlará o trabalho. Simultaneamente, os outros participantes desinteressaram-se e renunciaram aos seus direitos de decisão. Consequentemente, os recursos são subutilizados, resultando em custos de transporte. O que quer que esteja a impedir a utilização de recursos energizados deve ser identificado e mitigado.

369. ***Pessoas Energia*** : A energia para fazer as coisas está nas pessoas. Se elas não estiverem inspiradas, avançar será muito mais difícil. Se estiverem inspiradas, deixem-nas correr com isso. Elas "carregarão a bola" e farão um trabalho fantástico. Arquitectarão o trabalho de forma significativa, porque este tem ressonância para eles e estão próximos dele. Se a energia não estiver lá, então talvez seja melhor esperar até que esteja. Certas actividades tornam-se essenciais em determinados momentos e em determinadas circunstâncias. Se for esse o caso, realizar uma determinada tarefa parece mais fácil do que em tentativas anteriores. O timing é importante. Por exemplo, não tente aplicar métricas a todas as funções na empresa se ainda não tiver um sistema para fornecer a informação. O esforço para o fazer manualmente será enorme e pode matar o objetivo até que um sistema possa ajudar.

370. ***Aproveitar a paixão*** : As pessoas são apaixonadas por certas coisas. A energia da paixão é como colocar uma ficha numa tomada que tem potência. Pegue nessa paixão (ex.: pontualidade, organização, disciplina, cálculo, administração, atenção ao pormenor, etc.) e transforme-a num empreendimento produtivo. Aquilo que nos entusiasma é motivador. Aproveitar os dons dos participantes é

especialmente útil quando alguém tem uma capacidade que é a sua fraqueza. Essa pessoa é preciosa, desde que a sua auto-consciência esteja em jogo. Parte da razão para a subutilização de talentos não é o facto de não estarem empenhados, mas sim o facto de estarem empenhados em algo que não gostam de fazer e em que não são bons. É provável que prosperem no trabalho quando estão envolvidos em algo em que são bons.

371. ***Meaning Power*** : Certifique-se de que as pessoas compreendem o significado por detrás do que estão a fazer. Se conseguirem compreender o objetivo da atividade e se estiverem alinhadas com ele, serão mais poderosas em conjunto. Suponhamos que alguém trabalha numa fábrica que fabrica cintos de segurança e que o seu trabalho pode parecer banal. Mas se vir o que acontece num acidente quando alguém não está a usar cinto de segurança, ou se falar com alguém cuja vida foi preservada com um cinto de segurança, o seu trabalho pode ter um novo significado. Não estão a fabricar cintos de segurança. Estão a salvar vidas. A sua missão tem um objetivo, um significado e resultados.

372. ***Focused Fast*** : Quando falar com as pessoas, seja rápido e concentrado. Começar com um toque pessoal é bom para estabelecer uma ligação. "Como é que o seu filho se saiu na final de futebol do fim de semana passado?" Passe rapidamente à criação de valor. criação de valor. A discussão deve valer o tempo de ambos. Recolha factos, mas transforme-os em objectivos a atingir. Seja orientado para a ação durante a discussão, clarificando a finalidade das sequências e as tácticas utilizadas. Defina as acções a realizar e estabeleça prazos adequados e razoáveis. Escutar ativamente para que os dados sejam compreendidos. Não deixe passar em branco a

complexidade oculta, pois é um fator que pode fazer descarrilar uma iniciativa.

373. ***Motivação necessária*** : Para motivar as pessoas, diga que o trabalho delas o impressiona e que aconteceu no momento certo. Eles fizeram a diferença para um cliente ou para a organização. O que eles fizeram é necessário e imprescindível. Quando as pessoas vêem que o seu trabalho é importante e tem significado, é mais provável que se empenhem ativamente em completá-lo a um nível de alta qualidade e dentro do prazo. qualidade e dentro do prazo. Elas lembrar-se-ão de que reparou nelas. O reconhecimento é um fator de motivação significativo. Normalmente, isto não acontece, por isso é especial quando alguém sente que o seu excelente trabalho é visto e reconhecido pelo seu valor.

374. ***Ligação de artistas*** : Ligue os artistas a outros artistas e encha-os de trabalho. Diga-lhes que têm muito trabalho para fazer, criando uma lista de pendências instantânea. Ajude-os com o que não for feito ou se ficarem bloqueados. Acompanhe os progressos para saber se eles abrandaram. O gráfico de burndown é uma ferramenta eficaz para observar o progresso a um ritmo adequado para estar dentro do prazo. Enumera o atraso e o ritmo que seria necessário para cumprir o calendário. Quando um grupo de pessoas com bom desempenho se junta e se concentra numa lista de pendências, pode ser super-aditivo, porque a diversidade de capacidades de capacidades combinada com energia e concentração pode resultar num progresso rápido com menos esforço do que seria necessário num grupo de indivíduos a trabalhar separadamente.

375. ***Desempenho sólido*** : Os bons executantes estão à altura do desafio e terminam o trabalho. Há pessoas com tendência

para a ação que são motivadas pela realização. Ficam satisfeitas com a conclusão das tarefas e reconhecem que criaram valor. Sem oportunidades de realização, ficam aborrecidas e desmotivadas. Não os deixe ficar sem trabalho para fazer; simultaneamente, certifique-se de que não ficam esgotados. Eles deixarão que isso aconteça com eles próprios, a menos que você intervenha. Reconheça as suas vitórias para que se sintam apreciadas. A apreciação impulsioná-los-á para a frente. Continue a dar-lhes oportunidades porque elas são geradoras de valor.

376. ***Missão Impossível*** : A confiança e o respeito ganham-se com a realização do que parece impossível. Alguns objectivos são extremamente difíceis de alcançar. As mudanças necessárias podem incluir mudanças de paradigma na cultura organizacionalUma transformação do desempenho, uma recuperação significativa de um cliente depois de este o ter dispensado como fornecedor, a criação rápida de uma nova unidade de negócio num país distante, etc. Os projectos grandes e exigentes têm de ser executados com delicadeza. As perturbações no roteiro podem anular a dinâmica. Além disso, a sequência correta de tarefas tem de ser executada por ordem; caso contrário, o ritmo de progresso irá parar devido a uma dependência não cumprida.

377. ***Ação de crise*** : Utilizar uma crise (fabricada ou não) para fazer com que as pessoas que não se mexem se mexam. Tal como um trenó de cães cujos carris estão congelados no chão, as pessoas precisam ocasionalmente de um empurrão para se porem em movimento. O facto de estarem imóveis não significa que não se queiram mexer; estão apenas bloqueadas. As rotinas influenciam a memória muscular. A transição envolverá a substituição da memória muscular quando as rotinas precisarem de mudar. As prioridades

mudaram e estamos a caminhar numa direção diferente. Todos terão de se desenraizar e ser plantados num ambiente diferente. Terão de executar uma curva de aprendizagem aprendizagem e instalar-se. Uma crise fornecerá a energia para recalibrar significativamente as rotinas de trabalho de cada pessoa.

378. ***Alargamento da liderança*** : Os gestores precisam de liderar para além dos seus departamentos. Têm de influenciar os departamentos a montante e a jusante para garantir o sucesso da cadeia de abastecimento. Olhar para dentro para garantir que tudo está a funcionar como deve ser não é suficiente. Os processos a montante influenciam a sua área. O seu fluxo de trabalho é interrompido se receber o produto mais cedo ou mais tarde ou se este não corresponder às especificações. É necessário dar feedback sobre as influências negativas. A negatividade também se aplica à natureza da informação. A informação que acompanha o produto ou a encomenda deve ser exacta e atempada. Da mesma forma, o utilizador influencia o sucesso da função que recebe o seu trabalho. Peça-lhes feedback para saber se está a corresponder às suas expectativas.

379. ***Líderes de sucesso*** : O objetivo de um líder é fazer com que os outros líderes sejam bem sucedidos aos olhos dos clientes internos e externos. A mentalidade de herói não é a ideal. Não é possível ter sempre um herói a resolver o problema. Ele pode estar de férias quando se precisa dele. É sempre melhor ter muitos heróis a trabalhar em conjunto para manter tudo a funcionar na perfeição. Eles devem ajudar-se mutuamente para que o sucesso esteja sempre presente. Se for detectada uma vulnerabilidade, devem enfrentá-la em conjunto para benefício mútuo. Quando os líderes lidam eficazmente com as vulnerabilidades antes de estas se tornarem

problemas, as pessoas dentro e fora da organização vêem e beneficiam do elevado nível de desempenho.

380. ***Getting Unstuck*** : Não há problema em deixar as pessoas desconfortáveis enquanto as desbloqueia. Elogie-as quando fizerem algo significativo. Isso define a expetativa de desempenho. As pessoas podem não saber como se "descongelar" e não querem pedir ajuda a ninguém. Lide com a situação pedindo ajuda para os colocar num lugar diferente e melhor. Depois de lá chegarem, volte a pô-los no lugar do condutor. Os ajudantes podem voltar ao que estavam a fazer. Por vezes, as pessoas precisam de ajuda para ultrapassar um obstáculo. Não o conseguem fazer sozinhas. Isso reflecte mais a natureza do obstáculo do que as pessoas envolvidas.

381. ***A dar a volta a*** : A pessoa sensível faz uma escalada à sua volta até ao chefe porque as suas necessidades não estão a ser satisfeitas com a rapidez necessária. A pressão volta para si para a deixar mais confortável. A pessoa tem o ouvido empático do seu chefe e contorna-o sempre que possível. Adivinha o que acontece? Ambos estarão por vossa conta a partir de agora. Desfrute da sua relação especial. Vejam se acham que conseguem resolver as coisas melhor do que se eu estivesse envolvido. Voltem e reconciliem-se primeiro, antes de eu voltar a intervir. Agora já assumiste a responsabilidade pelo resultado. Algumas pessoas aprendem depois de um ciclo disto, outras precisam de vários ciclos. Quando se aperceberem que traz valor e se reconciliarem, volte a intervir e termine o trabalho. O mais engraçado é que, provavelmente, já trabalhou na solução e tem a maior parte dela resolvida. Depois de a pessoa ter dado voltas à cabeça, diga-lhe que já tem a solução e que já passou para outros desafios. Da próxima vez, eles devem lidar com situações semelhantes de forma diferente.

382. ***Space Wars*** : Lute por um espaço de escritório que o ajude a ser produtivo, porque depois de se mudar para algo menos desejável, será difícil fazer outra mudança. A mudança estará concluída e eles passarão a outra coisa, pensando que a sua mudança está concluída. Dir-lhe-ão que lhe arranjarão o que precisa mais tarde. Mas não vão. O "mais tarde" nunca chega. Certifique-se de que o estatuto oficial da mudança é "incompleto" até ter o que precisa. Lute por isso agora, porque o seu caso será rapidamente esquecido. Não se mudem até que tudo o que precisam esteja lá. Eles querem o espaço que ocupa atualmente. Fique lá até ter o que precisa. É melhor ter um pequeno conflito agora do que sofrer a longo prazo depois de muitos avisos inúteis. Além disso, a sua produtividade será melhor se tiver o que precisa e pior se não tiver. Toda a gente ganha quando o seu escritório é adequado e não excessivamente equipado. Decida o que é isso e faça-o acontecer.

383. ***Level Expectations*** : Incentivar a liderança em todos os níveis. Será que cada nível sabe o que se espera dele para que tenha a oportunidade de mostrar que é capaz de o fazer? Todos os líderes devem saber se estão a corresponder às expectativas. Por vezes, as expectativas são irrealistas e é necessário discutir o assunto. Certifique-se de que todos os chefes que respondem perante si sabem o que estão a fazer bem e o que não estão. Eles merecem ver o desfasamento entre o que pretende e o que eles conseguem. Não os deixe definhar. Dê-lhes a ajuda de que necessitam para serem bem sucedidos. É esse o objetivo.

384. ***Respondentes com sono*** : Chamar a atenção das pessoas quando estas demoram demasiado tempo a responder. Uma pergunta simples que requer uma resposta simples não deve

demorar muito tempo a ser formulada e transmitida. Da mesma forma, uma tarefa de 5 minutos não deve demorar duas semanas a ser realizada. Utilize pontos de exclamação na sua nota de seguimento e copie outras pessoas. Deixe claro para a pessoa e para os outros que a falta de resposta é inaceitável. A maior parte das pessoas preocupa-se com a sua reputação e não quer ser chamada à atenção. Quando o fazem, provavelmente não voltará a acontecer. Elas sabem que, de uma forma ou de outra, obterão uma resposta. Os escalões vão ser utilizados. Mesmo que fique desiludido, apresente sempre um caminho a seguir para que a pessoa possa recuperar.

385. ***Tarefas Incompletas*** : Pode ser enviado periodicamente um resumo executivo do estado das acções, amplamente distribuído, para chamar a atenção para as actividades que não estão concluídas. Se uma tarefa não deveria estar lá ou se o calendário estiver errado, não se esqueça de fazer a correção. Por outro lado, a vergonha de estar nesta lista, que é amplamente distribuída, forçará as acções a serem concluídas pela pessoa procrastinadora. Todos estão à sua espera. A motivação é que ninguém vai querer ter um item de ação pendente ou atrasar-se numa atividade com um compromisso de tempo. O resumo periódico ajudará a que todos cheguem à meta.

386. ***Resumo das realizações*** : Efectue um controlo periódico (diário, semanal, de hora a hora), consoante a situação, para saber o que foi realizado, independentemente da sua importância. Todos os pontos são essenciais, porque uma coisa pequena pode ser necessária para uma coisa grande. A dinâmica deve ser mantida devido à natureza crítica do roteiro. Identificar e eliminar os bloqueadores. Veja as vulnerabilidades que podem

transformar-se em rejeições e reduza-as com controlos fortes ou fluxos de trabalho modificados. Os sucessos continuarão a crescer porque está a mostrar interesse no progresso. Espera-se que a qualidade aumente e que os volumes diários cresçam à medida que o processo for sendo resolvido.

387. ***Tipos de erros*** : Saiba a diferença entre grupos de problemas (muitos semelhantes devido a uma causa) e problemas sistémicos (recorrência de vários problemas) porque a mediação destes dois tipos de erros será diferente. O conjunto de problemas terá de ser investigado como um único problema. A resposta à pergunta "O que é que aconteceu?" será semelhante à do conjunto de problemas, apesar de poderem existir várias causas. Os problemas marginais podem ser excluídos até que a população principal do grupo seja resolvida. O regresso às excepções é aceitável se a gravidade não for extrema, caso em que é necessária atenção imediata. A frequência de ocorrência e a gravidade são duas variáveis diferentes que requerem acções distintas. Os problemas sistémicos requerem um tratamento, uma vez que são aleatórios em muitos tipos de erros. O tratamento pode estar relacionado com a informação fornecida pelo sistema para que o operador possa efetuar as suas tarefas. O tratamento consistiria em melhorar a exatidão das informações sobre as encomendas, de modo a evitar a ocorrência de vários erros. As questões sistémicas devem ser tratadas através de tratamentos.

388. ***Diga Persistentemente*** : Continue a dizer que vai fazer uma coisa até que ela seja feita. Se continuar a falar sobre o assunto, as pessoas perceberão que é importante ao longo do tempo. A ideia será repetidamente colocada no topo das suas mentes. O processamento na sua mente continuará, e haverá discussões para

responder a perguntas e clarificar as ideias. Os processadores precisam de mais tempo para "perceberem", mas quando percebem, estão completamente envolvidos. Depois, eles vão fazer o que tem de ser feito, pois você quebrou o gelo da idéia, eles a internalizaram e agora estão prontos para executar a estratégia. Eles preenchem o vazio em relação ao que não sabem ou não compreendem. Está a criar um ambiente em que eles se sentirão confortáveis. Passou de "Não me parece que seja uma boa ideia" para "Faz sentido, vamos fazê-lo".

389. ***Manutenção da reputação*** : Se alguém não reagir suficientemente rápido a um problema, isso pode arruinar a sua reputação. Se o está a ajudar a recuperar, mostre-lhe que vai deixar que ele arruíne a sua reputação se não der prioridade aos seus pedidos. Eles querem recuperar ou não? Se não se importarem, então não tratará da sua recuperação sem a sua participação ativa. Algumas pessoas reagem à perspetiva de dor no horizonte e outras deixam que ela as atinja. Não se apercebem do que está para vir, mesmo que já lho tenha descrito. Decida se quer estar lá para apanhar os incorrigíveis. A sua presença depende do facto de achar que eles vão acordar a dada altura ou não.

390. ***Definir prazos*** : Estabeleça sempre prazos para os itens de ação e certifique-se de que dá seguimento a cada um deles. Os prazos devem ser agressivos e as partes envolvidas devem concordar em cumprir o prazo. Por vezes, as pessoas estabelecem prazos agressivos para si próprias. Se forem demasiado extremos, porque estão apenas a tentar agradar ao patrão, apoie-os para que sejam realistas. A maioria das pessoas estabelece prazos demasiado distantes no futuro. Não as deixe fazer isso. Não há nenhuma razão para que uma tarefa de 30 minutos esteja agendada para o final da

próxima semana. Execução rápida é o foco. Certifique-se de que faz o acompanhamento de tudo. Se a tarefa não estiver a progredir a um ritmo que permita cumprir o prazo ou a etapa seguinte, pergunte se precisa de se envolver ou se eles conseguem recuperar o atraso sozinhos. Se parecer que não o vão conseguir fazer, intervirá e ajudará. O prazo tem de ser cumprido. Se o facto de ter intervindo o magoar, ajude-o a melhorar as suas capacidades de execução para que não tenha de o fazer da próxima vez. Não se esqueça de lhes dar crédito pela realização da tarefa.

391. ***Seguimento persistente*** : Acompanhamento. O acompanhamento é uma capacidade simples mas profunda que muitas pessoas que dela necessitam não possuem. Muitos líderes dizem-no ou fazem uma reunião e pensam que está feito. Muitas acções não foram realizadas e o acompanhamento não o revelou. Os resistentes podem pensar que a ação recomendada não é crucial, a menos que volte a surgir. Se isso não acontecer, então não precisam de usar o seu tempo para seguir uma diretiva. Provavelmente, foi um capricho em vez de uma diretiva. "Pensei que tínhamos feito isto há seis meses. Porque é que ainda não está feito?" A falta de transparência é a admissão de uma falta de acompanhamento. Não deixe que iniciativas essenciais desapareçam do radar por não ter persistido. Se já foi vital numa determinada altura, provavelmente ainda o é. Certifique-se de que a realiza se ainda for esse o caso.

392. ***Questão do Elefante*** : Não se esquive ao elefante na sala. Ponha-o lá fora e lide com ele. Se não o abordar, isso reflecte-se em si. "Ele é cego?" Se está preocupado em ferir os sentimentos de alguém, considere que essa pessoa já está ferida e que ficará ainda mais ferida se não abordar a questão crítica do dia. Não tem de a resolver imediatamente, mas os seus colaboradores esperam que a

resolva prontamente. Basta recolher mais informações sobre o assunto e dizer que reconhece o problema e que vai trabalhar nele. Haverá um suspiro de alívio. Mas faça o acompanhamento para que não tenham de voltar a perguntar. A questão deve manter-se no topo da agenda das conversas e reuniões até deixar de ser um ponto importante. Não deixe que todos fiquem frustrados por acharem que o assunto está a ser negligenciado. Um exemplo seria: "O prazo para anunciar o bónus do ano passado já passou. Quando é que vão discutir o assunto connosco para sabermos o que vai acontecer? É muito frustrante quando continuam a adiar. Estão apenas a empatar enquanto esperam por uma razão para o cancelar". Os funcionários percebem os atrasos. Não os frustre.

393. ***Capacitar os especialistas:*** Se for caso disso, os peritos devem ter a capacidade e a autoridade para tomar decisões para a organização que se enquadrem nas suas competências. Os peritos devem ter direitos de decisão que lhes permitam utilizar as suas capacidades sem serem bloqueados por níveis administrativos de aprovação. Quando são necessários níveis de aprovação, isso revela apenas falta de confiança. Dar a um perito direitos de decisão adequados faz o contrário. O tempo de resposta será mais curto e as soluções serão mais poderosas e atempadas se os especialistas puderem resolver os problemas ao mesmo tempo que se alinham com os valores e normas da organização e normas da organização.

394. ***Não pode acontecer:*** Se alguém disser: "Não pode ser feito", certifique-se de que o escalona porque tudo pode ser feito, pelo menos em parte, eventualmente. Antes de avançar, pergunte porque é que a pessoa acha que não pode ser feito. É possível que a pessoa tenha alguma informação relevante para a situação. O escalonamento pode não ser a melhor resposta neste momento. É

possível avançar na direção da solução? O problema pode ser resolvido por fases, em que só temos de resolver uma questão de cada vez? O problema pode ser reformulado de modo a que os obstáculos sejam diferentes e mais fáceis de gerir? O esforço O esforço deve ser mais no sentido de encontrar uma solução do que de identificar as razões pelas quais algo necessário não funciona. Fazer alguma coisa é melhor do que não fazer nada.

395. ***Deficiência de políticas:*** Se um problema deveria ser orientado ou resolvido através de uma política existente, perguntar porque é que a política não está a funcionar. Será porque a política existente não é justa? É porque a política existente é fraca ou não está a ser aplicada? Se não tiverem uma, diga-lhes para criarem uma para resolver o problema. Se tiverem uma, pergunte porque é que não está a funcionar, pois é esse o problema. O âmbito da política é limitado? A política não é aplicável? Se necessário, faça uma revisão da política, crie uma política que funcione e coloque uma estaca no chão, dizendo que, a partir desta data, esta é a política. Não tem nada a ver com o passado, apenas com o futuro.

396. ***Movimento para a frente*** : Uma vez estabelecido o impulso, manter o movimento para a frente a um ritmo adequado. O ritmo pode estar relacionado com a capacidade da organização para absorver as mudanças. Pode ser um ritmo que assegure o futuro da empresa. da empresa. Descubra onde se situa o limiar para este efeito e empurre todos para o seu limite. O ritmo deve ser o mais rápido possível. Estar à frente da concorrência é fundamental, caso contrário, a sua quota de mercado será roubada. mercado. Os seus clientes dirão que está atrás deles. O cliente pode ter um melhor serviço ao mesmo preço. Quem quiser sobreviver tem de avançar. Identifique as fontes de inércia e descubra como as atenuar.

397. ***Resolventes de*** bloqueios : Se disser às pessoas para o contactarem se tiverem bloqueios, elas podem querer resolver os problemas sozinhas sem o incomodar. A auto-gestão é um bom resultado porque ajuda as pessoas a serem auto-suficientes na resolução de problemas. Pode passar o seu tempo a resolver os seus problemas em vez dos deles. Investir na criação de uma capacidade para lidar com os problemas paga-se muitas vezes a si próprio. Eles são provavelmente os que estão mais próximos do problema. Sabem mais sobre o problema do que qualquer outra pessoa. Quem melhor para o resolver do que aqueles que sabem mais sobre ele? Serão eles os que mais beneficiarão dos seus esforços.

398. ***Chaos Manager*** : Saber onde existe o caos e pô-lo em ordem (por exemplo, um servidor instável, que provoca uma sobrecarga significativa nas operações, reinicializações, etc.). O caos está a entrar na organização a partir de algum lugar. Pode ser de um cliente, de uma função de suporteou qualquer outra função. Os líderes devem filtrar o caos antes que ele chegue às pessoas que estão a fazer o trabalho. Os operadores devem concentrar-se nas suas tarefas e não no caos à sua volta. Os trabalhadores devem concentrar-se em realizar o seu trabalho rapidamente, fazendo-o corretamente. Uma vez eliminada a fonte de agitação, verifique se existem outras fontes que estejam a influenciar negativamente a capacidade de desempenho dos trabalhadores e planeie a sua eliminação o mais rapidamente possível.

399. ***Documento de investigação*** : Dedique algum tempo a pesquisar os temas. Ficará surpreendido com o que já está disponível. Coloque a pesquisa num livro branco que cubra o assunto. Utilize o conteúdo para um compromisso de conferência. Ofereça o

documento a outras pessoas que o possam utilizar para o bem comum. Uma perspetiva de investigação imparcial pode ser útil e influenciará futuras decisões futuras. Este formato de documento pode ajudar na colaboração entre departamentos. Pode dar o exemplo para a empresa ao ter uma base de conhecimentos com white papers sobre tópicos a partilhar com a empresa ou a comunidade. Entregue-a ao chefe para fins educativos. Num ambiente rico em tecnologia-Num ambiente rico em tecnologia, existe uma excelente oportunidade para a criação de conhecimentos. Se preferir uma apresentação, faça uma e envie-a para obter feedback.

400. ***Paragem de roteiros*** : Se um roteiro de desenvolvimento for interrompido, estagnado ou os recursos ou os recursos forem despriorizados, é de esperar um golpe na moral das pessoas que pedem e esperam ansiosamente os resultados do desenvolvimento. Estas não o pediriam se não precisassem dele. Alguém pode ter apelado ao Presidente sem ter em conta o seu sofrimento. Representaram a sua situação e convenceram o chefe a redistribuir os recursos do seu projeto para o deles. O presidente não deve retirar recursos do seu projeto sem o informar. Se for informado, tenha uma conversa para que haja uma avaliação justa da penalização se uma das opções for adiada. Pense em sugerir um atraso temporário até que parte do outro projeto esteja concluída, para que os recursos possam regressar ao seu projeto seguindo uma abordagem faseada. Considere a possibilidade de ter uma parte do seu projeto concluída antes de os recursos serem retirados. Algo em breve é melhor do que nada num futuro previsível.

401. ***Velocidade de progresso*** : Use um gráfico burndown para mostrar a taxa de progresso de um backlog. Estabeleça um

tempo para que o backlog seja concluído. Trace uma linha que mostre o tamanho do atraso, o ponto de partida e a taxa de conclusão para que ele seja concluído a tempo, antes do tempo final. A taxa a que desaparece pode ser usada para determinar a hora de chegada projectada. Se a taxa não for suficientemente rápida para cumprir o prazo, podem ser tomadas medidas para aumentar a taxa de redução da acumulação (por exemplo, adicionar alguns freelancers). A taxa de progresso é especialmente crítica quando o prazo não pode ser ultrapassado. Se a taxa não for mais rápida do que a taxa de conclusão projectada, devem ser feitos ajustes para acelerar o progresso. Quando a taxa de conclusão é mais lenta do que o previsto, é bom saber o mais cedo possível.

402. ***Trabalho desleixado*** : Não permita que o desleixo continue onde quer que o veja. A excelência é a única palavra que deve descrever o seu trabalho. O trabalho efectuado no passado que é desleixado deve ser limpo de modo a cumprir um padrão. Uma vez corrigido, deve manter-se assim. Não deixe que a situação se desvie. O trabalho atual tem de ser feito com a excelência em mente. Desde o início, defina as expectativas. Um exemplo disto seria a cablagem nos bastidores dos servidores. É possível ver se a instalação de servidores em racks é excelente pela aparência dos fios na parte de trás do rack. Devem ser etiquetados e encaminhados de forma agrupada e ordenada. Porque é que isto é importante? Se estiver a resolver problemas e souber o fio que procura, deve conseguir encontrá-lo rapidamente na parte de trás do bastidor em ambos os locais onde está ligado. Se não estiver etiquetado, pode perder-se uma quantidade significativa de tempo a tentar encontrar as extremidades do cabo. O desleixo pode acontecer em qualquer lado. Relatórios financeiros, pacotes de faturação pacotes de faturação,

ordens de trabalho, arquitetura do sistema, cartões de tarifas, fluxos de trabalho, utilização de ferramentas e muitos outros itens podem ser descuidados. Combata o desleixo onde quer que ele exista. Gerir uma situação confusa é muito mais complexo e dispendioso do que gerir uma situação arrumada, organizada e excelente.

403. ***Compreender o que está feito*** : Certifique-se de que a linha de chegada é conhecida. "O que é preciso para terminar a tarefa?" Decida o que é e escreva os pormenores mensuráveis para que possa programar a passagem da linha de chegada e passar a outra coisa. O projeto interminável nunca fica concluído. Terá de terminar a dada altura, e podem ser feitos planos para começar a tarefa seguinte. Ter uma linha de chegada ajuda-o a saber a que distância está da conclusão da tarefa. Também o pode ajudar a ver a distância que percorreu desde a linha de partida.

404. ***Níveis de segurança*** : Os controlos e o poder dos controlos podem ser aplicados de forma diferente com base no risco de ocorrência, no custo da ocorrência e na probabilidade de uma vulnerabilidade ser explorada. Algumas áreas não lidam com dados, materiais ou configurações sensíveis, enquanto outras exigem controlos rigorosos. Ao aplicar estes controlos com base no que é feito nesse espaço específico (físico ou digital), a sobrecarga dos controlos pode ser minimizada. Uma abordagem do tipo "tudo é crítico" pode resultar em custos adicionais que não são necessários. À medida que as localizações precisam de assumir um trabalho mais seguro, os controlos necessários para qualificar a localização para o trabalho podem ser melhorados para atingir os níveis mais elevados. Os líderes dessas áreas podem escolher quais os níveis adequados, uma vez que serão eles a fazer a transição e a monitorizar para garantir a conformidade contínua.

405. ***Acções esquecidas*** : Por vezes, é bom parar o que está a fazer e passar várias horas a analisar as suas listas, os e-mails enviados, os planos de projeto e as notas de reunião para se certificar de que nada ficou esquecido. Escolha a frequência que mais lhe convém, mas faça-o com frequência suficiente para que as tarefas deixem de ter interesse por terem sido realizadas. Também não devem ser esquecidas. As pessoas orientadas para a ação gostam que se interesse por elas, que as acompanhe e que lhes pergunte como está a correr uma determinada atividade. Se criar uma ação e depois a esquecer, as pessoas não o levarão a sério. Pensarão que está mais interessado no drama do que em fazer as coisas. Uma revisão periódica das decisões que foram tomadas ajudará a evitar que as tarefas importantes sejam esquecidas. Confirmará que ainda está a ir na direção certa ou permitir-lhe-á corrigir o rumo antes que seja demasiado difícil.

406. ***Vácuo de liderança*** : Não permita que ocorra um mas quando isso acontecer, preencha o vazio rapidamente. Esteja disposto a dar o lugar a outra pessoa quando tiver resolvido a situação e esta estiver novamente estável. Um vazio de liderança terá muitos efeitos prejudiciais. Alguns deles são visíveis e outros não. Estes últimos são riscos perigosos, porque nunca se sabe quando é que serão sensibilizados e se tornarão problemáticos. Pode recuperar as áreas que consegue ver, mas as que não consegue ver serão uma surpresa que pode ou não estar preparado para lidar. Se preenchermos o vazio, evitamos que as surpresas se tornem vulnerabilidades significativas.

407. ***Boas escolhas*** : As pessoas devem pensar que sabe formular as escolhas certas nos momentos certos. Um historial de

más decisões diminuirá a confiança que os seguidores têm em si. Por outro lado, um registo de realizações atrairá outras pessoas para si. Tem de ser conhecido como alguém que consegue fazer as coisas certas quando é necessário, da forma certa, com as pessoas certas e a tempo. As escolhas podem ser sequenciadas. Uma série de escolhas pode ter de ser feita por ordem devido a dependências e para criar eficiência de esforço. Existe eficiência se o passo seguinte puder aproveitar a maior parte do que foi feito no passo anterior.

408. ***Gama de conhecimentos*** : É benéfico para um líder ter uma vasta gama de conhecimentos e experiências. Um conhecimento alargado dá-lhe uma maior capacidade para compreender questões e resolver vários problemas. O leque de conhecimentos ajudá-lo-á a escolher entre uma série de opções. Um líder com experiência limitada oferecerá soluções que também são limitadas no seu âmbito. Alguns problemas exigem uma série de soluções. Este leque é limitado quando a experiência é limitada. Um problema pode ser técnico, social, ambiental ou os três em simultâneo. As soluções para um problema podem incluir vários domínios de aplicação. Podem existir várias soluções em cada domínio.

409. ***Soluções fortes*** : Os problemas são multifacetados. Normalmente, há quatro ou cinco razões para que algo falhe. A sua solução terá de lidar com todas as causas de forma sólida. Determine primeiro a causalidade e depois aplique soluções potentes numa sequência com vários cenários de cobertura. Uma solução potente atenua uma vulnerabilidade de modo a que esta não possa ser explorada. Um sistema de transmissão fraco num automóvel pode ser mais vulnerável a avarias quando o automóvel está a ser conduzido numa estrada irregular. Talvez o carro não circule frequentemente numa estrada irregular, mas essa única ocorrência,

quando necessária, resultou numa avaria. Uma solução robusta atenuaria esta alteração no ambiente de funcionamento.

410. ***Acabe com os rumores*** : Comunique que adoptou uma abordagem multifacetada para lidar com um rumor. Esta comunicação sugere à pessoa que está a ouvir que o problema está a ser tratado de todos os ângulos. Contactar a pessoa que pode bloquear os rumores e garantir que ela está envolvida. Comunicar aos outros que o problema está a ser resolvido para evitar mais confusão. Se se permitir que os boatos se espalhem, o problema tornar-se-á ainda mais difícil. Tornou-se mais extenso e mais complicado. As políticas de comunicação aberta ajudarão a apanhar o boato mais cedo. "Chefe, ouvi dizer que não haveria um bónus pelo trabalho que fizemos no ano passado, apesar de termos ultrapassado o orçamento. Isso é verdade?" Os rumores podem espalhar-se muito rapidamente. É uma ideia inteligente ser proactivo nesta frente.

411. ***Forte apoio*** : Certifique-se de que os líderes que trabalham para si sabem que tem confiança neles para resolverem os problemas com rigor. Com essa confiança, eles serão desafiados e incentivados a concluir a tarefa sem deixar nada inacabado ou ao acaso. Servir os seus líderes significa ouvir os seus desafios para ver se pode ajudar a ultrapassá-los. Manter tudo em movimento é essencial. Uma vez ultrapassado o obstáculo, a iniciativa retoma o seu curso a um ritmo adequado. Caso contrário, o apoio deve continuar até que o ritmo seja adequado.

412. ***Comunicação estruturada:*** A comunicação deve ser orientada e estruturada de forma a incluir vias de escalonamento, um momento ótimo e um âmbito específico. O ritmo do escalonamento deve ser adequado. Se for demasiado rápido, a

perceção é de que não tem paciência ou compreensão. Não tem interesse em ouvir a razão; a resistência aumentará e será mais difícil atingir os seus objectivos. O âmbito da audiência e a descrição do tópico devem ser optimizados para que toda a energia se concentre na área certa. seja concentrada na área correta.

413. ***Envolvimento no roteiro:*** Um roteiro executável baseia-se em dados de desempenho e é rapidamente realizado em coordenação com líderes eficazes e empenhados. O roteiro é um documento que é constantemente revisto e atualizado. Representa um consenso por parte das partes interessadas sobre o aspeto que o processo terá à medida que evolui. Os dados históricos influenciam a conceção; no entanto, os dados devem ser relevantes. Pode ser utilizado um conjunto de dados de X meses para suavizar a linha de tendência. O número de meses (X) representa um âmbito de tempo limitado por uma fronteira no passado, em que os dados desse ponto para trás já não representam o estado atual do processo. O conjunto de dados deve representar as vulnerabilidades e deficiências do processo, considerando as expectativas actuais e do futuro próximo. expectativas actuais e futuras. Quando os dados relevantes são aproveitados, apenas as alterações influentes são operacionalizadas, limitando o âmbito do trabalho.limitando o âmbito do trabalho.

414. ***Rede de instalações:*** Os líderes operacionais apoiam a rede de instalações de produção através de uma mentalidade de cadeia de fornecimento que reduz os custos de transporte, permite a execução de de alto volume e atenua as restrições de capacidade. A colaboração entre locais resulta em recursos partilhados que atenuam as restrições de capacidade. A capacidade é eliminada quando está em excesso e partilhada quando é necessária. As competências são transferíveis, eliminando as curvas de

aprendizagem. A rede de instalações com capacidades semelhantes consome os picos de volume. Os custos de transporte são minimizados à medida que a utilização de talentos é mantida a um nível elevado.

415. ***Risco de entropia:*** O líder proactivo deve envolver-se pessoalmente em tarefas críticas que, de outra forma, comprometeriam o potencial de desempenho futuro potencial de desempenho futuro, mitigando o risco de entropia organizacional. As organizações tendem a desviar-se se a sua posição não for monitorizada. Métricas críticas são normalmente implementadas para ajudar as organizações a saberem onde estão. Estas métricas podem ajudar a compreender as mudanças incrementais que mantêm a organização numa posição competitiva. competitiva. O potencial de desempenho deve ser alcançado a um ritmo adequado. O líder proactivo saberá onde está, para onde vai e com que rapidez chegará. Serão feitos ajustamentos se as expectativas não estiverem a ser cumpridas.

416. ***Ponto central:*** Os trabalhadores locais vêem o seu líder como o ponto central da comunicação interna e externa. A janela dos trabalhadores locais para o que está a acontecer no ambiente empresarial externo ao local é gerida pelo líder do local. É essencial informar os trabalhadores locais sobre o seu sucesso na satisfação da procura, as tendências em termos de produtos e serviços e os desafios futuros, pois é importante comunicar para que os trabalhadores locais possam participar nas estratégias para se manterem competitivos e relevantes. e relevantes. As funções dentro da instalação precisam de colaborar. O líder local deve incentivar e facilitar a transferência de informações entre funções, se necessário.

417. ***Redução da complexidade:*** A melhoria contínua é reforçada por conceitos de redução da complexidade, como a redução da redundância, a utilização de ferramentas e a resolução de deficiências do sistema. A redução da complexidade reduzirá o esforço necessário para produzir um produto. As redundâncias devem ser compreendidas com a convergência para a melhor solução. As redundâncias podem revelar sinergias que podem ser exploradas por várias partes. A redução da complexidade também minimiza o esforço de formação e a curva de aprendizagem. e a curva de aprendizagem.

418. ***Prioridade de convergência:*** A convergência reduzirá o consumo de recursos e os custos de suporte. A ferramenta mais capaz deve estar disponível para todos os que dela necessitem. A utilização de uma ferramenta deficiente aumenta o tempo de espera das encomendas e aumenta o consumo de recursos. As deficiências do sistema colocam desafios adicionais aos utilizadores. Podem ser adoptadas soluções alternativas, resultando em deficiências de dados e na necessidade de reconciliar várias fontes de verdade.

419. ***Melhoria robusta:*** Os dados de desempenho informam as decisões estratégicas e em tempo real que conduzem a melhorias robustas do processo. Os dados devem utilizar variáveis que são factores de desempenho. Os dados devem também representar a situação atual e ser tão próximos do tempo real quanto possível. Se forem imparciais, as inferências destes dados conduzirão a decisões estratégicas que resultarão em melhorias robustas. As melhorias robustas são alterações a um fluxo de trabalho que garantem que as expectativas do cliente são satisfeitas de forma consistente. Estas melhorias devem ser mensuráveis e cumprir objectivos.

420. ***Reforço imediato:*** Uma consciência imediata de comportamentos construtivos permite que um líder de mudança reforce atributos positivos à medida que eles ocorrem. Dentro de um grupo, um subgrupo terá comportamentos construtivos. Este grupo pode ser alargado com encorajamento; no entanto, alguns participantes não mudarão. A consciência da composição do grupo permite que o líder crie uma estratégia para encorajar e aumentar o comportamento construtivo. Quando esse comportamento é exibido, ele deve ser incentivado e usado como exemplo para reforçar os atributos exibidos.

421. ***Unidade Diversidade:*** A unidade, vista como consenso, consistência e continuidade, é parcialmente alcançada através da diversidade de talentos, ferramentas e processos. O consenso é uma amálgama da diversidade de talentos que utiliza ferramentas e métodos padrão para alcançar um resultado semelhante. A força e a adequação do talento permitem um processo com resultados consistentes. O processo é sustentado porque é robusto e construído com um objetivo. A robustez do processo ajuda a assegurar a sua continuidade, de modo a que esteja disponível quando houver procura. Na diversidade de capacidades existe uma força concentrada.

422. ***Âmbito de aplicação:*** A focalização no âmbito é comprometida por uma gama excessiva de actividades e desunião colaborativa. Um âmbito tem uma área de cobertura óptima. Se a área for demasiado comprimida, os resultados não serão tão significativos. Se o âmbito for demasiado grande, a liderança existente estará demasiado fragmentada para atingir os objectivos. A fragmentação é parcialmente motivada pela falta de empenhamento

por parte de pessoas não incluídas na tomada de decisões estratégicas. O nível de colaboração será mínimo neste cenário, devido às fragilidades das relações e à falta de confiança.

423. ***Empresa colaborativa:*** Uma relação de colaboração com uma unidade de negócio encoraja um interesse próprio orientado e equilibrado, positivamente relacionado com a realização do crescimento. O potencial de crescimento está associado a capacidades semelhantes entre grupos que podem ser partilhadas. Algumas capacidades comuns a várias unidades são desperdiçadas durante as curvas de aprendizagem curvas de aprendizagem e custos de transporte de talentos subutilizados. Aplicar energia a recursos maduros e afectados e alocados, impulsionados por interesses próprios, pode otimizar a utilização de recursos e estabelecer a colaboração entre as partes interessadas.

424. ***Realização pessoal:*** Alcançar o que deseja para si próprio. Se o seu empregador o deixar cair, deve estar preparado para dar o passo seguinte em termos de emprego. Trabalhe pelo que quer, não pelo que os outros querem de si. A autoconsciência é fundamental para tomar decisões independentes que o levem a atingir os seus objectivos. Suponha que a sua viagem exige algo de si que é um desafio e tem uma probabilidade de falhar. Nesse caso, uma abordagem proactiva para obter assistência ajudá-lo-á a passar para acções em que é melhor.

425. ***As regras da natureza:*** A realidade é regida e limitada pelas leis da natureza. Estas não mudam e são absolutas. Devem ser compreendidas porque indicam tanto a causa como o efeito. Para obter resultados positivos, precisamos de compreender as regras que regem a realidade. Por exemplo, os seres humanos lutam para ter um

desempenho consistente sempre que têm a oportunidade de fazer algo. O desempenho consistente é a razão pela qual fizemos investimentos significativos no controlo de qualidade. controlo de qualidade. Quando sincronizamos as nossas acções com as leis da natureza, podemos obter uma recompensa. Os constrangimentos são compreendidos e podemos conceber soluções que são melhores do que as anteriores. Temos de descobrir como ser bem sucedidos, uma vez que a natureza influencia grandemente o nosso potencial de recompensa. O ciclo de melhoria inclui a descoberta, a compreensão, a melhoria, a recompensa e a repetição.

426. ***Uma adaptação bem sucedida:*** Compreender os seus valores e capacidades e, em seguida, adaptar-se a um ambiente de trabalho que corresponda aos seus interesses. Os comportamentos defensivos, emocionais e orientados para o ego são bloqueadores da aprendizagem aprendizagem e realização. Quando exibidos, sugerem que não está num ambiente em que se encaixa. A sua adequação influencia as suas decisões, a sua recompensa e a sua qualidade de vida. de vida.

Verdade + Ideias + Vontade + Envolvimento = Sucesso

O trabalho que faz deve ser significativo para si; no entanto, o seu sucesso é influenciado pelas suas relações. As suas relações têm de ser significativas para que tenha uma boa adaptação.

427. ***Realização Extraordinária:*** Gerir é saber o que você e os outros que o acompanham conseguem fazer; no entanto, o que alguém consegue fazer é mais do que pensa. Proporcione as circunstâncias certas para que você e aqueles que trabalham consigo possam ser extraordinários, com frequência e consistência. Alavancar o potencial não utilizado e a energia emocional não aproveitada que o pode impulsionar para realizações anteriormente não imaginadas.

428. ***Aceite os desafios:*** Encoraje as outras pessoas a desafiá-lo. Um desafio não o deve deixar frustrado ou perturbado. Deve ser bem-vindo para que possa descobrir rapidamente problemas e oportunidades. Com esta informação, pode então utilizar uma abordagem sistémica para os resolver. Na ausência de um desafio, está sozinho, o que implica mais riscos.

429. ***Qualidade da decisão:*** Transformar maus decisores em bons decisores. Tenha em mente que os bons decisores podem tomar más decisões. A diferença é que os bons decisores se preocupam com as suas decisões e querem fazer a melhor escolha. Aproveite esta força e as suas paixões para tomar o maior número possível de boas decisões com aqueles que têm autoridade para o fazer.

430. ***Problemas difíceis:*** Não resolver problemas complicados torna-o mais infeliz. O "caminho feliz" é mais árduo, e a maioria das pessoas evita-o. Deixar um problema complexo a apodrecer encoraja o contágio. O desafio foi identificado e está a tornar-se mais significativo diariamente (considere o buraco). Desenvolver e implementar uma solução porque um problema identificado sem solução é tão mau como um problema com uma solução eficaz que não foi implementada.

431. ***Criação de utilitário:*** Criar utilitário a partir dos recursos que lhe foram atribuídos. A utilidade é a capacidade de tirar partido de algo para criar eficácia organizacional. Um grupo de pessoas inteligentes a trabalhar com uma óptima tecnologia e uma organização racionalizada cria uma eficácia organizacional óptima. A saúde da organização é melhorada se a utilidade por unidade de recurso for continuamente aumentada.

432. ***Alavancar a realização:*** Uma reclamação é gerada quando um cliente interno ou externo tem uma experiência que não corresponde às suas expectativas, incluindo as que provêm de produtos ou serviços. Por vezes, as reclamações são explosões de frustração que não têm significado ou contexto. Caso contrário, as reclamações podem ser analisadas e registadas para atenção. Todas as queixas devem ser respondidas. As queixas devem conduzir a uma melhoria, de modo a gerar valor é gerado a partir da crítica ou da queixa.

433. ***Ouvir com atenção:*** Identificar e ouvir pessoas credíveis. Estas são pessoas que são repetidamente bem sucedidas. A maior parte do que elas tentam realizar acontece sem sacrifícios indevidos. Mais importante ainda, elas sabem porque é que tiveram sucesso. Podem explicar a razão do seu sucesso, e vale a pena ouvi-las porque os princípios podem ser transferíveis para si.

434. ***Realização difícil:*** Os líderes tendem a evitar desafios complexos, mesmo que estes possam produzir um sucesso significativo. Eles são a coisa certa a fazer na altura certa, mas "atiram-nos para o fundo da rua" para que outra pessoa os resolva mais tarde. Os líderes fracos não sabem como ultrapassar os obstáculos ao sucesso, pelo que deixam a oportunidade passar. Faça da resolução de desafios complexos uma rotina. Ao concentrar-se e supera os principais obstáculos ao sucesso, gere o risco de fracasso. Não se deixe distrair do seu objetivo. Uma gestão de risco bem-sucedida levará à realização do que antes era considerado impossível.

435. ***Uma equipa forte:*** As metas e os objectivos serão constantemente renovados. As pessoas da sua equipa devem ser

capazes de atingir os objectivos sem grande alarido. Devem saber a que distância estão do próximo marco e ajustar o ritmo para completar os seus objectivos a tempo. Gerir e conceber uma equipa que cumpra facilmente os objectivos, assegurando a disponibilidade de vários talentos profundos. Esta equipa deve também ter os atributos certos para o envolvimento para produzir resultados.

436. ***Recompensar os que conseguem:*** Se der aos elementos de um grupo várias tarefas a realizar, alguns acabarão por concluir as tarefas a tempo. Faça uma lista das pessoas que se atrasam e dê-lhes um trabalho menor ou menos crítico. Se elas perguntarem por que razão reduziu a sua carga de trabalho, diga-lhes que não pode contar com elas. Envolva-se mais com as pessoas em quem tem confiança. As pessoas que completam o trabalho devem ficar com a parte mais significativa, porque são elas que o vão fazer. Passe mais tempo com estas pessoas para compreender a sua eficiência, gestão de capacidades e métodos. Estas práticas eficazes podem ser partilhadas com as pessoas mais lentas, permitindo-lhes recuperar a sua confiança.

437. ***Acompanhamento:*** Muitas iniciativas não são concluídas. Os benefícios que poderiam produzir não se concretizam. Por vezes, as iniciativas nem sequer são iniciadas. Por vezes, estão quase concluídas, mas depois são interrompidas. Para evitar esta situação, faça o acompanhamento, seja transparente, ultrapasse os obstáculos e não parta do princípio de que as respostas às suas perguntas estão corretas. Não faz mal confiar mas verificar, porque a pessoa que oferece a informação tem preconceitos e interesses próprios que a influenciam e motivam.

438. ***Erros inaceitáveis:*** Alguns erros são facilmente detectados ou corrigidos. Estes são aparentemente "sem cérebro" e devem ser evitados. Não se deve permitir que aconteçam erros inaceitáveis. Podem ser tomadas algumas precauções óbvias para os evitar. Os desafios da vida já são suficientemente difíceis para não ter de suportar o fardo adicional de lidar com erros que quebram a confiança, exigem recuperação ou prejudicam a marca.

439. ***Avaliar a aprendizagem:*** Algumas pessoas são naturalmente desagradáveis, não ouvem ou não conseguem compreender novas ideias. Avalie as capacidades da pessoa a ser formada antes de tentar a tarefa. O rendimento dos seus esforços dependerá da capacidade do formando para absorver e aplicar o que aprende. Se a capacidade de aprendizagem for elevada, então o esforço de formação será pequeno e valerá a pena. de formação será pequeno e valerá a pena o esforço. Caso contrário, se a sua capacidade de aprendizagem Se a capacidade de aprendizagem for pequena, o formando necessitará de um esforço significativo para compreender os princípios básicos.

440. ***Postura de verdade:*** Descobrir e compreender a verdade é um desafio; no entanto, uma vez que se sabe a verdade, a próxima coisa a fazer é agir de acordo com ela. O valor não é criado quando se aprende. Só é criado quando o conhecimento adquirido é aplicado a uma necessidade não satisfeita. Uma postura empática ajudá-lo-á a ver a necessidade. As capacidades ajudá-lo-ão a agir com base neste conhecimento para benefício de todas as partes interessadas.

441. ***Em busca da verdade:*** A verdade deve ser rigorosamente perseguida. O que é que realmente aconteceu? Se

não estiver confiante na informação, continue a procurar a verdade até estar convencido de que se pode confiar nela. A verdade deve estar disponível à medida que navega pelos desafios, porque tem de interagir com a realidade. A verdade descreverá a realidade. Aprenda-a, lide com ela e obtenha-a das pessoas que a têm.

442. ***Crescimento saudável:*** O crescimento pode não ser saudável se for demasiado rápido. Uma organização pode sobreaquecer quando o crescimento é tão rápido que os processos não conseguem amadurecer e os participantes não têm tempo suficiente para aprender novas competências necessárias para o volume mais elevado. A velocidade máxima a que uma organização pode crescer deve ser conhecida e não deve ser excedida; no entanto, pode ser aumentada. O crescimento deve ser rápido sem sobreaquecer a infraestrutura da organização ou o sistema social da organização.

443. ***Compreender a verdade:*** As interações com os outros tornam-se mais significativas se o aproximarem da verdade. "Nunca tinha pensado nisso dessa perspetiva. Agora compreendo-o melhor". Uma curiosidade aguçada irá gerar inquéritos que produzirão conhecimentos que antes eram desconhecidos. Uma compreensão mais completa criará uma imagem mais completa do tema. As razões dos acontecimentos, quando compreendidas, podem levar a uma maior capacidade de prever acontecimentos futuros semelhantes semelhantes, porque a verdade sobre a situação não se alterou. O que mudou através de interações significativas foi uma melhor compreensão da verdade.

444. ***Atribuição de tarefas:*** Um chefe não deve ter de atribuir tarefas a um chefe. O destinatário do objetivo deve ser capaz

de determinar a sequência apropriada de de passos para atingir o objetivo atempadamente. A realização dos objectivos deve ser atribuída e incluir marcos, restrições e resultados. Pode ser necessário dar formação para ajudar o destinatário a compreender os métodos que podem ser utilizados para realizar a sequência de tarefas para atingir o objetivo. A otimização da sequência de tarefas é uma competência que pode ser transferida para todas as tarefas. Deve ser aproveitada a oportunidade em que as tarefas podem ser realizadas em paralelo sem custos. Quaisquer implicações de custos associadas à aceleração de tarefas devem ser determinadas tendo em conta o retorno do investimento.

445. ***Diferenças de capacidades:*** Cada um de nós tem um conjunto distinto de capacidades. Porque é que há relutância em discutir objetivamente as nossas diferenças de capacidades? Será que temos vergonha de não termos aquilo de que os outros se orgulham? Será que não queremos discutir as nossas fraquezas? A incapacidade de discutir estas diferenças impede-nos de obter bons conselhos. Também nos impedirá de ocupar os papéis que nos convêm. A precisão do casting é fundamental para o sucesso e a realização no nosso trabalho. Tendo em conta as consequências, vale a pena discutir livremente os nossos pontos fortes e fracos.

446. ***Líderes capazes:*** As qualidades de uma pessoa que será bem sucedida podem incluir a capacidade de aprender de forma iterativa, analisar pormenores, raciocinar de forma holística, descobrir padrões nos dados e compreender a paisagem a partir de qualquer altitude. No entanto, a capacidade de conhecer e compreender é distinta da capacidade de atuar. A ação requer coragem, comunicação, compaixãoe a capacidade de se concentrar nas coisas certas. Um fazedor deve inspirar, encorajar e treinar. Ele

deve ser capaz de criar movimento e impulso. Nalguns casos, o ritmo deve ser acelerado e o impulso deve ser protegido de ameaças. A antecipação de desafios e a formulação de estratégias são fundamentais para um progresso sustentado. Incentive estes comportamentos para alcançar os resultados desejados atempadamente.

447. ***Cultura da unidade:*** Uma cultura de "Unicidade" produz muitas vantagens. Existe um programa de formação. Uma fila de trabalho. Um conjunto de indicadores-chave de desempenho pelo qual todos são avaliados. Uma equipa de liderança globalmente em todos os fusos horários e em todos os locais. Um caminho de escalonamento para todos os pedidos urgentes ou itens que devem ser transportados de qualquer lugar para qualquer lugar. A equipa de liderança é constituída por diferentes indivíduos com diferentes capacidades que são aproveitadas globalmente. Se um líder for particularmente bom em formação, é-lhe atribuído um esforço de formação global. Não importa a hora, onde as pessoas estão de serviço ou quem faz a encomenda; aplica-se o acordo de nível de serviço e a equipa é avaliada em termos de cumprimento do SLA. A cultura singular evolui em conjunto de um nível de desempenho/maturidade para o seguinte.

448. ***Capability Stretching:*** A organização pode crescer para além das suas capacidades, mas não durante muito tempo. A fadiga começará a reduzir a energia disponível necessária para servir os mercados de forma excelente. As evidências deste facto começarão a aparecer, resultando numa penalização dos mercados servidos. As receitas serão transferidas para outro local e será muito difícil recuperá-las. A experiência do cliente será reduzida. Os clientes

procurarão ver se conseguem melhores condições noutro local. Podem ou não dizer-lhe que o deixaram para trás.

449. ***Loops de feedback:*** Um processo é composto por várias funções ou etapas, desde a encomenda ao processamento e à recolha de dinheiro. Cada função transmitirá uma saída para a função a jusante até que a fatura seja enviada. O rendimento correto à primeira vez dos resultados de cada função pode não ser de 100%; mesmo que o rendimento seja de 100%, podem existir quase-acidentes e vulnerabilidades. As grandes organizações compreendem isto e gerem bem os seus ciclos de feedback. Querem saber quais são as vulnerabilidades que as afastam de qualquer expetativa que não tenha sido atingida a tempo, para poderem melhorar a sua fiabilidade.

450. ***Transparência de confiança :*** Quando as pessoas são transparentes, elas podem saber. Consequentemente, a transparência conduzirá à verdade. Se a transparência for um valor aplicadohaverá confiança porque a verdade será continuamente descoberta. Há um valor associado à capacidade de ser transparente, independentemente das consequências da informação. Uma informação incompleta ou inexacta conduzirá a uma má tomada de decisões. A confiança é criada com a transparência porque algumas consequências de más decisões são potencialmente evitadas.

451. ***Apresentações de resistência:*** Peça às pessoas que não estão empenhadas ou dispostas a cumprir as suas obrigações que apresentem um tópico que elas precisam de subscrever, mesmo que não o tenham feito. Quando estiverem perante as partes interessadasa sua resistência pode diminuir. Seria necessária uma ousadia excecional para resistir a algo que faz sentido perante

aqueles que abraçaram a iniciativa. O risco está associado a esta "jogada", uma vez que o tiro pode sair pela culatra e as pessoas alinhadas podem ficar do lado dos resistentes. Escolha bem a oportunidade porque o objetivo é reduzir a resistência, não encorajá-la.

452. ***Actividades de colaboração:*** As actividades são eventos eventos. Quando uma parte culpa a outra por não ter cumprido a sua parte, o resultado não se realiza devido às discussões em curso. A energia é mais bem gasta a aprender como ser colaborativo. Não importa quem é responsável por um problema. O que importa é que tenha acontecido e que a vulnerabilidade de um problema tenha sido mitigada. É míope pensar que um departamento pode funcionar de forma isolada. Por vezes, farão parte da cadeia de abastecimento e influenciarão consideravelmente a rentabilidade durante esse período. A organização é mais potente quando trabalha em conjunto.

453. ***Processo de escalonamento:*** Ter um processo normal e um processo de escalonamento. As excepções terão de ser tratadas de forma diferente. As excepções vão acontecer. Não devem ser a norma. Se forem, existe um problema geral de liderança porque o caos está no comando. O processo de escalonamento é fundamental para o tratamento das excepções. A informação correta, num formato adequado, deve chegar à pessoa certa, no momento certo, para que as excepções sejam tratadas sem sofrimento ou contágio a outras partes da cadeia de abastecimento. Certifique-se de que os utilizadores conhecem o processo de escalonamento e os prazos associados.

454. ***Alavancar a realização:*** Construir algo e depois potenciá-lo. Iniciar um programa para fazer algo com base numa perspetiva relevante e significativa e depois fazê-lo em todos os locais possíveis para multiplicar o impacto da ideia. As tarefas de gestão serão semelhantes, independentemente do local onde foi implementado. As competências e a dinâmica podem ser partilhadas para garantir a velocidade. "Eles estão a fazê-lo, por isso também o pode fazer." Soluções semelhantes atenuam obstáculos semelhantes. "Quando nós/eles tivemos esse problema, nós/eles simplesmente..." Aproveite as suas experiências e o que elas lhe ensinaram.

455. ***Opiniões ruidosas:*** A pior combinação numa pessoa é quando alguém não é credível e é simultaneamente opinativo. Essa pessoa é um desperdício. Mesmo que tenha uma opinião, não vale a pena ouvi-la. Essas opiniões são apenas ruído que deve tornar-se mais alto e mais dramático para tornar a sua opinião mais credível. O barulho, os palavrões e o drama não produzem credibilidade. Eles diminuem-na. Não se deixem enganar.

456. ***Multiplicador de grupo:*** As perdas de eficiência da dinâmica de grupo sugerem que os participantes de um grupo equivalem a um fator inferior a uma vez o número de pessoas no grupo (ex. 0,8 x Contagem do Grupo). Alguns atributos da dinâmica de grupo podem melhorar a eficácia do grupo, aumentando assim a contagem efectiva de participantes. Por exemplo, a colaboração efectiva de algumas pessoas num grupo produz o equivalente de eficácia de mais de um equivalente a tempo inteiro (ex. 1,2 x Contagem do Grupo). Estes atributos sociais podem ser descritos como super-aditivos porque ajudam o grupo a recuperar da sua ineficácia de base inerente.

457. ***Compreender a verdade:*** Questiona até estares confiante de que encontraste a verdade. É melhor questionar do que responder. Perguntas bem formuladas produzirão respostas mais valiosas. Não aceite nada pelo seu valor nominal. Compreenda-o primeiro. Há um significado mais profundo que não deve ser ignorado. Porque é que responderam à pergunta dessa forma? Procure clarificar e não permita que a ambiguidade permaneça, mas obtenha apenas a clareza necessária para decidir ou tomar medidas.

Ser ágil

Um líder ágil consegue lidar com sucesso com uma variedade de desafios. Liderança ágil não é uma abordagem estreita da liderança. Em vez disso, onde o valor pode ser criado para a organização usando restrições éticas, o líder ágil pode adaptar-se e enfrentar o desafio (McPherson, 2016). Uma certa confiança nas capacidades e nas capacidades das pessoas que rodeiam o líder deve estar presente para que o líder seja capaz de para uma melhor oportunidade ou recuperar de uma oportunidade falhada (Snyder, 2013). Esta capacidade baseia-se em ouvir ativamente, sintetizar a informação e depois agir para garantir o sucesso (Groves & Feyerherm, 2022).

Figura 19. Um líder ágil pode imediatamente mudar de direção e criar valor na nova orientação.

As seguintes tácticas de serendipidade na engenharia, sem qualquer ordem específica, podem ajudar a ser ágil:

458. ***Planeamento ágil*** : Um plano deve ser ágil. Os planos devem ser sensíveis ao ambiente em que se está a trabalhar. Significa também que está a ter em conta a descoberta. Normalmente, é impossível saber tudo sobre uma situação. Por conseguinte, a maior parte dos planos não são totalmente exactos. O plano não é tão importante como a capacidade de planear. O planeamento é um processo iterativo contínuo. À medida que as descobertas vão sendo feitas e que se vai percebendo o que se passa, é preciso olhar para o plano e ver se precisa de ser ajustado. Se for o caso, faça a alteração para que esteja sempre no caminho certo, apesar das descobertas que estão a ser feitas. Ter um bom plano não é tão importante como ter constantemente um plano viável.

459. ***Mentalidade Transitória*** : Ter a mentalidade de que as coisas vão mudar. Com esta mentalidade, espera que a mudança aconteça e concentra-se e concentra-se mais em navegar com sucesso na mudança do que em queixar-se das mudanças no ambiente. Se aceitar a mudança contínua, estará sempre pronto para aproveitar a oportunidade que a mudança lhe oferece. Aproveitar as oportunidades emergentes significa que se aprende mais cedo o que funciona e o que não funciona. As coisas que estão estabelecidas desaparecerão. Todas as oportunidades têm um ciclo de vida. Estava preparado para ela e aproveitou-a tanto quanto desejava enquanto existia? Está preparado para passar para a próxima oportunidade? Está constantemente atento a ela?

460. ***Pivotar perfeitamente*** : Saber quando mudar de direção. Determinar rapidamente qual será a nova direção. Tomar a decisão. Medir o progresso após o pivot para validar a escolha. Continuar a validar a escolha à medida que se vai alterando. Deve sentir-se bem enquanto navega pelas mudanças. "Parece que estamos a fazer a coisa certa. Vamos continuar". Faça pequenos ajustes rapidamente para não descarrilar o processo de mudança. Esteja pronto para fazer outro pivô se for necessário. Atingir o próximo objetivo lucrativo é a chave.

461. ***Strategic Enactment*** : Dar vida às estratégias com planos tácticos ágeis. As estratégias não criam valor a menos que a execução associada de tarefas produtoras de valor. Algumas tarefas criam valor negativo. Um exemplo seriam os relatórios que demoram tempo mas não criam valor se não forem aproveitados. As tarefas que são realizadas devem estar de acordo com o plano estratégico e às exigências do ambiente em que a empresa opera. As acções que

não se enquadram na estratégia são apenas distracções que difundem a energia disponível e não criam valor. Os planos tácticos devem alavancar a energia alinhada para que os objectivos sejam alcançados com o menor esforço possível possível, porque está tudo concentrado numa só direção.

462. ***Risco inteligente*** : O medo do fracasso deve ser minimizado, mas não eliminado. A assunção de riscos deve ser abordada com cautela e inteligência. As melhores decisões podem ser tomadas com uma boa compreensão do cenário de risco. As decisões insensatas não têm em conta as ameaças que devem ser tidas em consideração. Um medo saudável da perda pode refrear as más escolhas. As abordagens de jogo e de tentativa e erro podem ser dispendiosas e desnecessárias. Quando a probabilidade e a gravidade das ameaças são compreendidas, as escolhas insensatas podem ser eliminadas. As estratégias de redução do risco podem criar decisões que incluam contingências e oportunidades de aprendizagem óptimas oportunidades óptimas de aprendizagem, de modo a que as decisões tomadas gerem valor para os participantes. Como resultado, as escolhas subsequentes serão melhores.

463. ***Aprendizagem iterativa*** : A capacidade de evoluir e fazer avançar um processo através da iteração requer aprendizagemA aprendizagem, a criação de sentido e a criação de conhecimento. A aprendizagem requer uma escuta ativa, o que, por sua vez, gera confiança. Uma pessoa confiará mais em si se a ouvir de forma a compreendê-la. A pessoa está mais inclinada a dar mais energia ao seu trabalho ao seu trabalho se forem ouvidas. "Queres tudo o que te posso dar no trabalho?" Perguntas específicas podem ajudar na descoberta. "Como se sente em relação a...?" Esta pergunta pode ajudar a determinar o próximo passo a dar com base

no que descobrir ao fazer as perguntas certas. O conhecimento adquirido será valioso para o feedback, a criatividade e a adesão.

464. ***Recuperação mal compreendida*** : Acabará por enganar alguém, porque cada pessoa é diferente e tem expectativas diferentes a seu respeito. As pessoas que gostam do que faz dirão: "Sim, esse é um bom líder". Saiba que haverá outras pessoas que não o compreendem ou não gostam do que faz. Elas não ficarão encantadas consigo. Se possível, descubra porquê, porque pode ser capaz de colmatar a lacuna de perceção, estendendo a mão com cortesia ou ajustando-se às sensibilidades. A recuperação é feita através de elogios e apreciação sem parecer uma manipulação, especialmente se os pressionar muito. Também pode haver mal-entendidos que levaram aos problemas da relação. Descubra-os rapidamente e comece a lidar com eles. Diga-lhes que isso voltará a acontecer. A pessoa deve esperar que isso aconteça, mas confie que a sua intenção é honrosa.

465. ***Level Redux*** : Quando um líder desce temporariamente de nível para preencher uma lacuna, é preciso garantir que ele não piore as coisas. Pode não saber o que se passa no nível abaixo dele ou fazer suposições incorrectas sobre o processo. É provável que não consigam concluir as tarefas com a mesma rapidez que os que lá trabalham. Não sabem o que estão a fazer ou como funciona o ambiente, pelo que os prazos podem ser comprometidos. Uma pessoa que tenha sido recentemente promovida de um nível inferior e tenha tido um desempenho excelente pode regressar temporariamente. Ainda assim, a situação pode ter mudado com novas ferramentas ou procedimentos que estão a ser utilizados. Pense também em quem o irá substituir durante a sua ausência. Não

tente resolver problemas num nível inferior para que estes se formem no nível que foi abandonado.

466. ***Shell Game*** : Se continuar a pedir pessoas emprestadas a um determinado departamento ou equipa, a dada altura, o departamento que as empresta irá desmoronar-se, pelo que terão de recuperar a sua pessoa ou aceitar a capacidade de outra pessoa. Mesmo que a equipa que cede aceite alguém de outro lado, essa pessoa não será tão boa como a que cedeu. Alguns líderes cedem uma pessoa que não tem um bom desempenho, tornando a recuperação ainda mais difícil. Transferir alguém para ajudar a resolver um problema, criando um problema adicional, não é saudável para a organização. Quando alguém é transferido, a situação em que está a trabalhar e de onde veio muda para sempre. A contratação de alguém para o cargo implicará um tempo de espera devido à curva de aprendizagem e a pessoa pode não se adaptar socialmente à equipa durante algum tempo. Se a pessoa não se adaptar, pode sair depois de ter passado pela formação, consumindo recursos desnecessariamente. O jogo da carapaça vai apanhá-lo porque cria vulnerabilidades que antes não existiam. As intenções eram boas, mas o resultado pode ser pior do que o previsto.

467. ***Incerteza Momentum*** : A incerteza está constantemente a pairar. Ela oscila e flui com base em vários factores. Um exemplo seria quando surge o rumor: "A empresa está à venda". Os líderes devem estar atentos à incerteza, uma vez que esta pode ganhar força e tornar-se uma força significativa. "Os novos proprietários vão ... Devemos ir embora agora". O caos provocado pela incerteza pode sobrecarregar um gestor que não esteja a prestar atenção ao seu ambiente. A comunicação deve ser clara, atempada e relevante para a audiência. Uma mudança pode beneficiar os

empregados em vez de os prejudicar, caso em que a incerteza não é saudável. Haverá sempre um certo nível de incerteza. Se atingir um limiar, os empregados não terão a concentração necessária no seu trabalho, resultando numa redução da produtividade e qualidade.

468. ***Delegation Deluge*** : Delegue uma quantidade significativa de trabalho aos seus subordinados diretos antes de ir de férias. Se o fizer, o seu volume de acções em atraso deverá ser significativamente reduzido quando regressar. Várias actividades e reuniões deverão ter decorrido eficazmente sem a sua presença. Obtenha uma atualização rápida sobre como correu e leia as notas deles quando regressar. Nada deve parar durante a sua ausência. Dê aos seus subordinados diretos trabalho significativo para realizarem enquanto está fora. Quando regressar, não deve sentir que esteve ausente ou que terá de recuperar o atraso ou pôr algo em marcha. Deve retomar as suas obrigações e continuar a trabalhar sem perder o ritmo.

469. ***Radicalmente Rápido*** : Fazer as coisas de forma extremamente rápida. A rapidez permite ultrapassar a burocracia. Não são necessárias reuniões periódicas grandes e complicadas que demorem muito tempo. Muitas coisas podem ser feitas rapidamente com apenas algumas pessoas. As pessoas devem ficar surpreendidas com a rapidez com que as coisas são feitas. "Já está feito". "Vou enviar-lhe os resultados." "Estamos a seguir as tendências após a recente implantação. Devo enviá-las para si?" As pessoas não podem meter o nariz na ação se for rápido. Quando elas perceberem o que aconteceu, já terá seguido em frente. Estará muito à frente deles se eles estiverem a trabalhar numa ação paralela. Eles podem recuperar o atraso se quiserem, adotar a sua solução em vez da deles, ou simplesmente ficar satisfeitos por estarem atrás.

470. ***Liderança de Altitude*** : Um líder deve decidir a que altitude vai trabalhar em função da situação. Se a altitude for elevada, as pessoas que ouvem o líder não sabem do que ele está a falar. Se for demasiado alta, os pormenores vitais são ignorados. Se a altitude for demasiado baixa, o panorama geral e a visão são ignorados. Por vezes, é bom afastar-se de um problema e ir para uma altitude mais elevada. Olhar para um único problema é diferente de olhar para todas as ocorrências desse problema ao longo do último ano. Recuar e ter uma visão mais alargada pode levar a uma solução diferente (ordem 2nd) do que abordar uma única instância de um problema (ordem 1st). É necessário trabalhar a ambos os níveis, de modo a que os pormenores de cada questão sejam conhecidos e a recolha dos problemas ao longo do tempo sirva de base às acções a empreender.

471. ***Novo #1*** : Ocasionalmente, o chefe dirá: "Esta é a sua nova prioridade 'Número 1'". Em público, ele dirá: "Isto é realmente importante, por isso terá de abandonar algumas das suas prioridades existentes e fazer desta a sua prioridade máxima." Por alguma razão, mantém a responsabilidade pelas prioridades abandonadas porque, em muitos casos, elas não podem ser abandonadas. Faça o máximo que puder em paralelo, porque se surgir uma questão sobre um dos itens que despriorizou, eles vão olhar para si para obter uma resposta. "Pensei que íamos fazer isto há três meses. Porque é que ainda não está feito?" É improvável que consiga deixar de lado algo que era uma prioridade, porque voltará a ser uma prioridade. A melhor coisa a fazer é terminá-las. Crie uma nova definição de "feito e chegue lá rapidamente. Quando recebe várias prioridades nº 1 no mesmo dia ou semana, pode ser bom discuti-las com o chefe. O melhor é não desiludir. Se as deixar acumular, não será fácil

satisfazer as expectativas a dada altura. Se uma prioridade for reatribuída a outra pessoa, torne-a oficial para que possa consultá-la quando alguém quiser uma atualização ou identificar uma lacuna nas expectativas.

472. ***Decisões Ausentes*** : Se as decisões sobre as suas responsabilidades forem tomadas sem o seu conhecimento, não há problema se seguirem a lógica acordada. "Com base em conversas internas (das quais não fez parte), achámos que isto seria algo que poderia fazer pela empresa." Se for o caso, poupou muito tempo de conversas que acabaram numa conclusão lógica que teria acontecido se tivesse sido incluído. Uma organização alinhada que segue um conjunto de valores previsíveis e uma estrutura lógica pode funcionar desta forma; no entanto, as responsabilidades podem ser continuamente acrescentadas à pessoa que faz as coisas e que assumirá mais responsabilidades. Tenha cuidado para que a adição não acabe por o consumir, arruinando a sua qualidade de vida. de vida.

473. ***Agilidade turva*** : A agilidade extrema pode tornar-se turva. Talvez não para si, do seu ponto de vista, mas para os outros. As suas ideias serão rejeitadas porque está demasiado à frente de todos os outros. Se confiarem em si, deixá-lo-ão fazer o que pensa ser correto, mesmo que não compreendam os benefícios. É aqui que um registo de realizações é útil. Por vezes, o passo seguinte é a única coisa que interessa a todos. Pode ser ágil com o próximo passo, e isso parece credível. Faça-o rapidamente para poder seguir em frente. Tenha em mente os dez passos seguintes ao longo de dois anos (escolha um período de tempo que seja adequado para si) para que o passo seguinte faça sentido no que respeita ao plano a longo prazo. Lembre-se de que o plano de dois anos mudará continuamente, o

que não faz mal se existir um plano. Certifique-se de que o plano não é tão obscuro que tropeça nos planos de outras pessoas que já estão a ser executados. Sugerir que algo acontece quando alguém já está a trabalhar nisso ou já o tem implementado revela uma colaboração deficiente e uma falta de transparência numa organização em silos.

474. ***Ambiente criativo*** : Crie um ambiente organizacional onde as "ideias fixes" eclodam regularmente e de forma autónoma, sem o seu envolvimento. Isto não significa que todos estejam a sonhar com disparates. Significa que as pessoas estão a reenquadrar os problemas e a simplificar para produzir soluções elegantes para o que parecia impossível. Uma abertura para considerar ideias invulgares mas relevantes pode resultar em avanços. Experimente-as num ambiente de baixo risco para ver se são promissoras. Retire-as do ambiente de teste o mais rapidamente possível e operacionalize-as para que os seus colaboradores criativos possam avançar para a próxima grande ideia. Devem ser dadas algumas orientações sobre como abordar a resolução criativa de problemas para que o rendimento das ideias produzidas seja elevado.

475. ***Priorização paralela*** : Não faz mal dar prioridade à sua lista de actividades, mas não deixe que algo seja continuamente empurrado para o fim da lista; a dada altura, isso será um problema por resolver que será prejudicial. Em vez disso, trabalhe em paralelo. Por exemplo, pode atribuir mão de obra ao item prioritário enquanto atribui outra mão de obra adequada ao item de menor prioridade para trabalhar nos itens despriorizados, mantendo-os em movimento. A afetação contínua de mão de obra também ajudará a manter a lista limpa, em vez de ser uma lista dispersa de tarefas de baixa prioridade. As tarefas de baixa prioridade podem também ser uma vitória fácil que pode ser aproveitada. Quando as terminar, elas

estarão fora do caminho e poderá usufruir dos benefícios que elas trazem com menos esforço. níveis.

476. ***Gestão das limitações*** : Estar preparado para lidar com os constrangimentos. Algumas restrições são saudáveis e devem ser respeitadas. Outros constrangimentos são apenas um obstáculo. A questão a resolver pode ser reformulada; por outras palavras, os constrangimentos podem ser eliminados se o problema for encarado de forma única. As restrições podem tornar-se limitações, ou podem ser eliminadas. Quando o problema é alterado, as variáveis envolvidas também podem mudar. O novo conjunto de variáveis pode tornar os constrangimentos diferentes e mais fáceis de gerir. Conheça a diferença entre as perspectivas para que o problema seja resolvido de forma diferente.

477. ***Instantaneamente eficaz*** : Estar preparado para compreender e reagir a qualquer situação. A sua experiência será o seu guia em muitos casos, porque a recolha de dados pode exigir tempo que não está disponível. Se não tiver a experiência necessária para criar ou exercer um juízo prático, apoie-se na experiência de outras pessoas em quem confia. Guardar as decisões para si numa situação urgente irá provavelmente piorar a situação. "O que é que quer fazer?" Se a resposta lhe parecer boa, aceite-a. Pode colocar algumas condições. "Está bem, mas se a situação não for diferente dentro de quatro horas, abandonamos o projeto." Certifique-se sempre de que tem uma saída se a situação piorar.

478. ***Transferência de projeto*** : Pode acontecer que seja responsável por um projeto crítico para a empresa e que consiga atingir os objectivos definidos na carta de projeto. Pode continuar com o projeto, especialmente quando são definidos novos objectivos

para que a função ou atividade ou atividade passe para o nível seguinte. Poderá haver outra pessoa mais capaz de atingir os novos objectivos do que você. Entregue o projeto a essa pessoa e passe a outra coisa. É proprietário de uma carteira de iniciativas. Optimize a carteira de acordo com as suas competências e interesses. Terá um melhor desempenho em projectos que se enquadrem nas suas áreas de interesse. Organize a sua carteira, deixando alguns projectos de lado e entregando-os a outros. Se lhe pedirem para fazer um projeto, sinta-se à vontade para dizer: "A Sue é melhor nisto do que eu. Dê-lhe a oportunidade de levar esta função para o próximo nível". Quando é bem sucedido num projeto, o seu sucesso estende-se à fase seguinte, mesmo que não esteja encarregue do mesmo. Escolha alguém com as melhores hipóteses de atingir os objectivos para garantir um sucesso contínuo. Pode ser que lhe peçam ajuda ou conselhos. Certifique-se de que o sucesso é alcançável. Este projeto teria sido um obstáculo e a sua carteira não teria sido organizada de modo a incluir apenas os projectos que lhe interessam. Quaisquer projectos que sejam entregues podem ser considerados parcialmente seus porque tem alguma influência no seu sucesso. Por outro lado, agarrar-se a projectos que deveriam ter sido passados adiante é uma receita para o fracasso. Não se deixe levar pelo seu orgulho. Prepare outra pessoa para o sucesso e avance para as outras oportunidades que tem pela frente.

479. ***Otimamente Paralelo*** : Muitos objectivos potenciais, tais como estratégicos e prospectivos, devem ser alcançados. A realização destes objectivos não pode ser feita de forma linear, uma vez que os benefícios demorariam demasiado tempo a concretizar-se. As actividades podem ser divididas em categorias que se relacionam com funções (por exemplo, distribuição ou produção) ou

tipos (por exemplo, tecnologia ou talento). Em alguns casos, existe uma ligação entre as categorias; noutros casos, são actividades isoladas. Todas estas oportunidades podem ser listadas nas suas "swim lanes" e geridas em paralelo. Por vezes, é necessário esperar por outros devido a aprovações e prazos de entrega. Estes tempos podem ser utilizados para outras tarefas não relacionadas. Todas as tarefas devem ser analisadas em simultâneo, de modo a que algo esteja constantemente a ser impulsionado. Quando existem dependências e é necessária uma sequência e for necessária uma sequência, esta deve ser respeitada se for obrigatória. Por exemplo, se uma atividade subsequente não for tão fácil de realizar até que um item anterior esteja completo, é eficiente trabalhar em sequência. Normalmente, no esquema de oportunidades, há uma mistura de actividades sequenciadas e de processamento paralelo de actividades. Conhecer a tarefa para perceber se é isolada ou dependente é fundamental para executar o plano de tarefas. Reexecutar tarefas porque houve dependências que não foram consideradas é um desperdício. Um planeamento optimizado reduz o esforço necessário para realizar o esquema.

480. ***Utilização de recursos*** : Por vezes, as pessoas na operação têm capacidades para além das que estão a aplicar. Descubra quais as capacidades que não estão a utilizar e encontre uma forma de as utilizar. Muitas vezes, as pessoas têm capacidades escondidas porque ninguém lhes pergunta sobre os seus dons. Os seus dons podem não corresponder à descrição atual do seu trabalho. Se souberem programar, podem colaborar com equipas de tecnologia ou equipas de I&D para que possam dar o seu contributo de uma forma única. O seu investimento terá um excelente retorno sobre o investimento, uma vez que utilizam capacidades não

utilizadas e desfrutam mais do seu trabalho. A sua utilização aumentou significativamente.

481. ***Resposta do sistema*** : A organização, incluindo todas as partes interessadasA organização, incluindo todas as partes interessadas, juntamente com os materiais e outros factores de produção, bem como a tecnologiavalorese culturasão todos parte do sistema social que é a organização. Relacionado com a cultura, o estilo de liderança liderança também é uma entrada para o sistema. A execução A execução de tarefas acontece dentro do sistema, mas o sistema não é estático. Muda para melhor ou para pior. O ambiente empresarial está a mudar e, por vezes, é significativamente perturbador. O sistema precisa de ser monitorizado. Um nível crítico de consciência do que está a acontecer no sistema, desde a integridade das entradas de ordens até à trajetória do moral com base num rumor recente, são todos relevantes. No contexto da execução, uma alteração terá um efeito de arrastamento no sistema. Nalguns casos, este efeito é visível e noutros é invisível. Conhecer a extensão do impacto está relacionado com a capacidade de projetar o impacto e a consciência em torno da resposta real. O planeador deve ser flexível na alteração dos planos, da sua abordagem e da sua sequência com base na reação do sistema. Uma má abordagem e um timing incorreto podem anular os potenciais ganhos positivos de uma execução bem sucedida.

482. ***Contagem de dedos*** : Demasiados dedos à mistura significa que será mais difícil chegar a uma solução orientada. Quanto maior for o número de pessoas com pontos de vista diferentes, mais difícil será manter a concentração para que os objectivos possam ser alcançados. As outras pessoas têm agendas e interesses diferentes. Se considerarmos os interesses próprios de todos os envolvidos, não

será fácil chegar a uma solução que satisfaça as expectativas de todos e as necessidades da organização. Se a pessoa com o objetivo menos alinhado tiver a intenção de influenciar o projeto à sua maneira, então o projeto sai dos carris. Nesta altura, as pessoas que estão apaixonadas pelo projeto começam a perder o interesse. Desvinculam-se e seguem os seus sonhos para outro lado, porque já não existem no projeto. Agora, há pessoas na equipa que perseguem algo que não têm paixão por completar ou tornar eficaz. O projeto perde o seu valor à medida que se fragmenta e desaparece do radar das actividades interessantes.

483. ***Tarefas não prioritárias*** : Algumas tarefas ambíguas e complexas não são concluídas porque são despriorizadas e empurradas para fora pelo fogo do dia. Quando a pessoa com capacidade para definir prioridades considera o projeto mal definido, tem uma desculpa para o empurrar para baixo da lista, e outra coisa que claramente vai cumprir um objetivo é empurrada para cima. O fogo do dia tem 100 por cento da atenção dos líderes de topo. Tudo o resto da lista desaparece porque eles não sabem se estarão por cá na próxima semana se o incêndio não for apagado. A situação pode ser exagerada. Mantenha as outras prioridades em movimento enquanto apaga o fogo. Para que não sejam esquecidas, mantenha uma lista, num local que possa ser consultado, dos projectos que estavam em curso antes do incêndio. E refletir sobre as causas do incêndio para que a situação não se repita.

484. ***Mudança de local*** : Uma mudança de local pode ajudar a impulsionar as acções; a combinação de partes altera a dinâmica, libertando o impasse. A mudança de local pode incluir a deslocação para uma localização geográfica diferente ou a alteração da composição da equipa. "Vamos fazer esse fluxo de trabalho noutro

escritório porque estamos a ter dificuldades em implementá-lo aqui". A situação parecerá diferente, resultando numa nova perspetiva que poderá ajudar a resolver o problema mais rapidamente. A vista de dentro é muito diferente da vista de fora. Se as pessoas estiverem bloqueadas, considere uma mudança de local para as desbloquear.

485. ***Recolha de informações*** : Se uma equipa tiver sido incumbida de uma tarefa e pedir ao chefe de equipa algumas informações sobre a mesma e este não lhe disser, dirija-se a um membro da equipa e obtenha as informações de que necessita. Provavelmente será melhor do que a informação que teria obtido do chefe de equipa porque a pessoa a quem perguntou está mais próxima do trabalho. O chefe de equipa deve saber que receberá uma atualização com ou sem ele. Não perguntaria se não fosse necessário. Da próxima vez, ele deve estar pronto para fazer uma atualização da situação. Se este comportamento persistir, é sinal de que ele desistiu. Para que o projeto seja concluído com êxito e dentro do prazo, é necessário ter um líder totalmente motivado.

486. ***Solução alternativa do cliente*** : Se um contacto de um cliente responsável por lhe dar trabalho (e à sua empresa) não gostar de si, a vida profissional será difícil. Quererão dar as receitas a outra empresa, mesmo que seja a melhor escolha de fornecedor. Se os factos não são importantes para o seu desempenho, fale com o chefe dele, que pode resolver a situação. Se conhece o seu chefe, isto torna-se um problema de desempenho para a pessoa que não gosta de si. A única forma de os atingir é chegar ao chefe deles. Se passar por cima deles, eles não vão gostar de si, mas já lá está, por isso não faz diferença. Esteja atento porque eles vão procurar qualquer problema de desempenho, real ou fabricado, para mostrar que o chefe fez uma escolha errada.

487. ***Factual Flow*** : Exponha os factos da melhor forma que souber e depois deixe a conversa fluir para chegar a uma conclusão lógica sobre o que fazer. São tomadas muitas decisões que não seguem os factos. Há consequências quando esta é a abordagem. A pessoa que toma a decisão deve determinar se as consequências valem a pena. Um exemplo seria se o patrão decidisse despedir os dez por cento mais baixos da força de trabalho. É fixada uma data. Entretanto, os dez por cento mais velhos estão à procura de outro emprego, tencionando sair assim que receberem uma oferta aceitável de um concorrente ou de uma empresa de outro segmento. A empresa está instável porque está a considerar despedimentos para compensar o fracasso das vendas. Terá sido uma ideia promissora despedir os dez por cento inferiores? Deveria ter sido considerada uma abordagem diferente para a redução de custos laborais? E quanto a melhorar as vendas?

488. ***Tempo do pedido*** : O timing de um pedido é essencial, uma vez que as pessoas têm perspectivas diferentes a diferentes horas do dia. Por vezes, pedimos coisas na altura errada. Talvez seja melhor esperar uma hora, um dia ou mesmo uma semana. Se conhece bem o seu chefe, pode ter descoberto um padrão ao longo do dia e relacionar a hora com a sua disposição. Pedir um aumento às 9:00 da manhã pode ser uma má ideia porque ele está a começar o dia. Pouco depois do almoço pode ser melhor, porque todo o trabalho da manhã já foi concluído. Cada chefe tem uma rotina única com a disposição emocional associada. Não peça algo quando alguém está numa crise, a menos que isso resolva a situação. Cada um dá prioridade ao que considera essencial. Se o seu item não é necessário agora, não o peça. Espere até que seja mais crítico ou tente influenciar a sua importância antes de o pedir.

489. ***Conversa ativa*** : Não se trata de uma reunião, mas sim de uma conversa com significado. Reúnem-se e ouvem os pontos de vista e as opiniões uns dos outros. Debate-se quando há diferenças de opinião interessantes. Com o consenso, chegam as decisões. Os participantes saem da reunião com uma perceção comum que não teria acontecido de outra forma. Cada participante está motivado para atingir os objectivos que lhe foram atribuídos porque sabe por que razão cada um deles é fundamental. Os pontos de ação a realizar são claramente compreendidos. Têm um objetivo e, por isso, a razão pela qual devem ser realizados é evidente. Cada item de ação tem um prazo acordado e razoável. O plano para validar a conclusão dos objectivos foi acordado. A forma como os objectivos serão acompanhados em relação às promessas feitas foi considerada e acordada.

490. ***Causa raiz*** : A causa raiz de um problema ocorre a uma altitude muito baixa, o que implica que a granularidade da compreensão dos factores de problema é detalhada. Se as causas não forem compreendidas, não podem ser corrigidas. As soluções a grande altitude encobrem o problema e, normalmente, não o resolvem, como por exemplo: "O seu pessoal não está a prestar atenção ao que está a fazer." Inclua as pessoas que estão a fazer o trabalho na sessão de descoberta sobre o que causou o problema. Elas podem explicar o que aconteceu e o que fizeram melhor do que ninguém, porque executaram as tarefas e compreendem melhor o seu ambiente de trabalho.

491. ***Erro humano*** : Não deixe que alguém diga que a razão de um fracasso foi "erro humano". Esta desculpa é uma distração do que realmente aconteceu e não pode ser corrigida. Os seres

humanos são inconsistentes e podem cometer erros. Os líderes são responsáveis pelo sucesso das pessoas que estão a fazer o trabalho. Não podem permitir que o erro humano aconteça, uma vez que sabem que os humanos cometem erros. A questão é: "O que está a fazer para evitar que o 'erro humano' aconteça?" O único erro humano é o erro de liderança O único erro humano é o erro de liderança, que permite que o erro humano ocorra. Se o líder deixar que a conversa termine com a distração do "erro humano", então o problema não será resolvido e voltará a acontecer até ser tratado corretamente. O líder pode começar de novo a resolver o problema, pagando a penalização por o ter permitido. A dor que irá sentir estará diretamente relacionada com o tempo que tolerar o "erro humano" como razão para um fracasso.

492. ***Âmbito da rotina*** : Quando há uma perturbação significativa do ambiente de trabalho (por exemplo, confinamento do governo em resposta a uma pandemia), as rotinas de trabalho mudam. Pense no âmbito das rotinas que devem estar envolvidas numa mudança de trabalho. Algumas rotinas serão obrigatórias e outras serão flexíveis. Haverá outras rotinas que são boas oportunidades e que ainda não foram implementadas, mas esta seria uma excelente oportunidade para o fazer. Enquanto as pessoas estão a mudar os seus hábitos de trabalho, torne a organização mais forte e mais ágil fazendo as mudanças que deseja fazer. Utilize a dinâmica de mudança já em curso para implementar mudanças com pouca resistência.

493. ***Sucesso estilístico*** : Se tem um chefe que gosta de reformular o que disse, envie-lhe ideias gerais sem filas de estilo e depois deixe-o aplicar o seu estilo ao conteúdo. O estilo deles é diferente do seu. Eles não querem comunicar utilizando o seu estilo

porque gostam mais do deles, mesmo que você não goste. Pode haver problemas aparentes com o estilo deles. Não trave esta batalha porque eles não vão mudar, por isso não insista em que o seu estilo seja utilizado. Dê-se por satisfeito por ter conseguido 90% do caminho ao fornecer o conteúdo. Eles vão aproveitar o que você tem e apresentá-lo à sua maneira. Quando terminarem de preparar a apresentação, podem pedir-lhe uma revisão final do conteúdo. Faça as suas sugestões sem alterar o estilo. Quando o seu feedback tiver sido considerado, estará terminado. Conseguiu comunicar o que queria, embora com um estilo ligeiramente diferente. Mas está feito, e isso é um feito.

494. ***Coordenar a colaboração:*** Em vez de cada membro da equipa executar a sua atividade numa etapa planeada, distribua as etapas por cada membro da equipa e peça-lhes que reportem e partilhem a sua contribuição. A partilha permite que a equipa trabalhe em paralelo se as tarefas não forem lineares, poupando tempo. Se alguém se puder concentrar numa tarefa e realizar 85% dela de forma independente, isso é valioso. O resto da equipa pode encarregar-se dos restantes 15% e levá-la até à meta. Concentrar a colaboração desta forma aumenta a utilização de cada membro da equipa de cada membro da equipa na medida do possível. Alguns aspectos de uma tarefa podem ser difíceis de completar para um membro da equipa. Quando toda a equipa ajuda a concluí-la, o calendário para a conclusão do projeto é acelerado. Não deixe uma tarefa a cargo de alguém que tenha dificuldade em concluí-la.

495. ***Iniciativa cancelada:*** Tenha cuidado ao colocar a sua energia em algo que será cancelado. Certifique-se de que sabe o que vai ser cancelado e o que vai ser aprovado. Além disso, tenha em atenção quanto tempo lhe será permitido fazer algo antes de outra

pessoa o assumir. As iniciativas que não são amplamente divulgadas precisam de ser pequenas, com impacto e rapidamente implementadas. Quando certas pessoas descobrem que fez algo significativo sem elas, dirão que "se tornou desonesto". O rótulo pode ser apropriado; no entanto, não o teria feito se tivesse recebido apoio suficiente para fazer o que tem de ser feito. Estão a queixar-se porque conseguiu fazer algo sem o seu envolvimento e têm vergonha de o ter conseguido fazer, mas eles não.

496. ***Requisitos temporários:*** Qualquer modelo ou ferramenta criado fora do "sistema" pode ser aproveitado para os requisitos quando a capacidade é integrada no "sistema". A funcionalidade, ao fazer corresponder a capacidade do modelo para satisfazer as necessidades, aperfeiçoa os requisitos. Além disso, as deficiências do modelo ou da ferramenta podem ser resolvidas amadurecendo o desenvolvimento antes de apresentar oficialmente os requisitos.

497. ***Perda de migração:*** Não migrar para outro sistema se o sistema implicar mais esforço, tempo ou risco.tempo ou risco. Se tiver de migrar, meça cada um destes factores e dê-os a conhecer. Uma forma de os dar a conhecer é pedir recursos adicionais para que possa operar o sistema após a migração. Faça um estudo de tempo sobre o esforço. Peça recursos se demorar mais 20% a trabalhar no novo sistema. Se for necessário mais tempo para executar o fluxo de trabalhopeça SLAs mais longos para terminar o trabalho. Se houver um risco acrescido de falha devido à falta de controlos, peça recursos redundantes para efetuar as verificações necessárias, de modo a não prejudicar a marca com rejeições e a não ter de despender tempo e recursos para retrabalhar peças defeituosas. Este pedido não será

bem recebido, uma vez que o ROI do sistema incluía maior fiabilidade e menor custo.

498. ***Mudança sem esforço:*** Inicie com facilidade uma atividade de mudança substancial para que possa modificar os planos à medida que cada fase é realizada. Haverá uma urgência em concluir o projeto para que os benefícios possam ser sentidos o mais rapidamente possível. Esta pressão irá contrariar a necessidade de concluir bem o projeto. As consequências de uma implementação demasiado rápida do projeto superam os benefícios da sua conclusão antecipada. Se forem bem executados, muitos projectos não atingem os objectivos pretendidos, porque são muitas vezes exagerados para obter aprovações e criar uma dinâmica. Os projectos que são tratados de forma desorganizada têm menos hipóteses de atingir os objectivos. Avançar rapidamente, mas com cautela, implementando a estratégia em etapas. Avalie cada passo para ver se os objectivos para esse marco foram atingidos. Em caso afirmativo, avance rapidamente para a etapa seguinte.

499. ***Tempo da tarefa:*** O prazo para a conclusão de uma tarefa é normalmente ditado pelo facto de o cliente receber a "entrega". Se o prazo não for cumprido, o cliente pode atrasar-se no cumprimento dos seus objectivos e recorrer a um concorrente da próxima vez, ou pode cancelar a encomenda e mudar para um concorrente. Se cancelarem, os custos irrecuperáveis são consumidos sem retorno. A execução para atingir os resultados de acordo com as especificações e dentro do prazo é fundamental para o sucesso da marca. Algumas tarefas não estão diretamente associadas a uma "entrega", mas contribuem para alcançar os resultados a tempo se contribuírem para as capacidades de criação de valor da organização. da organização. A melhor altura para realizar estas tarefas é antes de

a encomenda ser expedida. Fazer melhorias quando um fluxo de trabalho é executado incorre em risco devido a defeitos e porque o tempo disponível é enquadrado sem flexibilidade.

500. ***Sensibilidade à vulnerabilidade:*** Ao efetuar alterações, seja sensível às vulnerabilidades existentes e emergentes. As áreas de risco podem emergir e ser perturbadoras. As rotinas estabelecidas são definidas porque os participantes conhecem as vulnerabilidades e gerem-nas continuamente com soluções alternativas, ou aceitam as perdas como parte da sua rotina. Quando um processo muda e é necessário estabelecer novas rotinas, são criadas novas vulnerabilidades; algumas são conhecidas e outras não. As vulnerabilidades antigas que passaram despercebidas tornam-se mais impactantes porque as condições mudaram. As novas condições exploram as vulnerabilidades menores do passado, tornando-as numa ameaça de risco. Estar ciente do risco residual é fundamental para estar um passo à frente das vulnerabilidades que ameaçam a estabilidade da organização.

501. ***Suposições perigosas:*** Ao executar uma tarefa, tenha cuidado com as suas suposições ou com as que foram feitas por si. Seja cético e considere a fonte. Se não tiver conhecimento do que se está a passar, ponha em causa as suas suposições. Se as suposições forem feitas por alguém que não conhece ou não tem um bom historial de intuição, seja cético. Em alguns casos, essas suposições dificultarão o sucesso, porque o levarão numa direção que conduz a desafios mais complexos. As suposições são conclusões que podem não ter em conta dados recentes. Os pressupostos podem não ter uma análise adequada e imparcial para os validar. O risco associado aos pressupostos deve ser gerido. Se decidir seguir um pressuposto,

reúna rapidamente dados utilizando as variáveis corretas para validar que as decisões foram adequadas aos seus objectivos.

502. ***A melhor informação:*** Muitas vezes é melhor obter informações da pessoa que está a fazer o trabalho do que do chefe. Uma pessoa numa zona de guerra pode descrever melhor o que está a acontecer do que alguém num escritório a vários milhares de quilómetros de distância. Por vezes, o chefe não gosta que as acções sejam levadas ao nível do piso, porque o chefe não controla o fluxo de informação. No entanto, se o objetivo é obter a melhor informação possível, é necessário ir ter com a pessoa que tem a melhor informação. Considere que a pessoa no piso está a dar a sua opinião a partir da sua parte do piso, e isso pode não representar todas as partes da loja. É provável que seja a melhor informação para essa parte do piso.

503. ***Posição preconceituosa:*** Não seja preconceituoso ou defensivo durante as investigações. Deixe que os factos caiam onde quiserem para que a verdade sobre o que aconteceu venha ao de cima. Quando compreender o que aconteceu, estará numa posição muito melhor para resolver o problema. Por outro lado, se não deixar que a investigação navegue organicamente em direção a uma causa, a solução pode ser resolver o problema errado. Com isto em mente, responda às perguntas, forneça as provas, mostre a cadeia de custódia e forneça a cronologia. Uma opinião tendenciosa irá desviar a investigação da verdade. Esta posição ajudará a manter a possibilidade de a solução se tornar evidente.

504. ***Política evolutiva:*** Adotar a política que irá melhorar a situação e, em seguida, reforçá-la para aumentar a sua eficácia. Uma política não será perfeita desde o início. Quando for testada num

ambiente específico, as deficiências tornar-se-ão evidentes. O facto de não se ajustar perfeitamente não é razão para não a aplicar. Ter algo é melhor do que não ter nada. Coloque algo que possa ser desenvolvido e modificado à medida que for experimentando. Aplique a gestão de riscos para evitar que falhe ou prejudique o desempenho dos fluxos de trabalho relacionados.

505. ***Volume da política:*** Ao elaborar uma política, considere o volume de trabalho a que a política se aplicará. Uma pequena diferença é grande quando multiplicada muitas vezes. Defina o âmbito e torne-o razoável. O âmbito pode ser limitado durante a implementação porque a política está a ser testada. Não aumente o âmbito até ter validado a sua eficácia. Qualquer política tem excepções e pontas soltas. Descubra-as e decida o que fazer com elas.

506. ***Liderança externa:*** Seja um especialista em liderar pessoas que não trabalham para si. Para elas, podem trabalhar para si com a oportunidade de fazer algo diferente e significativo. Esta mudança pode ser excitante para eles. Este recurso adicional pode ser utilizado para atingir os seus objectivos. Ao alargar o seu alcance utilizando as suas capacidades e aptidões, pode fazer mais. Pode haver pessoas fora do seu âmbito de controlo com as competências de que necessita para realizar uma tarefa. Se conseguir executar tarefas que ultrapassam as fronteiras funcionais utilizando pessoas que não dependem de si, poderá aumentar as suas responsabilidades. Quando isso acontecer, já terá pessoas que o conhecem para além do seu departamento e conhecerá as suas competências. Este conhecimento pode ajudá-lo a avançar em direção às suas aspirações profissionais.

507. ***Outros relacionamentos:*** Aproveite as relações de outras pessoas com as pessoas de quem precisa para fazer alguma coisa. Se alguém conhece alguém que pode ajudar, vale a pena aproveitar a relação. Pergunte às pessoas que conhece se conhecem alguém com as competências de que precisa. Utilize a sua relação para conhecer a pessoa com a capacidade necessária. Aprecie a indicação e aproveite o novo contacto para realizar a sua tarefa. Estas relações podem tornar-se contactos sobre os quais terá um controlo mais direto numa determinada altura. Quando alguém trabalha consigo desta forma, pode querer assumir uma posição permanente na sua área. O interesse dessa pessoa dependerá da experiência que teve consigo.

508. ***Feedback do chefe:*** Se o chefe falar com os seus subordinados e lhe der feedback. Agradeça-lhe a informação e dê-lhe seguimento. Dirija-se às fontes e certifique-se de que elas sabem a impressão que causaram ao chefe. Se preocuparam desnecessariamente o chefe, certifique-se de que eles compreendem que foi isso que fizeram. O chefe, sendo afastado por vários níveis, entrará em pânico em alguns casos em que o pânico não é necessário. A pessoa com quem falou pode não saber das iniciativas em curso para resolver o problema porque se concentra na sua área. na sua área. O empregado pode aproveitar-se da situação para desabafar com o chefe. Informe-se sobre os factos e envie uma nota ao chefe sobre a situação, de forma proactiva e com factos. Ajude o chefe a perceber que ou ele descobriu algo que você não sabia e está a resolver a situação, ou que a pessoa não lhe deu boas informações e que seria melhor falar consigo primeiro. De qualquer forma, as coisas vão melhorar. Talvez o chefe possa acelerar a disponibilização de recursos para ajudar a resolver mais rapidamente o problema que

descobriram. Não é bom ficar na defensiva quando o chefe tem estas conversas. Em última análise, ele precisa de confiar que está a tratar dos problemas que ele conhece ou não.

509. ***Dar prioridade ao valor:*** Veja como pode aplicar a sua energia no seu trabalho e escolha as coisas que criam mais valor. Em primeiro lugar, certifique-se de que se sente confortável com a sua definição de valor. Quando esta estiver clara, concentre-se concentre-se nas tarefas que trazem mais valor para a organização. As tarefas podem ou não estar relacionadas com as metas e os objectivos que lhe foram atribuídos. Algumas tarefas apoiam as metas, enquanto outras apenas precisam de ser feitas. As metas e os objectivos não abrangem tudo. Ajudam a estabelecer prioridades. Não se esqueça de que as metas e os objectivos podem mudar ao longo do tempo.

510. ***Oportunidades pendentes:*** Não deixe as oportunidades penduradas depois de ter tomado a decisão de as aproveitar. Comece imediatamente (se possível) a atingir os objectivos associados às oportunidades descobertas. Espera-se que a descoberta da oportunidade tenha sido o início do seu ciclo de vida. Se assim for, o benefício de a explorar pode ser maximizado. Com uma direção consensual, a sequência de de acções a serem tomadas pode ser clara. Estas devem ser seguidas até ao fim, porque as oportunidades são efémeras.

511. ***Resposta forte:*** Tenha uma resposta agressiva às acusações que são feitas contra si ou contra a sua equipa. Haverá sempre pessoas que farão golpes baixos. Haverá sempre pessoas que fazem juízos de valor com base em informações parciais. Se não levar as coisas a sério, será o alvo desse comportamento, especialmente se

for visto como o Sr. Perfeito com inveja. Se a acusação for justificada, obtenha as informações necessárias e faça as alterações necessárias. Seja transparente sobre a mudança e mostre apreço pelo feedback. Se a informação estiver incorrecta, dê seguimento à acusação e forneça dados para refutar ou corrigir o julgamento.

512. ***Âmbito da política:*** Se o volume for escasso, pode ser melhor ter um especialista a efetuar a tarefa até que as políticas sejam criadas e o volume seja maior. A certa altura, o perito não poderá continuar a realizar a tarefa e as políticas regerão os técnicos que gerem o volume mais elevado, assegurando que não existem erros. O conhecimento tribal ou tácito do perito deve ser interpretado e inserido em políticas e procedimentos que todos os que tocam no produto possam seguir. Num contexto de maior volume, as políticas podem evoluir para tirar partido das economias de escala proporcionadas pelo elevado volume de produção. Por exemplo, depois de consumir uma determinada quantidade de armazenamento, é necessário incluir o potencial de corrupção e a gestão do espaço.

513. ***Seleção da equipa:*** A equipa deve ter apenas as pessoas certas. Demasiadas pessoas tornam as deliberações da equipa complicadas. O consenso será difícil de alcançar devido à falta de concordância. Um número demasiado reduzido de pessoas resultará numa sub-representação. Podem ser necessários especialistas, mas estes não fazem parte da equipa, pelo que a equipa se debate enquanto tenta perceber o que aconteceu. A equipa definha. Optimize a equipa atribuída a um projeto para garantir os melhores resultados rapidamente, incluindo o número certo de participantes e a especialização certa.

514. ***Grupo de decisão:*** Quando demasiadas pessoas estão envolvidas na tomada de decisões, a eficácia de cada pessoa começa a diminuir. Estão, conscientemente ou não, a desperdiçar o seu tempo. Além disso, ocorre um impacto negativo na eficácia do grupo, determinado pela capacidade de tomada de decisão, porque as hipóteses de perda de consenso aumentam com cada pessoa adicional para além do valor ótimo. Por vezes, ter mais de cinco pessoas a decidir é problemático, porque é difícil fazer com que todos os participantes fiquem satisfeitos, tendo em conta a diversidade dos seus interesses e prioridades. dos seus interesses e prioridades.

515. ***Ajustes contínuos:*** O desperdício e a oportunidade são omnipresentes. Existem intrinsecamente e estão constantemente a ser criados. Reduzir os desperdícios e explorar as oportunidades através de alterações incrementais ao que já existe. A experiência deve beneficiar da melhoria contínua. Utilizar métodos diferentes. Mude a ferramenta que tem vindo a utilizar. Aprenda a utilizar uma competência com mais impacto. Remova as etapas do fluxo de trabalho que não estão a criar valor. Veja uma oportunidade para satisfazer uma necessidade. Quando reduz o desperdício, a recompensa pelo seu esforço aumenta. Quando se exploram oportunidades, as recompensas são novas e gratificantes. Proceda com cautela porque haverá surpresas. Esteja preparado e seja capaz de lidar com elas à medida que forem surgindo.

516. ***Pivotar bem:*** Esteja consciente do seu progresso e do seu ritmo. Saiba como se está a sair em relação ao mercado em mudança de que depende. Deve manter-se fiel ao plano ou deve mudar de direção? Ser capaz de responder a esta pergunta em

qualquer altura. A sua estratégia não é um plano para um ano. Depende do que acontece diariamente e deve poder ser alterada em função da situação. A capacidade de planear é mais importante do que o plano. Quando chegar a altura de mudar, decida facilmente e mude bem. O "barco" deve ser capaz de se virar para a esquerda ou para a direita sem esforço. O mesmo se aplica a uma organização. Os recursos de talento na organização devem acomodar essa necessidade antecipada de se orientar continuamente e sem esforço para perseguir lucros em vez de volumes sem lucro.

517. ***Socialmente ágil:*** Tratar toda a gente da mesma forma pressupõe que toda a gente é igual. Como é que se decide qual dos tratamentos está disponível para toda a gente? Os tratamentos padronizados são ineficazes porque cada pessoa é diferente e requer tratamentos diferentes. Quando se trata cada pessoa de forma diferente, reconhece-se quem ela é e dá-se-lhe a atenção de que necessita. Um estilo não serve para todos. Seja socialmente ágil. Descubra o que é essencial para cada pessoa, tendo em conta que podem ter preferências diferentes.

518. ***Comunicação ágil:*** Reconhecer que as pessoas pensam de forma diferente. Algumas pessoas têm uma capacidade de atenção curta. Outras pessoas precisam de tempo para processar. Algumas pessoas querem tocar no objeto antes de o compreenderem. Considere que as pessoas pensam de forma diferente quando algo tem de ser partilhado ou acordado. Absorvem a informação a ritmos diferentes e de formas diversas. O melhor comunicador é aquele que sabe como comunicar com pessoas que pensam de forma diferente.

519. ***Suporte de problemas:*** Os problemas existem num sistema social como a sua organização. O sistema está ligado e é dependente. A resolução de problemas isoladamente pode ter um impacto reduzido, uma vez que o resto do sistema, que pode contribuir para os problemas, continua a existir. O envolvimento tem de ser mais holístico; a sua organização tem de o ajudar a resolver os problemas. Eles devem saber disso e fornecer os recursos necessários para operacionalizar as soluções.

520. ***Oportunidades Enormes:*** Uma oportunidade com um ganho elevado e uma baixa probabilidade de ocorrer vale a pena porque o risco de não lhe ser concedida a oportunidade pode ser gerido. Um peixe grande num anzol é uma oportunidade de utilizar técnicas para trazer o peixe para o barco. Quando um peixe é pequeno, é trazido para o barco e atirado de volta ao oceano porque é demasiado pequeno e não é rentável. Várias grandes oportunidades podem ser descobertas e convertidas se forem utilizadas boas técnicas. A percentagem de rendimento pode ser aumentada com melhorias na perda de risco. As oportunidades convertidas também forçarão a organização a enfrentar o desafio; um sucesso pode levar a outro.

521. ***Potenciar a realização:*** Fazer primeiro o que é mais importante para obter um impacto mais significativo. As três principais oportunidades podem representar 80% do volume. A capacidade de estabelecer prioridades para o impacto é fundamental; no entanto, lembre-se de que alguns itens pequenos são muito importantes. Um item pequeno pode ser uma dependência de um item grande. Consequentemente, alguns

recursos devem ser reservados para completar os itens mais pequenos que influenciam a realização dos itens maiores.

522. ***Interação com os problemas:*** Os líderes estão constantemente envolvidos na resolução de problemas. A resolução de problemas é um bom material para debate, discussão e ensino. Um problema é visível, chama a atenção e deve ser resolvido. O envolvimento é obrigatório e a energia profissional profissional deve ser aplicada. A procura de uma solução para uma necessidade não satisfeita produzirá oportunidades de aprendizagem através da interação e da descoberta. A verdade é que as evidências devem ser tornadas transparentes para que os solucionadores de problemas possam determinar o curso de ação mais eficaz.

523. ***Construir relações:*** Travar batalhas com outros ajuda-te a conhecê-los melhor. Poderá ver como eles recolhem informação, determinam estratégias de ação e depois executam essas estratégias. Não prejudica nem diminui a autoridade deles se fizer perguntas difíceis. As experiências stressantes ajudá-lo-ão a conhecer as pessoas rapidamente. Observe os seus resultados para ver se os objectivos estão a ser cumpridos. As pessoas serão mais atempadas e mais precisas na partilha de informações se souberem que vai verificar o que se passa com elas. Quando se sonda com franqueza, a transparência produzirá melhores resultados.

524. ***Descoberta valiosa:*** O processo de descoberta deve ser repetitivo, transparente e revolucionário. Os ciclos de descoberta podem ajudar uma organização a tomar medidas para avançar. As descobertas devem ser expostas para que outros possam ver e comentar o conteúdo. As descobertas devem ser revolucionárias, na medida em que devem mudar o seu pensamento. Se as suas

percepções forem aperfeiçoadas a partir da descoberta, então a descoberta cria valor. A descoberta deve ser contínua e valiosa.

525. ***Conquistando marcos:*** Comemore a conquista de um marco, mas não espere muito tempo antes de começar a planear a conquista do próximo. Tenha um processo pessoal que funcione para alcançar o próximo marco, para que as recompensas associadas possam ser experimentadas o mais rapidamente possível. Visualize o próximo marco para que o processo de lá chegar se torne claro. O seu processo de realização transportá-lo-á até lá. Preveja os resultados, pois eles serão um fator de motivação. Quando os resultados forem alcançados, porque são o registo da sua realização, decida se correspondem às suas expectativas e, em seguida, aperfeiçoe o seu processo para que as expectativas sejam alcançadas ou excedidas com mais frequência.

526. ***Solucionadores talentosos:*** Contrate pessoas que consigam atingir a excelência e ajude-as a atingi-la com maior regularidade. Ajude-as a utilizar o seu talento para resolver problemas de forma sistemática e exaustiva. Quando são tomadas decisões, estas devem ser consideradas boas após o facto, na maior parte das vezes. Alguns resultados podem estar fora do seu controlo, mas o seu excelente desempenho será previsível se trabalhar para melhorar o seu rendimento em boas escolhas com pessoas talentosas.

527. ***Soluções proactivas:*** Todas as pessoas com quem trabalha devem ser, pelo menos parcialmente, proactivas nas suas acções. Caso contrário, será o caos a gerir a situação em vez de si. A proactividade aplicada resultará num investimento contra o caos. Quando há pressão sobre as pessoas para realizarem as tarefas, os

problemas e os erros alimentam a melhoria porque todos os intervenientes verão a necessidade de tomar medidas.

528. ***Transparência na resolução :*** A transparência que conduz à resolução de problemas do cliente e da empresa e à inovação é multidirecional e sensível à velocidade. A informação que ajuda na resolução de problemas terá de se mover em várias direcções. Poderá ter de subir na cadeia de comando para obter autorização ou para assegurar o alinhamento com uma direção. Poderá ter de se deslocar para os lados, uma vez que os líderes de outras funções podem precisar de colaborar consigo para chegar a uma solução holística. É provável que tenha de descer aos níveis mais baixos, uma vez que é aí que as tarefas estão a ser executadas e as pessoas que fazem o trabalho são normalmente as mais conhecedoras do mesmo.

529. ***Consciência aumentada:*** A eficácia da liderança depende da consciência ambiental reforçada por uma cultura de aprendizagem orientada para objectivos. Os líderes influentes compreendem as oportunidades e os constrangimentos do seu ambiente. Para o efeito, a organização pretende manter-se saudável explorando as oportunidades. A satisfação das necessidades é o objetivo da organização; no entanto, a oportunidade é fundamental. As oportunidades e os seus ciclos de receitas são efémeros. Para colher receitas das oportunidades, as organizações precisam de prever a ocorrência de receitas, selecionar as oportunidades a aproveitar, posicionar-se competitivamente para colher receitas e, em seguida, colher o máximo possível de receitas lucrativas do ciclo até este expirar.

530. ***Capacidade de localização:*** No que diz respeito aos requisitos de trabalho existentes e pendentes, um líder pró-ativo deve estar bem ciente da capacidade da localização para que as restrições possam ser mitigadas ou contornadas. Se o fracasso de uma localização pode prejudicar a marca de todas as localizações, então a localização não pode funcionar isoladamente. O fluxo de receitas não é tipicamente nivelado. É necessário efetuar ajustamentos com variações no volume de trabalho para que o cliente seja sempre atendido a tempo. Consequentemente, quando a capacidade é excedida, deve haver capacidade adicional disponível noutras localizações para satisfazer a procura a curto prazo.

531. ***Sugestões energizadas:*** As sugestões podem ou não ter impacto. O impacto teria de ser medido e as melhores sugestões teriam de ser priorizadas em termos de relevância; no entanto, uma convicção difere de uma sugestão na medida em que tem um sistema de valores sistema de valores e energia associada. Se alguém estiver convencido de que algo deve ser realizado, o processo de avaliação terá de ser rigoroso devido aos riscos acrescidos. Uma ação errada, que também é estimulada por um sistema de valores que não é adequado, pode provocar rapidamente uma situação desagradável. Por outro lado, uma convicção estimulada por um sistema de valores que beneficia todas as partes interessadas pode ter um impacto positivo significativo.

532. ***Necessidades múltiplas:*** Se alguém estiver a trabalhar em algo de que outra pessoa precisa, reúna as partes para que a configuração, a informação, o ativo, o conjunto de códigos, etc., sejam criados apenas uma vez, mas sejam utilizados por todos. Encontrar os potenciais beneficiários da atividade vale a pena

quando a criatividade e a capacidade são partilhadas ou reutilizadas. O tempo necessário para criar a ferramenta ou a capacidade é poupado num dos dois casos. A conclusão da tarefa é acelerada quando o trabalho inicial do projeto é adquirido em vez de construído.

533. ***Desfrutar da construção:*** Se construir algo especial, aproveite-o o mais possível, porque pode ter um tempo de vida curto. Não vai querer arrepender-se quando estiver a ser demolido. A vida útil pode ser prolongada e o objeto pode viver mais tempo ou ser reutilizado para outro fim. Tire o máximo partido do objeto enquanto ele é viável. No final do seu ciclo de vida, o objeto único pode ser copiado por outra pessoa, pode ser substituído por um substituto melhor ou pode simplesmente morrer. A alegria deve vir da construção e não do resultado da construção, porque tudo é temporário.

Ser gentil

Ter uma reputação de ser gentil terá impacto na perceção que as pessoas têm de si (Wuthnow, 2012). Um pouco de cortesia vai longe. A bondade significa que vê uma necessidade ou dor não satisfeita (Biro, 2011). Significa também conhecer o potencial de alegria da realização ou do sucesso. Promover a felicidade e uma qualidade de vida superior de vida, os empregados vão gostar de si (Bakke, 2010). Eles segui-lo-ão e estarão mais interessados nas suas ideias para o futuro deles porque sabem que isso os irá beneficiar. A bondade implica uma certa dose de empatia porque se vêem oportunidades para actos de compaixãoNo entanto, a sua empatia não deve ser abusada (Figley & Figley, 2017). Quando se tira partido da bondade, esta deixa de ser eficaz ou reconhecida positivamente porque se está a tirar partido dela e os outros vêem-na como favoritismo, enquanto o líder corre o risco de sofrer de fadiga de compaixão.

Figura 20. Ser gentil inclui saber o que o destinatário quer e depois dar-lho no momento certo.

As seguintes tácticas de engenharia de serendipidade, sem ordem específica, podem ajudar a ser amável:

534. ***Controlo de lembretes*** : Não faz mal lembrar as pessoas, mas espera que elas cumpram a sua lista de coisas a fazer. O seu trabalho não é ser o secretário delas. Estabeleça a expetativa de que elas precisam de tomar a iniciativa de acompanhar os itens de ação que existem para as beneficiar. Ao criar essa expetativa, está a dar-lhes a oportunidade de se auto-gerirem. A alternativa seria serem microgeridos. A maioria dos empregados não gosta desta experiência de trabalho; no entanto, se se quiserem auto-gerir, terão de ser atempados e assumir responsabilidades. Se deixarem que as

tarefas se prolonguem e tiverem de ser lembradas, não se pode confiar neles para a auto-gestão.

535. ***Excesso de reuniões*** : Não marque uma reunião para 30 minutos e depois demore 45 minutos. As pessoas têm outro sítio para onde ir, de acordo com os seus horários. Não parta do princípio de que lhe pertencem os 15 minutos extra. Provavelmente foram atribuídos a outra coisa. As pessoas vão desistir porque não querem ofender o outro grupo com quem concordaram em reunir-se. Quando elas desistirem, estará a ouvir-se a si próprio a falar. Seja um melhor facilitador para terminar a tempo ou mesmo mais cedo. Se terminar mais cedo, dará aos participantes tempo para se prepararem para o evento seguinte. Ser atempado agradar-lhes-á e é um bom resultado, desde que o objetivo e a ordem de trabalhos sejam cumpridos.

536. ***Rabbit Chasers*** : Algumas pessoas interrompem a meio de uma apresentação e fazem uma pergunta ou um comentário que vai estragar a apresentação. Gostam de se ouvir a si próprias a falar e de ter a atenção de todos. Dizer que é crucial passar toda a informação. O apresentador não quer chegar ao terceiro diapositivo e depois não terminar a apresentação de dez diapositivos. Uma apresentação incompleta é um fracasso de facilitação e não é adequada para ninguém. Peça a alguém com autoridade para dizer a toda a gente que o apresentador vai passar toda a informação e que depois o público pode fazer as perguntas que quiser durante o resto do tempo. Desta forma, a informação será partilhada enquanto o público toma notas. Faça-os concordar com os termos antes de o apresentador começar e lembre-os se renegarem o acordo. Espere que existam na audiência pessoas que perseguem coelhos e que irão quebrar o acordo. São assassinos de apresentações e devem ser

geridos tanto quanto possível. Como último recurso, diga à audiência que vai enviar o baralho para que eles o completem sozinhos se não o terminar.

537. ***Pré-visualização da apresentação*** : Envie a apresentação ao público antes da reunião. Existe a possibilidade de alguns deles a verem antes da apresentação. Pelo menos, pode dizer que a enviou, caso não a tenham aproveitado. Podem também utilizar a apresentação para tomar notas ou acompanhar a apresentação. Quando a envia com antecedência, pode conseguir avançar mais rapidamente com o conteúdo, porque eles já estarão familiarizados com ele. Veja se existem perguntas antes de começar. Se algumas delas forem respondidas no baralho, sugira que a pergunta será respondida. Se a audiência tiver visto o conjunto de documentos, pode perguntar o que querem discutir e passar rapidamente ao momento da decisão.

538. ***Evitadores de Perguntas*** : Alguns facilitadores esquivam-se às suas perguntas, apesar de as terem pedido. Registe as perguntas no chat da reunião para que os apresentadores tenham outra oportunidade de responder. Se eles pedirem perguntas no futuronão faça nenhuma, porque o processo de envolvimento está quebrado. Salte a reunião se eles não estiverem interessados na audiência. Se for necessário, ouça a gravação para poupar algum tempo. Os facilitadores que não se interessam pelas suas perguntas geram resistência e reduzem o envolvimento. Devem sentir as consequências disso e mudar de atitude se quiserem o envolvimento da sua audiência.

539. ***Distância zero*** : Procurar uma estrutura que permita uma distância zero entre chefes e trabalhadores. O trabalhador

pensa que o seu superior hierárquico o está a ajudar e a pressionar. Uma postura de gestão a distância zero ajudará os trabalhadores a terem confiança nas suas escolhas e ajudá-los-á a partilhar ideias sobre melhorias. Felicite-os pelo seu processo de pensamento e pelo seu sucesso como resultado. É possível fazer com que eles se autogerem se pensarem como você quer que eles pensem. Se as percepções que deseja forem implementadas, pode dedicar tempo a outras tarefas ou aos próximos passos da equipa.

540. ***Limpeza catalítica*** : Se houver confusão numa função ou departamento ou num departamento, crie uma perturbação que ilumine o problema e depois aproveite a oportunidade para limpar a confusão. "Enquanto tratamos desta encomenda, vamos limpar a área onde vamos armazenar o produto." "Não estaríamos a parar para limpar uma coisa se ela não estivesse lá." As bagunças são físicas, mas também são financeiras, virtuais e estruturais. Pode sugerir uma promoção que force a aceleração do alinhamento na estrutura organizacional mais alargada. Uma única ação pode resultar numa limpeza da estrutura organizacional. O objetivo seria que os colaboradores preferissem um ambiente de trabalho limpo, claro e organizado. Quando todos se preocupam com a excelência, a produtividadequalidadee a rentabilidade aumentarão.

541. ***Decisões autónomas*** : Permitir que os trabalhadores tomem um vasto leque de decisões. É melhor orientá-los na tomada de decisões do que dizer-lhes o que devem decidir. "Qual seria a coisa certa a fazer neste caso?" Se forem condicionados a fazer boas escolhas, é provável que tomem as mesmas decisões que o seu diretor. A autonomia elimina a necessidade de a chefia tomar decisões pelos trabalhadores. Alguns trabalhadores têm medo de

decidir. É preciso permitir-lhes que decidam e que levem as suas escolhas até ao fim.

542. ***Simplificar o suficiente*** : Os problemas podem não ser resolvidos porque os tornámos demasiado complicados. Simplifique-os para chegar a uma solução, mas não os simplifique tanto que o valor da solução seja dissipado. Há um ponto em que o valor é optimizado, mas a simplificação torna a solução implementável. Sem a simplificação, ela nunca teria sido concluída. A simplificação pode assumir a forma de um âmbito mais limitado, menos variáveis, uma fase inicial a ser expandida após um sucesso, ou uma limitação a apenas alguns resultados.

543. ***Promoção Execução*** : O sucesso da execução é fundamental para as pessoas que querem crescer com a empresa. Se a execução for bem feita, a pessoa promovida sentir-se-á inspirada e motivada para trabalhar ainda mais. Se for mal executada, o empregado ficará desmoralizado e a recuperação será difícil e levará algum tempo. Se for feita uma promessa de promoção, então terá de a cumprir. Se não o fizer, não se surpreenda se a pessoa abandonar a empresa. A pessoa estava a contar consigo para cumprir a sua promessa. Não o fez, e agora já não confiam em si. Se houver um atraso no cumprimento da promessa, é de esperar que se perca o ímpeto. O atraso não é culpa dos empregados, por isso não os culpe se a sua energia se a sua energia for menor do que era, porque agora estão frustrados.

544. ***Ter razão*** : Não espere que o chefe o ouça, mesmo que tenha razão. Eles têm as suas próprias razões, pressões, influências, prioridades, etc., que influenciam as suas decisões e interesses. Podem ser teimosos, desagradáveis ou simplesmente maus ouvintes.

Para eles, ter razão é a única coisa a ter em conta quando tomam decisões. Têm uma imagem a gerir. Se não os ouvem, fazem o que querem. As consequências seguir-se-ão, sejam elas quais forem. Certifique-se de que a sua sugestão foi registada e consulte-a quando se perguntarem o que aconteceu.

545. ***Bad Vibes*** : Se um trabalhador souber que a direção não gosta dele, não deve ficar surpreendido se for embora. A perceção negativa é extremamente difícil de ultrapassar e o trabalhador pode sentir que as suas aspirações futuras aspirações futuras não serão alcançadas em breve. "Nunca a poderia deixar apresentar-se em frente a um cliente porque ela...." Porque é que eles hão-de ficar se não são apoiados e não têm mobilidade ascendente? Podem obter o crescimento desejado noutro lugar; quanto mais depressa se forem embora, mais cedo podem começar o seu roteiro pessoal. Devem sair rapidamente para que o seu futuro aconteça o mais depressa possível.

546. ***Perceção Injusta*** : A perceção de que foi injusto para com alguém pode quebrar as suas relações com as pessoas afectadas por essa perceção. Os empregados que trabalham para si e que se sentem tratados injustamente podem ir-se embora. É bom estar consciente da existência desta perceção. Compreender a perceção é o início da resolução do problema. É de esperar que o problema se agrave com o tempo. É melhor lidar com ele o mais cedo possível. Reserve algum tempo para discutir o assunto com o trabalhador, para que possa começar a compreender porque é que ele se sente injustiçado.

547. ***Linhas de reporte*** : As linhas de reporte confusas que mudam sem comunicação frustram toda a gente. Acabam com a

dinâmica, a responsabilidade pela conclusão das tarefas a tempo e a capacidade de se concentrar na inovação. As estruturas organizacionais que são confusas são também difíceis de gerir. A responsabilidade pode não ser clara. As linhas de comunicação podem ser complicadas e a informação parece dissipar-se antes de chegar ao seu destino. As instruções podem nunca chegar à pessoa certa. As coisas pioram quando as mudanças organizacionais são feitas sem que seja comunicado o motivo. Uma mudança na estrutura organizacional deve ter um objetivo. Idealmente, o objetivo seria tornar a organização mais eficaz nos seus mercados.

548. ***Condições inspiradoras*** : Se um gestor inspirasse os trabalhadores a criar condições ambientais que os tornassem mais produtivos com menos fadiga, isso seria uma vitória. Então, o que é que eles pediriam se lhes fosse dada autorização e alguma inspiração para criarem um ambiente de trabalho cada vez melhor ao longo do tempo? Quem melhor para lhe dizer o que é necessário do que aqueles que estão a fazer o trabalho? Ouça-os e veja o que eles fazem. E depois inspire-os para que possam criar um ambiente rico em desempenho sem incorrer em fadiga, de modo a que a melhoria contínua seja contínua.

549. ***Divulgação antecipada*** : A divulgação inicial a um grupo limitado é fundamental quando algo terrível acontece. Uma investigação preliminar pode determinar se a situação é real ou facilmente corrigível. Nalguns casos, trata-se de um falso alarme e não há razão para sofrer danos na marca por algo que é um falso positivo. Se disser a um cliente sempre que acontece um problema interno que depois é prontamente resolvido, ele vai-se cansar de o ouvir e pensar que o caos reina na sua empresa. Um problema oculto pode metastizar, infectando várias partes da organização e os

produtos que fabricam. Esconder um problema real vai torná-lo pior. Em algum momento, o problema deve ser revelado ao cliente e talvez até mesmo ao mundo exterior.

550. ***Transferência de Talentos*** : Não pegue num problema de uma área e transfira-o para outra. Se a deficiência é um talento que lhe chega de outro departamento, chame a atenção para o facto, para que pare e não se repita. Quando alguém não se adapta a um novo emprego na sua área, não deve estar lá. Por outro lado, se levar os melhores de outros departamentos para cima, estará a criar uma deficiência de capacidade onde leva o talento, porque agora os melhores estão consigo. Por que razão esperaria que continuassem a ter o mesmo nível de excelência? A situação é difícil porque os activos transferidos prejudicarão mais o departamento que deixaram do que ajudarão o departamento para onde vão, porque entram numa curva de aprendizagem no departamento de destino, consumindo mais recursos do que o necessário. no departamento de destino, consumindo mais capacidade nesse departamento. Alguém tem de os formar, retirando-lhes essa capacidade. Quando se tira o melhor deles, está-se a prejudicar a si próprio.

551. ***Atendimento ao cliente*** : Reconhecer os empregados com excelente capacidade de atendimento ao cliente. O serviço aplica-se a clientes internos e externos que recebem atenção dos funcionários. As pessoas em posições de liderança são "reconhecedores". Eles destacam as pessoas que representam os valores da organização da organização de forma forte e positiva. Elas são os modelos para o resto da organização porque os seus comportamentos foram reconhecidos. Os comportamentos vantajosos exibidos pelos empregados devem ser apontados para que os outros sejam atraídos por eles e os modelem.

552. ***Listen & See*** : Não diga às pessoas para o ouvirem que notam que não o faz. Se pensa que o faz, pergunte a um dos seus empregados se ele pensa assim (escolha um que seja sincero consigo). Os líderes que não ouvem nem vêem têm normalmente pessoas a trabalhar para eles que lhes dizem o que querem ouvir ou não dizem nada. Qualquer um destes cenários contribui para que o líder seja ignorante da realidade que o rodeia. A ignorância não é uma boa situação porque ouvir e ver são fundamentais para o sucesso de um líder. Se o feedback que recebe é que não está a ouvir, faça questão de melhorar nesta área. Aprender com as pessoas que fazem o trabalho pode ser esclarecedor para as pessoas que o gerem.

553. ***Incentivar a empatia*** : Elogiar e apoiar as pessoas que demonstram empatia pelos outros. Ouça-as e participe também na empatia. Se tem tendência para não ser empático, force-o a si próprio. Tenha um cartaz "Empatia" na sua secretária ou na parede para que o veja frequentemente. Procure situações legítimas em que a empatia se justifique e, em seguida, use-a. À medida que for praticando, ficará cada vez melhor. Continue a aprender como ser empático, mesmo que não se sinta confortável com isso. Pratique e utilize o que aprendeu. Pergunte às pessoas que o estão a observar se acham que é compassivo. Pode ter perdido uma oportunidade de ser empático e não se ter apercebido. Descubra como não perder oportunidades.

554. ***Problema errado*** : Não perca o tempo de toda a gente a discutir o problema errado. Os participantes na organização sabem o que está errado e qual é o ponto mais crítico a ser resolvido. Se não está a falar sobre isso, não está em contacto com a perspetiva deles.

Reformular o problema tendo em conta os objectivos da organização. Olhar para a situação de forma diferente ajudará no alinhamento e na definição de prioridades. A causalidade pode estar a vários níveis de profundidade. Considere isto quando estiver a tomar uma ação. Gastar tempo numa ação que não faz nada é uma perda de tempo. Por exemplo, uma reunião não resolve um problema. Há muito mais para melhorar uma coisa do que apenas falar sobre ela num ambiente formal.

555. ***Overhead Producer*** : Algumas soluções temporárias e medidas desesperadas para resolver problemas aumentam os custos indirectos. Por exemplo, um produto é transferido para outra instalação que não tem os sistemas para suportar o trabalho. São incorridos custos indirectos adicionais para acomodar a transição. Os custos indirectos são sob a forma de recursos para compensar a falta de um sistema, ferramenta ou fluxo de trabalho tão simplificado como o que estava a ser utilizado anteriormente. Podem consistir em etapas adicionais do fluxo de trabalho, verificações adicionais ou outra folha de cálculo para acompanhar a atividade. Não ignore as despesas manuais adicionais necessárias, porque podem consumir os benefícios previstos com a mudança.

556. ***Culpa do patrão*** : De quem é a culpa? A resposta é simples. A culpa é do patrão. Esta é uma solução fácil quando as pessoas estão à procura de alguém para culpar. "Deve ter sido um 'erro humano'". Não perca tempo a decidir quem culpar. Culpe o chefe porque ele permitiu que o ser humano cometesse o erro. O líder deveria ter reconhecido a vulnerabilidade, investigado o potencial de um problema e encontrado uma solução antes de prejudicar alguém ou alguma coisa. A responsabilidade começa e termina com o chefe. É por isso que ele precisa de estar

constantemente a ouvir e a ver o que acontece dentro e fora da organização. A sua posição na estrutura hierárquica assim o exige.

557. ***Melhoria insustentável*** : Não celebrem uma melhoria insustentável do rendimento. Trata-se de uma anomalia no ecrã. Uma vitória rápida não será duradoura. Não festejar uma euforia temporária. Isso torna a queda pendente mais dolorosa. A vitória fácil estraga os participantes. Os desafios seguintes, ou aqueles que foram evitados, serão muito mais difíceis de alcançar. Os participantes na mudança estarão habituados à vitória fácil e tenderão a desistir de tentar alcançar o sucesso quando um desafio exigir mais esforço. Os participantes na mudança têm de ser capazes de enfrentar desafios complicados como uma prioridade.

558. ***Insultar a motivação*** : Dizer às pessoas que elas são deficientes mentais não é motivador. Um insulto para fazer parecer que se tem menos capacidades do que se tem pressupõe que se vai lutar contra essa afirmação e esforçar-se mais. Insultar alguém não é uma boa estratégia de motivação. Provavelmente está a simplificar demasiado a situação e está a parecer mentalmente deficiente e ignorante ao ser crítico. É provável que o problema não esteja a ser resolvido porque é muito mais complicado do que pensa. É muito mais construtivo descobrir mais sobre a situação e, em seguida, descobrir qual seria o próximo passo a dar. Desencorajar o seu talento não é uma boa ideia para resolver o problema de forma permanente. Discuta com a pessoa que está a tentar ter sucesso e determine o que pode ser feito para a ajudar a avançar. Esta resposta será encorajadora. Se continuar a criticar a pessoa, ela deixá-lo-á pendurado em frente aos seus clientes desiludidos. Eles vão sorrir enquanto você é mordido porque sabem que você merece alguma

humildade. "De volta para si, chefe". Afinal, insultou-os e eles não o esqueceram.

559. ***Sem bónus*** : Num ambiente sem bónus, saiba que só pode pressionar as pessoas até que elas digam que o seu sacrifício já não tem importância. "Eu trabalho das 9 às 5, depois vou-me embora e vou para casa." Não darão mais do que o acordado na descrição das suas funções porque sabem que isso não fará qualquer diferença para elas. Se forçar demasiado, os seus melhores colaboradores podem procurar emprego noutro local onde o ambiente de trabalho seja mais propício ao sacrifício pessoal com recompensas adequadas. A expetativa é que o esforço extra produzirá uma recompensa adicional. Os bónus não são uma prenda porque há um retorno do investimento.

560. ***Benefício perdido*** : Se estiver envolvido num projeto exigente que requer sacrifícios, não diga a ninguém que está a perder dinheiro em cada artigo enviado. As perdas unitárias são desmotivantes, especialmente num ambiente bonificado ligado aos lucros e não ao esforço. A maioria dos participantes não esteve envolvida nas negociações de preços. Não é culpa deles que o preço não tenha incluído um lucro adequado. Num ambiente de bónus, o volume sem lucro não é bem-vindo. Se tiver de acontecer porque está ligado a outras receitas lucrativas, então isso deve ser explicado num contexto "global".

561. ***Comprometer-se com exatidão*** : Não se comprometa a estar noutro lugar se não sabe onde está agora. A localização é melhor compreendida através da medição. Dizer que vai atingir um nível de desempenho medido é ainda mais difícil se não puder medir a sua localização ou progresso atual porque não existe capacidade de

medição. "Conseguimos entregar isso?" "Não sei." Não se pode comprometer se não se pode medir. A medição está relacionada com a qualidadeprodutividadeprodutividade e prazos. Os seus clientes, internos e externos, dependem da satisfação constante das suas expectativas. A confiança deles em si baseia-se nisso.

562. ***Exhausting Grind*** : É exaustivo quando as pessoas estão na "rotina" de um projeto difícil e os seus ânimos estão exaltados. Lembre-se disto quando estiver a trabalhar em projectos e pendências com prazos fixos. A negatividade e o feedback são esgotantes. A reserva de energia A reserva de energia está a esgotar-se mais depressa do que seria de esperar. O feedback condescendente pode ajudá-lo a lidar com as suas frustrações, mas é ainda mais desgastante para os seus colaboradores. "És inteligente. Devias ter percebido isto." Este tipo de troca é desmotivante. Acelera o cansaço. As pessoas não vão querer trabalhar consigo ou influenciar positivamente a marca da empresa. A sua intenção de sair sugere que pensam que o ambiente de trabalho deve ser melhor e menos caótico noutro lugar.

563. ***Opticamente sensível*** : Numa crise, pode reunir pessoas para descobrir o que aconteceu. A investigação consumirá o tempo precioso dessas pessoas enquanto tentam fazer a triagem da situação. As informações recolhidas podem ser utilizadas para apresentar informações ao cliente. O objetivo é usar uma ótica favorável para o cliente. Enquanto esta é a sua preocupação, outras pessoas têm as suas preocupações numa situação sensível e totalmente não relacionada. Estão a tentar sair do buraco em que se encontram. Depois de gastarem o seu tempo a fornecer informações para a ótica, terão perdido tempo que poderiam ter utilizado para melhorar a situação. O tempo é especialmente crítico se os recursos

já são escassos, o que pode ter sido parte da causa. Considere que envolver as pessoas no esforço de gerar ópticas irá piorar a situação.

564. ***Ideias sem sentido***: Não sugira soluções que não vão "mover a agulha". Fazer algo não é a resposta. A ilusão de ação é um desperdício de capacidade preciosa. Vale a pena considerar a razão do problema. Ir mais fundo ajudá-lo-á a encontrar as causas profundas. Normalmente, há mais do que uma causa, por isso, continue a investigar até as encontrar. Se se apressar a tentar resolver o problema com o que pensa ser uma "solução milagrosa", não deve ficar surpreendido quando o mesmo problema voltar a acontecer. A "solução fácil" não é, afinal, fácil devido à recorrência do problema. A "solução fácil" é aplicada repetida e continuamente, consumindo mais energia do que uma solução completa. "Pensei que tínhamos resolvido esse problema no mês passado?" A sua correção não foi uma correção.

565. ***Relações fortes*** : Seja simpático e não minta. Se for simpático, é acessível. Se não mentir, é credível. Ser acessível e credível contribui para relações sólidas. Não será credível se quiser fazer com que a outra pessoa se sinta melhor, não sendo sincero. Se for uma fonte credível de informação, mas não for acessível, então não haverá qualquer benefício na troca de conhecimentos. Para funcionarem, as relações sólidas requerem uma credibilidade acessível.

566. ***Restrições de prioridade*** : Para criar concentração e resultados, limite as suas prioridades a três. Uma lista mais pequena de prioridades ajudará a criar concentração, uma vez que o contexto para tudo é limitado. Se uma tarefa não se enquadra neste conjunto

limitado, pode ser despriorizada para preservar a capacidade para as prioridades estratégicas críticas. A energia pode ser difundida se os itens não prioritários forem perseguidos à custa dos itens vitais para a vantagem sustentada da empresa. Não se pode realizar demasiadas coisas ao mesmo tempo. O seu "demasiadas" pode ser diferente do de outras pessoas. A medida do limite está relacionada com a sua capacidade de se concentrar o suficiente para fazer avançar o progresso a um ritmo adequado. Quando se concentra em demasiadas coisas, nada é feito.

567. ***Minimização de palavras*** : Como líder, é necessário comunicar a mensagem certa às pessoas certas no momento certo; no entanto, devido aos desafios do ambiente, a comunicação não deve aumentar a sua complexidade inerente. Em vez disso, a sua comunicação deve utilizar o menor número de palavras possível para transmitir a mensagem num fluxo estruturado. As palavras extra aumentam a complexidade com que os participantes se deparam, criando ineficiência cognitiva e reduzindo a compreensão do que é dito. Utilize apenas as palavras necessárias para comunicar a mensagem pretendida, sendo o resultado desejado a compreensão e a consciencialização dos participantes.

568. ***Autonomia responsável*** : A maior parte dos trabalhadores não quer que alguém se coloque por cima dos seus ombros para lhes ditar tudo o que têm de fazer e depois avaliar os resultados. Estes trabalhadores não se importam de assumir a responsabilidade pelas escolhas que são livres de fazer. Uma vez que são eles que melhor conhecem o seu ambiente de trabalho, devem ser livres de perseguir os seus interesses, desde que o que fazem esteja relacionado com os objectivos estabelecidos. Uma vez que lhes sejam impostas as restrições relevantes, devem assegurar a

existência de meios mensuráveis para garantir a responsabilização pelos resultados. As consequências do não cumprimento dos objectivos devem ser conhecidas por todos os participantes. Tomar medidas para apoiar resultados positivos, mas estar preparado para atuar se não se registarem progressos à luz do calendário exigido.

569. ***Atribuição de tarefas*** : Quando um líder atribui uma tarefa a um talento com base na sua disponibilidade, está a preparar o talento para uma situação em que não corresponderá às expectativas. A disponibilidade é um critério de conveniência e não implica uma capacidade de execução. "Leva o João; ele não está a fazer nada neste momento". Este processo de seleção conduz a dificuldades, uma vez que o talento atribuído não está familiarizado com os fluxos de trabalho ou com a tarefa. A curva de aprendizagem A curva de aprendizagem irá consumir capacidade e o talento pode não ter as competências necessárias para executar a tarefa. Quando são atribuídos como recursos, o departamento que os envia pode voltar a chamá-los, deixando as suas tarefas para outra pessoa. Como estão mais aptos a fazer o trabalho no departamento emissor, esta torna-se a alternativa lógica. Agora, o líder do departamento recetor precisa de arranjar outro recurso e passar novamente pela curva de aprendizagem. É melhor ter uma afetação a tempo inteiro de alguém que faça o trabalho bem à primeira e que aproveite continuamente as suas competências adquiridas. Uma pessoa que não seja adequada pode deixar a organização por frustração se for improdutiva.

570. ***Sensibilidade ao fracasso*** : Quando o líder tem uma reação agressiva ou zangada a um fracasso, os empregados não vão querer correr riscos ou transmitir notícias urgentes sobre um problema. A reação do líder determina se a informação ou as oportunidades estarão disponíveis. A base de empregados continuará

a fazer o que está a fazer até que o líder tome qualquer decisão que precise de ser tomada. Se chegar um novo projeto e o líder disser: "Isto é enorme; é melhor não fazer asneira", então as pessoas que estão a fazer o trabalho vão trabalhar sob uma tensão que pode impedi-las de se empenharem ou de se concentrarem nas tarefas associadas. Os líderes preparam-se para falhar quando dizem aos outros que o fracasso não pode acontecer sem consequências terríveis. Criar medo ou ameaçar as pessoas só vai permitir a transferência de culpas. "Eu disse-vos que isto era importante". O líder não assumiu a responsabilidade pela equipa que está a gerir. O chefe do líder pode permitir que a culpa se desloque: "É preciso ter cuidado com este caso" ou "Esta tarefa era sua e é responsável pelo fracasso de qualquer pessoa do seu departamento". É melhor para todos os intervenientes é melhor para todas as partes interessadas se o líder assumir a responsabilidade pela execução correta da tarefa e tornar as pessoas que fazem o trabalho capazes de serem bem sucedidas.

571. ***Decisões enviesadas*** : O chefe pediu dados para decidir mas já tomou uma decisão. A solução pré-determinada continua a aparecer nas discussões como se a decisão já tivesse sido tomada. Os subordinados diretos do chefe começam a apoiar e a repetir a ideia, dando a entender que concordam com a posição tendenciosa porque isso os faz parecer alinhados. Você consulta os dados para ver o que dizem e envia-os ao chefe. Se ele não mudar de ideias, deixa as coisas correrem como podem. Ele pode estar correto, mas, de qualquer forma, é responsável pelas consequências da decisão. Se ele estiver errado, então foi uma falha de liderança. falha de liderança. Tinha de ser tomada uma decisão. O melhor resultado é que o fracasso apresenta a oportunidade de aprender sobre futuros desafios

futuros. As lições aprendidas não são esquecidas tão rapidamente se houver algumas nódoas negras.

572. ***Ritmo de mudança*** : Criar um ritmo de mudança ligado à absorção da mudança. A taxa de absorção pode ser aumentada gradualmente. É fundamental não perder o ritmo das actividades de mudança. A continuidade do ritmo deve ser esperada. Pode até acelerar. Se abrandar, alguém deve dizer alguma coisa. Não estamos no negócio de fornecer produtos. Estamos no negócio de melhorar a forma como fornecemos produtos para sermos continuamente relevantes para os nossos clientes. O ritmo criará oportunidades inovadoras para competir melhor com melhores produtos e serviços. Ser mais competitivo é necessário para desenvolver uma vantagem empresarial sustentada.

573. ***Terminar mais cedo*** : Se tiver de realizar uma reunião, termine-a mais cedo, se possível. Os participantes só precisam de ficar presos se houver valor na reunião. Quando a ordem de trabalhos estiver concluída, deixe-os ir embora. Eles vão apreciar o tempo que lhes foi dado para fazer outra coisa. Terminar mais cedo é mais fácil se começar a tempo. A disciplina no início da reunião e durante todo o tempo que passam juntos pode trazer recompensas para todos quando as discussões estiverem concluídas.

574. ***Gelo quebrado*** : Não há problema em dizer algo para que todos se sintam confortáveis no início de uma reunião ou entrevista. Mas mude de assunto rapidamente (em poucos minutos) depois de estabelecer uma ligação para poder entrar na ordem de trabalhos. Faça perguntas direcionadas para criar a oportunidade de obter respostas focadas e significativas. De outra forma, estas respostas exigiriam várias perguntas. Faça perguntas que sejam mais

profundas do que o habitual. "Porque é que pensou que aquele projeto seria um desafio para si em comparação com o que pensou mais tarde quando atingiu os objectivos?" A forma como a pergunta é respondida dir-lhe-á muito sobre o que a pessoa que responde sabe e como pensa. Dê às outras pessoas presentes na reunião a oportunidade de também fazerem perguntas. A pessoa que apresenta a sua informação também deve ter a oportunidade de fazer perguntas sobre os destinatários da informação e sobre o que pensam.

575. ***Dados incorrectos*** : Não apresente dados que sabe que não são exactos. Se disser que são incorrectos na reunião, isso continua a afetar negativamente as inferências. Corrija-os ou não os apresente de todo. Quando alguém assinala a inexatidão, passará a maior parte do tempo da reunião a falar sobre a forma como irá corrigir os dados para a próxima vez, assumindo que existe uma. Apresentar informações inexactas é uma perda de tempo e prejudica a sua credibilidade. Não pode ainda evitar os resíduos que deixou depois de ter colocado os dados no ecrã. A maior parte do que a audiência vai pensar durante o resto da reunião é que não foi preciso ou que cometeu um erro de cálculo. O seu fracasso será também a sua principal recordação da reunião. Reserve algum tempo para evitar este cenário.

576. ***Word Power*** : Um líder deve ter cuidado com a forma como comunica. Pode antagonizar a sua audiência através da utilização de palavras, humor, tom e linguagem corporal. A auto-consciência pode ser útil neste caso, assim como a utilização do feedback da audiência. O objetivo da comunicação é encorajar, inspirar, recalibrar, educar e transmitir uma necessidade. As palavras devem ser construtivas e não destrutivas. Algo deve acontecer após a

receção das palavras pela audiência. Elas devem transformar ou recalibrar a audiência de alguma forma.

577. ***Contribuição dos gestores*** : Em vez de ser você a determinar as soluções, deixe que os gestores apresentem as soluções para os seus problemas. Avalie-as para ver se estão de acordo com os valores e objectivos da empresa. e objectivos da empresa. Não tem de resolver os problemas deles. Resolva-os apenas se eles não conseguirem. Empurre-os para uma solução que eles descubram. Certifique-se de que eles querem resolver o problema, porque se não quiserem, há outro problema, ou o seu problema é que eles gostam do status quo. O amor pelo status quo é a mediocridade que não pode subsistir porque conduz à obsolescência. Para resolver problemas específicos, os gestores devem primeiro compreender que a resolução de problemas é uma parte importante do seu trabalho.

578. ***Carga viral*** : A positividade e a negatividade acumulam-se e são contagiosas. Saiba se algo é positivo ou negativo e faça com que isso funcione a seu favor. Transformar o negativo em positivo é favorável. Não mudar pode causar destruição social. A desconfiança, o cansaço e a frustração são exemplos dos efeitos destrutivos da negatividade. Os problemas que causam esses resultados são apenas uma parte do problema. A confiança, a mestria e a coragem são exemplos do impacto construtivo da positividade. Reforce estes e outros comportamentos construtivos para garantir o sucesso de todos os intervenientes.

579. ***Manuseamento especial*** : A "prima donna" requer um tratamento especial. Tente eliminá-los porque o esforço necessário O esforço necessário para atender às suas necessidades é maior do que

o necessário para alcançar os mesmos resultados sem eles. Eles não são tão valiosos como toda a gente pensa que são. São perturbadores. Se não responderem à sua pergunta porque não se sentem à vontade para o fazer, peça ao chefe deles para responder. O escalonamento irá avisá-lo e informar o seu chefe de que tem uma "prima-dona" na equipa que requer atenção e esforço extra para ser gerida e que terá de fazer esse esforço extra. Mais cedo ou mais tarde, a "prima-dona" vai-se embora e toda a gente vai suspirar de alívio. Alguns perguntar-se-ão porque é que lhes foi permitido ficar tanto tempo. Agora, vai avançar rapidamente.

580. ***Líder de claque*** : Um líder deve pôr as coisas em movimento e depois ser um líder de claque para todos os participantes à medida que progridem. Apontar as oportunidades e fazer com que as pessoas certas as aproveitem. Apontar para o sucesso e felicitar as pessoas envolvidas para que saibam que criaram valor para a organização e para que se sintam motivadas. para a organização e para que se sintam inclinadas a fazê-lo novamente. Os animadores de claque criam o empenhamento e impulso. Depois que a energia Depois de a energia ter atingido o pico e antes de começar a diminuir, injecte alguma energia nova no roteiro para acelerar a realização do próximo marco.

581. ***Apreciar o que foi feito*** : Quando alguém faz o que lhe pediste, diz "Obrigado". Não importa se gosta ou não da pessoa. O facto é que conseguiu fazer algo com uma quantidade inaceitável de consumo de recursos ou danos. Trata-se de fazer as coisas antes que elas tenham de ser feitas. Não vai gostar de toda a gente, mas vai apreciá-los se fizerem algo por si. Eles fizeram uma coisa boa. Se não os reconhecer, o sucesso com eles pode não voltar a acontecer. Quando se tem sucesso com alguém, fica-se a conhecê-lo melhor.

Depois de a compreender, pode descobrir que ela não é tão má como pensava.

582. ***Recompensa adequada*** : Se lançar um desafio, combine-o com uma recompensa significativa. Porquê? Ninguém vai querer aceitar um desafio se não receber nada por ele. Dar a recompensa errada é o mesmo que não receber nada. Algumas pessoas querem um bónus. Outras pessoas querem um tempo livre. Ser pago não é necessariamente suficiente porque esperam algo mais se derem algo mais. Em vez de decidir sobre uma recompensa, pergunte-lhes o que seria valioso para elas. Se for possível, torne-o realidade. Algumas pessoas querem um bónus. Outra pessoa pode querer umas férias de valor semelhante. Descubra a forma mais valiosa de os valorizar pelo seu esforço extra.

583. ***Tarefa Perguntar*** : Não exija coisas das pessoas; peça-lhes. Elas gostam de ser solicitadas. Algumas pessoas exigem-no. "Quando acabares o que estás a fazer, importas-te de...." Pode ser mais exigente numa crise porque a ação deve ser imediata. Se está constantemente em modo de crise, então isso tem de mudar. Caso contrário, uma simples cortesia é muito importante. Preserva qualquer boa vontade acumulada com a pessoa a quem está a perguntar. Quando se está a passar por níveis elevados de stress, os outros vão percebê-lo como mais exigente do que pensa. Tenha autoconsciência suficiente para saber quando deve ter cuidado com a possibilidade de se mostrar arrogante. Uma má atitude transformará a sua boa vontade em resistência.

584. ***Produção de valor*** : Peça às pessoas para se reunirem e produzirem algo significativo sem que tenha de se preparar para uma reunião ou resolver um problema. Dar-lhes a oportunidade de fazer

algo de forma independente pode ser revigorante e permitir-lhes utilizar as suas capacidades criativas. Algumas pessoas precisam de mais treino do que outras numa situação de auto-gestão. As pessoas que ficam para trás devem ser ajudadas a voltar à linha. As pessoas que conseguem encontrar soluções criativas surpreendê-lo-ão com surpreenderão com ideias que nunca teriam sido consideradas. Dê-lhes a oportunidade de pôr em prática as suas boas ideias. As pessoas que não estão na organização há muito tempo podem trazer ideias de experiências anteriores. Em alguns casos, os resultados da auto-gestão podem ser surpreendentemente eficazes.

585. ***Mostra de inovação*** : Mostre o trabalho inovador de um membro da equipa para inspirar outros a fazer o mesmo. Chamar a atenção para a contribuição de alguém é também uma tática motivacional para a pessoa que implementou a inovação. A pessoa sentir-se-á inspirada a fazê-lo novamente. Pode utilizar esta situação para que o membro da equipa explique aos outros como utilizar o que criou. A pessoa ficará entusiasmada por apresentar o que fez e, se a inovação for valiosa, as outras pessoas gostarão de a ouvir.

586. ***Apoio à Perfeição*** : Verifique com os seus subordinados diretos se eles têm o que precisam para fazer o seu trabalho com zero defeitos. A expetativa de perfeição precisa de ser clara. Os recursos, ferramentas e conhecimentos devem ser fornecidos para apoiar resultados perfeitos. As vulnerabilidades conhecidas devem ser tratadas com soluções robustas. Surgirão surpresas que comprometem o desempenho sem erros. Estas devem ser antecipadas e tratadas antes de causarem defeitos.

587. ***Encargos administrativos*** : Reduzir a carga administrativa dos trabalhadores, uma vez que esta diminui a sua

capacidade de produção. A sua energia e utilização devem ser aplicadas ao tempo necessário para completar as suas tarefas. O tempo das tarefas é por vezes designado por "tempo de máquina". Qualquer tempo gasto sem criar valor é tempo administrativo ou de despesas gerais. Preparar uma tarefa, obter materiais e introduzir dados são tarefas administrativas que não produzem valor. Adquirir informação automaticamente e efetuar análises para dar sentido ao que está a acontecer sem envolver talento humano.

588. ***Controlo dos faladores*** : Não deixe que as pessoas que falam muito controlem a reunião. Toda a gente fica inquieta e pode perder o interesse quando a mesma pessoa tem de encher a sala com as suas palavras. A sua perceção está limitada aos seus pontos de vista e as opiniões dos outros são essenciais para criar um consenso. Se houver uma apresentação, limite-os a um diapositivo do ppt - nada mais. Limite-os a falar sobre o seu diapositivo durante cerca de 3 minutos e interrompa-os se excederem o tempo limite. Passe imediatamente para outro conteúdo.

589. ***Progresso real*** : A ideia é fazer progressos, não afagar o ego de alguém ou dar-lhe crédito indevido. Algumas pessoas não querem partilhar as más notícias ou indicar publicamente que não cumpriram as suas expectativas. Ter a reputação de dizer as coisas como elas são. As pessoas que se preocupam com o progresso real querem ouvir isso, mesmo que seja desconfortável para todos os envolvidos. Não indique que o sucesso foi alcançado se não tiver atingido o objetivo ou a definição de "feito. Se estes aspectos não forem claros, procure esclarecê-los o mais rapidamente possível para avaliar o ponto em que se encontra. Se tiverem sido feitos progressos reais, pode indicá-los.

590. ***Quem dá crédito*** : Enquanto líder, não deve ficar com os louros de nada. Dê-o sempre a alguém que trabalha para si ou para outra pessoa. Os líderes não ficam com os louros; eles dão-nos. Os louros ser-lhe-ão devolvidos de qualquer forma se isto for uma preocupação. Fica bem visto se elogiar os outros pelo seu excelente trabalho. Não "sopre fumaça" dando crédito quando ele não é merecido. Quando os louros são rapidamente atribuídos às pessoas que criaram valor realisso também fará com que todos os participantes se sintam bem com o que estão a fazer. Além disso, mostra que é empenhado e colaborativo. Se não tiver dado crédito recentemente, crie oportunidades para dar crédito aos outros pelas suas realizações.

591. ***Redução do ruído*** : Não seja a pessoa que tem de encher a sala com palavras. Dê às outras pessoas a oportunidade de dizerem o que querem. Se o fizerem, pode fazê-las alinhar com o seu pensamento. Deveria estar mais interessado em influenciar os outros a dizerem as coisas certas, em vez de dizer o que acha que está certo. Ouvir é influenciar. Se eles disserem o que você acha que está certo, ou já os influenciou ou não precisava de o fazer desde o início. Simplifique o processo de alinhamento ouvindo primeiro e falando depois.

592. ***Elogio estratégico*** : Para obter a cooperação de um colega, elogie um dos seus relatórios e pergunte-lhe se pode utilizá-lo para o ajudar a implementar uma ferramenta ou competência que ele possui. Certifique-se de que o chefe concorda com o pedido e que existem restrições de capacidade para que o seu trabalho quotidiano não seja comprometido. Dar a outra pessoa influência pessoal na sua área é vantajoso para todos porque a pessoa se sente importante e

ajuda-o a ter um melhor desempenho. Certifique-se de que o seu chefe sabe que a sua organização teve um impacto positivo fora do seu controlo imediato. A contribuição pode parecer vazia se estiver sempre a precisar de ajuda. Faça-o rapidamente e não peça nada durante algum tempo.

593. ***Conversa sobre conflitos*** : Conversar sobre um conflito. Certifique-se de que daí resulta uma ação positiva. Se o assunto se tornar demasiado quente, interrompa a conversa até que todos se tenham acalmado. Quando terminar a conversa, diga com um sorriso: "Vamos fazer isto mais vezes". A apreciação deve ser a resposta quando algo construtivo acontece porque o conflito foi abraçado. Embora possa ser um pouco desconfortável para alguns, o benefício de uma conversa em que os participantes não tiveram medo do conflito em torno de uma questão espinhosa é significativo.

594. ***Desafio Conforto*** : Os líderes estão aqui para desafiar os seus trabalhadores e apreciá-los pela sua contribuição. Quando os trabalhadores estão confortáveis, pode haver alguma capacidade disponível que pode ser utilizada de forma construtiva. Se o trabalho for ligeiramente incómodo, eles descobrirão como voltar a sentir-se confortáveis. É um estado de equilíbrio em que o equilíbrio é alcançado através da inovação ou de uma mudança de métodos. Se precisarem de algo para atingir o equilíbrio, ajude-os a atingi-lo para que a etapa seguinte possa começar.

595. ***Clareza da tarefa*** : Não deixe que o chefe confunda a tarefa que lhe deu. Diga-lhe para não intervir e confundir a estratégia se ele lhe disser para fazer alguma coisa. Ele disse-lhe para ser o "point person" (ponto único de comunicação para uma iniciativa). Depois, confundiu a comunicação ao reencaminhar mensagens para

outros e ao assinalar uma direção diferente sem o informar. Como é que pode coordenar a operacionalização da estratégia e ser responsável pelo progresso se ele se envolver e não o envolver a si ou se começar a executar um plano diferente? Ou é você que está a levar o plano para a frente, ou é ele. A pessoa que implementa a estratégia é responsável pelos resultados.

596. ***Envolvimento dos participantes*** : Quando as pessoas estão numa reunião, devem estar empenhadas e não distraídas. Não se deve desperdiçar o tempo das pessoas empenhadas permitindo que outros participantes importantes não estejam envolvidos. Estão a participar no debate as pessoas certas? Se não, pare a discussão e pergunte quem mais deveria estar presente. Obtenha os seus nomes e volte a marcar a reunião. Se as pessoas presentes na reunião não estiverem empenhadas, descreva a importância do tópico e tente captar a sua atenção. Se não resolverem o problema durante esta discussão, seguir-se-ão outras discussões. No interesse do seu tempo, seria bom que contribuíssem agora ou sugerissem outra pessoa que o fizesse.

597. ***Densidade das reuniões*** : A dada altura, haverá um número suficiente de reuniões na agenda de uma pessoa que será difícil marcá-la para uma discussão quando necessário. A gestão de dados também se aplica à sua agenda. Não deixe que as reuniões o afoguem. Tente não deixar que mais de 60% do seu dia seja consumido pelo tempo atribuído a reuniões. Estará mais disponível quando necessário e poderá concluir outras tarefas importantes.

598. ***Preenchimento de lacunas*** : Preencher as lacunas na sua agenda com outras coisas essenciais (por exemplo, telefonar ao seu cônjuge). Muitas coisas mais pequenas precisam de ser feitas.

Estes não devem tornar-se óbvios no final do dia. O controlo das tarefas será stressante porque algumas coisas não podem ser feitas no final do dia. Irá arrepender-se de não as ter feito ou de não ter procurado uma alternativa. Se tiver reuniões de 30 minutos consecutivas ao longo do dia, sem pausas, será difícil realizar esses outros itens. Deixe espaços entre os eventos para ter a oportunidade de tratar de tarefas pequenas mas essenciais.

599. ***Troca de favores*** : Para obter algo de alguém que não trabalha para si, ofereça algo em troca do que quer. "Claro, eu trato disso; já agora, pode ...." Uma troca de valor é uma situação em que todos ganham para ambos os participantes. Voltar mais tarde e pedir algo sem associar a ajuda pode ser mais difícil. Uma troca entre partes iguais em termos de valor é um cenário equitativo que pode produzir resultados mais rapidamente.

600. ***Conversa estruturada*** : As conversas francas podem conduzir a ideias. Utilize um modelo de conversa para ajudar a estruturar a discussão. Um exemplo poderia ser uma resposta a um cenário em que as expectativas não são satisfeitas. A estrutura pode incluir a compreensão do que a pessoa experimentou que a desiludiu. Depois, seria bom saber porque é que a pessoa ficou desapontada, referindo o que recebeu em comparação com o que esperava. Uma vez compreendida a lacuna de desempenho, deve ser compreendida a razão da existência dessa lacuna. Com esta informação, podem ser consideradas soluções para evitar que esta desilusão volte a acontecer. Outros tipos de conversas podem ter uma estrutura que oriente a descoberta e a resolução do problema.

601. ***Pre-emptive Compliment*** : Fazer um elogio a alguém antes de lhe pedir algo. Pode ter de o fazer várias vezes, dependendo

da pessoa. As pessoas gostam de elogios sinceros porque eles não acontecem com muita frequência. Os elogios superficiais e vazios são piores do que nada. Certifique-se de que a pessoa pensa que está a ser sincero. Se elogiar a capacidade de alguém para fazer algo e depois lhe pedir para usar essa capacidade para o ajudar, é muito mais provável que a pessoa o faça do que se não reconhecer a sua capacidade antes do pedido. Se a sua autenticidade for claramente demonstrada, a pessoa poderá ser mais generosa com as suas ofertas do que esperava.

602. ***Auto-Liderança*** : Deixe as pessoas liderarem-se a si próprias. Não precisa de ser a pessoa que está sempre a dizer às pessoas o que devem fazer. Também não tem de ser sempre a pessoa que define a direção. Deixe que outra pessoa se auto-dirija com potencial de liderança e permitir que ela cresça e brilhe. Afaste-se para que eles possam viver o seu potencial; muitas pessoas competentes nas organizações não têm a oportunidade de ser tudo o que podem ser. Faça com que isso aconteça para elas; elas respeitá-lo-ão enquanto atingem objectivos oportunos. O potencial de liderança não realizado nas pessoas pode ser surpreendente se elas forem apaixonadas e capazes de atingir um objetivo.

603. ***Crescimento competitivo*** : Recompensar uma atitude competitiva competitiva. As pessoas competitivas querem que a organização ganhe e cresça. É difícil crescer se não se está a ganhar. Trabalhar com pessoas que gostam quando a equipa ganha é excelente, mas não a qualquer preço. Uma atitude competitiva inclui energia que pode ser usada para criar um impulso. Esta energia pode ultrapassar bloqueios e constrangimentos. Uma competição é muito mais agradável para os participantes e aumenta significativamente o empenhamento. significativamente. Uma atitude de "posso fazer"

ajuda a obter consenso e a concentrar e concentrar a energia alinhada na realização de um objetivo. Uma atitude de "não posso fazer" cria inércia e bloqueia uma iniciativa.

604. ***Objectores preocupados*** : Algumas pessoas não concordam em permitir que algo aconteça devido ao risco de fracasso. Embora o risco possa ser significativamente exagerado e irrealista, tente compreender a base do risco. É provável que a preocupação tenha alguma legitimidade. Se isso for compreendido, os resistentes podem criar e validar uma estratégia de mitigação do risco. A melhoria não teria sido alcançada sem a objeção deles e sem a sua atenção para ela. Se a sua preocupação for ignorada, existe um risco para a organização. A escuta ativa tem resultado na compreensão e na melhoria do processo.

605. ***Positividade ponderada*** : Uma perspetiva positiva e ponderada é muito importante para comunicar eficazmente com os empregados. Se a comunicação for superficial e não abordar as principais preocupações subjacentes, o público pensará que não o está a ouvir. Não o ouvirão e ignorá-lo-ão. Terá de os forçar a fazer alguma coisa em vez de aproveitar o seu livre arbítrio para avançar na direção desejada. A negatividade é mais fácil de alcançar do que a positividade. Ser positivo é, portanto, intencional, exigindo planeamento e prioridade. "É bom saber isso. Obrigado por me ter explicado. Como é que podemos utilizar essa informação para avançar?"

606. ***Relações de valor*** : Criar relações de trabalho positivas. Se fosse despedido, as pessoas diriam: "É uma pena. Ela era uma grande mais-valia para a empresa. Se ela me oferecesse um emprego onde quer que aparecesse, eu certamente consideraria trabalhar

para ela". As relações criam valor quando proporcionam benefícios significativos. Alguns benefícios podem ser a capacidade de realizar algo com a sua ajuda, a capacidade de descobrir o desconhecido em conjunto, a capacidade de executar um caminho crítico eficiente, a capacidade de influenciar os outros com as suas ideias ou a capacidade de resolver um problema com o seu pensamento crítico. As relações de colaboração colaborativas significativas podem criar valor mais rapidamente do que as relações individuais que funcionam de forma isolada.

607. ***Previsão da duração*** : Não marque uma reunião de 30 minutos que demora uma hora e diga que está preocupado com o consumo de tempo das pessoas. Acabou de prender mais pessoas do que as necessárias durante mais tempo do que era preciso. Elas desistirão quando tiverem de o fazer ou arrepender-se-ão de fazer parte da conversa quando os participantes considerarem os danos que sofreram com a outra parte à sua espera. Se a reunião de 30 minutos exceder o tempo, marque outra reunião em breve para terminar a conversa.

608. ***Duração óptima*** : Não demorar uma hora a discutir algo que poderia ter sido abordado em 30 minutos e preocupar-se com a produtividade das pessoas. Acabou de bloquear o seu horário por mais tempo do que o necessário. A atribuição de tempo está a atrapalhar outra atividade que eles gostariam de planear. Se o exceder, faça uma estimativa do tempo despendido e preveja uma eventualidade. Divida a conversa em fases, de modo a que estas se enquadrem nos intervalos de tempo atribuídos.

609. ***Elogio Motivação*** : É possível elogiar um líder que faz um excelente trabalho e influenciar outros líderes a fazerem o

mesmo. A mensagem é: "Se fizeres um bom trabalho, serás reconhecido por isso". Não espere que todos participem, mas alguns participarão. Não exagere nos elogios, porque depois começam a parecer falsos. A pessoa que está a receber os elogios contínuos começa a sentir-se desconfortável em frente aos colegas, porque sabe que os colegas pensam que é imerecido com base no que aconteceu. Se for arrogante, pode tornar-se numa prima-dona (pior cenário possível). O seu valor será exagerado na sua mente, mas não na mente dos outros. É difícil gerir alguém que não é realista quanto ao valor que produz. que produz.

610. ***Correio eletrónico morto*** : A certa altura, a troca de mensagens de correio eletrónico deixa de ser produtiva. Antecipe-se a isso antes que aconteça e marque uma chamada para analisar a situação. A utilização de chamadas pessoais curtas evitará muitos e-mails e muita frustração. Se o problema for resolvido no âmbito da discussão, esta pode terminar. Caso contrário, a discussão deve ser encerrada na mesma e deve ser utilizado um método de comunicação diferente. Uma discussão morta com um cenário não resolvido é uma oportunidade perdida. Não se esqueça que, por vezes, o correio eletrónico não deve ser utilizado de todo.

611. ***Conversas prolongadas:*** Não deixe que as reuniões ou as conversas de grupo se prolonguem para além do tempo atribuído. As pessoas têm outras coisas para fazer. Marque uma conversa de seguimento e pense em gerir melhor a conversa para garantir que a reunião não se prolongue da próxima vez. Quando as reuniões excedem os limites de tempo, prejudicam outras actividades programadas. Invadir não é educado.

612. ***Muitos cozinheiros:*** Não inclua demasiadas pessoas nas suas actividades. As pessoas vão desinteressar-se e distrair-se do esforço quando se aborrecerem. Farão parte da carga administrativa do projeto porque quererão ser informadas e envolvidas em algumas decisões sem criar valor. Deve haver apenas uma participação suficiente com as capacidades certas para atingir os objectivos.

613. ***Conversa descarrilada:*** O chefe diz: "Não quero atrapalhar a conversa, mas..." e então ele atrapalha a conversa. Eles querem estar na luz até se sentirem satisfeitos por terem atraído uma quantidade adequada de atenção. Deixe-os ter a atenção necessária; eles vão-se embora, e depois continua. Retome a conversa o mais rapidamente possível. Se a pessoa achar que tem de o convencer de algo e você concordar, diga: "Já percebi. Parece-me bem. Estou de acordo. O que é que se segue?" Diga-lhe que está pronto para avançar; o convencimento é uma perda de tempo. Se não concordar, registe a sua discordância e indique porquê. Nessa altura, a pessoa pode optar por ouvir ou não.

614. ***Pedir desculpas imediatamente:*** Se cometer um erro, peça desculpa. Não seja teimoso, desdenhoso ou egoísta. Não culpe os outros. "Sim, fiz asneira. Peço desculpa por isso. Aqui está a informação que pediu. Diga-me se corresponde às suas expectativas." Toda a gente comete erros, quer o queira admitir ou não. Uma pessoa que sabe pedir desculpa vai tornar-se querida para aqueles que serve. As pessoas que são demasiado teimosas para pedir desculpa, criam distância entre si e aqueles que servem, porque o nível de confiança já foi comprometido. Assuma o erro, corrija-o e siga em frente.

615. ***Nomear os nomes:*** Quando apresentar um relatório sobre os progressos alcançados, não se esqueça de nomear as pessoas com quem tem estado a trabalhar para que a credibilidade de todos os envolvidos esteja associada à informação que está a ser apresentada sobre os progressos alcançados. Estas são as pessoas que o têm ajudado a melhorar as coisas. Fale de si em último lugar. É sempre bom elogiar os líderes que promoveram a realização dos objectivos para os encorajar a colaborar novamente na próxima iniciativa. "Gostaria de agradecer a ... porque esta iniciativa não teria sido realizada sem o seu envolvimento."

616. ***Revisão periódica:*** Faça uma revisão periódica com o chefe para que ele saiba o que está a fazer e para que possa obter feedback. Se trabalhar sozinho, o chefe pode puxá-lo agressivamente para trás quando vai na direção "errada". Obtenha as informações de forma proactiva para estar em sintonia com o chefe. O chefe pode então confiar nas suas acções. Se a chefia pensar que fará escolhas que se alinham com as dela, precisará de menos actualizações. Mesmo assim, ela precisa de ser informada sobre os sucessos e os desafios. Poderá ser útil em relação aos desafios. Decida se quer o seu envolvimento. Se a chefe não tiver a certeza do alinhamento entre si e ela, podem ser necessárias revisões mais frequentes até que a situação mude. Pergunte: "A frequência das nossas avaliações é adequada ou gostaria de se reunir num intervalo diferente?"

617. ***Agradecer aos executivos:*** Quando um executivo da empresa fizer algo que considere significativo e bom para a empresa, reserve algum tempo para lhe agradecer. O agradecimento não é para cair nas boas graças deles. É dizer que reconhece que ele fez uma coisa boa. É só isso. Não importa se gosta ou não da pessoa. Está

a reconhecer uma excelente escolha ou ato. É provável que a pessoa aprecie o facto de ver as suas boas acções e de as reconhecer como boas. É possível que se sintam mais inclinadas a fazer outras boas acções por ter escolhido apreciá-las. Está a afirmá-los pelo valor que eles criaram. "O Bob fez um ótimo trabalho com aquela iniciativa e eu gostaria de o fazer no meu departamento. Achas que ele nos pode ajudar?"

618. ***Projeto científico:*** É preciso ter cuidado para que os líderes empresariais não se envolvam em projectos científicos sem sentido e inúteis. Estes projectos vão consumi-los. Outras coisas ficarão para trás. Se não interessa, não o faça, mesmo que o chefe goste da ideia. Quando isso acontecer, forneça informações de alto nível sobre o assunto para que se possa tomar uma decisão. O líder da empresa tem de gerir a unidade de negócio sem se envolver em projectos científicos que não levam a lado nenhum.

619. ***Paralisia da complexidade:*** Alguns projectos são extensos e complexos. Mais do que qualquer um pode imaginar. A compreensão da estratégia para atingir um estado previsto que não é claro é extremamente difícil de obter. Nestes casos, é melhor não perder muito tempo a descrever o estado final porque é ambíguo, dada a complexidade que o está a ofuscar. Em vez disso, determinar a direção "certa" e tomar medidas para lá chegar. À medida que se progride, o estado final vai surgindo, criando a clareza necessária relativamente ao seu aspeto. Com a clareza progressiva, surge a capacidade de modificar o plano para chegar ao destino.

620. ***Apreciar a positividade:*** Partilhar a negatividade parece ser mais fácil e acontece com mais frequência do que partilhar a positividade. Consequentemente, terá de ser intencional

na afirmação da positividade. Agradeça às pessoas positivas. Uma atitude de "posso fazer" é positiva e refrescante. Reconheça-a e aprecie-a para que possa contagiar os outros. Partilhe boas notícias para que as realizações de outras pessoas sejam reconhecidas. Se outra pessoa tiver um pensamento positivo, reconheça a positividade ajudando a apoiá-la perante os outros. Seja um modelo de comportamento positivo para que os outros sejam encorajados a imitá-lo.

621. ***Agora, o próximo:*** Quando confrontado com um problema, apresente a situação atual e, em seguida, como poderia ser a situação. A diferença entre as duas é a lacuna a ser preenchida. Muitas vezes, a situação atual não é bem conhecida. Exponha-a. Seja transparente. "Gosta da situação atual?" "Está a ver o que custa a todos os intervenientes para fazer as coisas desta forma?" Com informação sobre o custo associado à situação atual, a situação futura Com informações sobre o custo associado à situação atual, a situação futura e o seu custo podem tornar-se mais convincentes. A visão de um estado futuro motivará as pessoas envolvidas a ajudar na mudança, à medida que determinam o que deve ser feito a seguir para avançar para um lugar melhor.

622. ***Ajudante de sucesso:*** Pergunte aos seus empregados como pode ajudá-los a ter sucesso hoje. Eles apreciarão a sua liderança se virem que o sucesso deles é o seu principal objetivo. Se tivesse contratado vencedores, eles iriam querer a sua ajuda para serem bem sucedidos. O interesse em obter ajuda é especialmente verdadeiro se o seu apoio se tiver revelado fiável. O seu sucesso é um fator de motivação primordial para eles. Utilize a sua influência para eliminar os obstáculos à realização dos seus objectivos. Lembre-se de que, se não der seguimento, perderá a credibilidade. Não terminar é

como se lhe fizessem uma pergunta e não oferecesse uma resposta. As pessoas que precisam de apoio irão perguntar a outra pessoa ou continuarão sozinhas se não lhes der seguimento.

623. ***Informações sobre inquéritos:*** Utilizar sondagens e inquéritos para recolher informações de um conjunto pré-determinado de partes interessadas. Os participantes podem ser clientes ou produtores. Um inquérito cuidadosamente elaborado pode produzir informações valiosas sobre a perceção de algo numa perspetiva ampla ou restrita. Os inquéritos também podem ser utilizados para descobrir informações vitais que não são conhecidas. Em alguns casos, a sondagem deve ser anónima, não importando a origem da informação. Noutros casos, precisará da fonte da informação para fazer o acompanhamento. Pode ser necessário esclarecer uma afirmação ou um valor que foi fornecido. Voltar a contactar a pessoa que respondeu à pergunta pode ajudar neste caso. O contacto com a pessoa que deu o feedback ajuda as partes interessadas a ver que está disposto a ouvir e a agir de acordo com o que é transmitido. Em última análise, a informação deve ajudar na tomada de decisões. Os dados devem apontar para acções que devem ser tomadas para benefício da organização. A força da posição dos inquiridos pode transmitir um sentido de urgência.

624. ***A bordo:*** Certifique-se de que a pessoa que está a trabalhar consigo numa tarefa e que lidera o esforço concorda consigo quanto à relevância, lógica e fundamentação da tarefa. Se não acreditarem na parte "Porque estamos a fazer isto?" da tarefa, será difícil conseguir que executem a parte "o quê" ou "como" da tarefa. Um caminho crítico a ser executado deve ter um objetivo (o que deve ser realizado) e um significado (as implicações para os

participantes e para a sociedade da conclusão do caminho crítico). O objetivo é cego sem um significado compreendido.

625. ***Pré-visualização da reunião:*** Ao agendar uma reunião, certifique-se de que informa os participantes sobre o assunto, para que possam planear uma conversa significativa. Não saber o que vai acontecer na reunião pode ser uma fonte significativa de stress e perda de tempo. Se for necessário tratar de assuntos específicos, designe pessoas para trazerem informações sobre o tema. Se as definições tiverem de ser compreendidas para que se possa conversar sobre elas, forneça as definições. Utilize a reunião para tomar decisões com base nos dados recolhidos e nas inferências associadas. A partilha de informações pode ser feita por correio eletrónico antes da reunião. "Como sabe, a nossa previsão de vendas está ligeiramente abaixo das expectativas. Veja a previsão para o resto do ano neste convite. Venha a esta reunião de vendas com as suas ideias sobre o que a empresa pode fazer para aumentar as receitas com lucro nos próximos dois meses. Iremos discutir uma estratégia para tornar as suas ideias uma realidade".

626. ***Ligar as pessoas:*** Ligar pessoas a outras pessoas que têm o que é necessário para executar uma tarefa. Quando uma tarefa é atribuída a alguém, o âmbito dos conhecimentos necessários para a realizar pode não ser totalmente conhecido. Se tiver uma visão mais alargada do talento na organização, poderá conseguir ligar o proprietário da tarefa a pessoas que saibam como executar a tarefa. Muitas vezes, as pessoas a quem é atribuída uma tarefa não têm um conhecimento alargado do que está disponível em todos os departamentos. O sucesso do projeto é mais provável quando são criadas ligações com pessoas-chave de todos os departamentos e funções e funções.

627. ***Reunião depois do brilho:*** Por vezes, é importante ter uma conversa com algumas pessoas depois de uma reunião. Se a reunião correu bem com o cliente, esta seria uma excelente oportunidade para agradecer e felicitar toda a gente pelo esforço de preparação. Se não correu bem, esta é uma excelente oportunidade para definir planos imediatos para corrigir a relação e a abordagem utilizada para os clientes no futuro. Ter a conversa logo a seguir é significativo porque o conteúdo e as reacções emocionais da reunião estão frescos na mente de todos os participantes. Comentar mais tarde não é tão significativo porque as partes críticas do evento são esquecidas, até certo ponto, uma vez que os participantes passaram para outros assuntos urgentes.

628. ***Cortesia firme*** : Seja cortês, mas não se sinta mal por ser firme e resoluto. Por vezes, as pessoas não lhe perguntam quando sabe a resposta. Nestes casos, especialmente se for responsável, faça-o. Algumas pessoas alinham-se rapidamente porque consideram que é o único caminho a seguir. Outras pessoas resistirão e terão de ser identificadas e receber uma atenção especial. A parte da cortesia terá de incluir a compreensão da sua resistência. Elas podem ter uma perspetiva legítima e corrigível. Considere que, quando é teimosamente firme, arrisca-se a quebrar relações e outros aspectos da organização. Considere o custo e os métodos a serem utilizados.

629. ***Colaboração mínima*** : Se for teimoso e resoluto com as pessoas de quem precisa de colaboração, não se surpreenda se elas deixarem de o apoiar muito e passarem a oferecer um mínimo de energia para o seu sucesso. Elas determinarão que não está a ouvir ou interessado na resolução de problemas. Acabou de se isolar, uma

vez que o seu apoio foi retirado. De facto, qualquer esforço extra que eles planeavam fazer foi cancelado. Pode estar pronto para avançar sozinho; no entanto, se a tarefa for grande e complexa, isso pode diminuir significativamente as suas hipóteses de ser bem sucedido a tempo ou horas.

630. ***Heróis desconhecidos*** : Agradeça às pessoas pela sua contribuição. Destaque os heróis desconhecidos. Estas pessoas geralmente não são notadas, embora a sua contribuição tenha sido fundamental para o sucesso alcançado. Não lhes tire os louros. Certifique-se de que eles recebem tudo e coloque-os no centro das atenções. O facto de as valorizar vai dar-lhes ainda mais energia. Não deixe que outras pessoas fiquem com as atenções, especialmente se não as merecerem. Dê crédito onde ele é devido. Peça ao chefe para enviar uma carta ao colaborador destacando a sua contribuição essencial. O reconhecimento de uma posição elevada aumentará a sua energia e o empenhamento durante futuras oportunidades de realização.

631. ***Obstáculo pessoal*** : Ao longo do tempo, haverá pessoas boas que sofrerão mudanças nas suas vidas. Uma mudança pode ser a morte de um familiar ou uma lesão. Esteja lá para elas. Não deixe passar a oportunidade de ser amável. Arranje uma forma de ser informado sobre estas oportunidades para poder participar. Normalmente, alguém ou um grupo de pessoas numa organização sabe dos obstáculos pessoais que as pessoas estão a enfrentar. Envie flores. Apareça num funeral. Estar presente durante as dificuldades é muito significativo para quem está a enfrentar desafios pessoais.

632. ***Os amedrontadores*** : Se alguém disser que "o céu está a cair" e que "tudo está estragado", refira-se aos esforços anteriores

que foram produtivos e ofereça-se para desenvolver esses esforços para resolver o problema. As pessoas do dia do juízo final vão entusiasmar toda a gente ao exagerar as consequências de uma situação. É preciso lidar rapidamente com os pessimistas para não ficar na defensiva quando toda a gente quiser saber porque é que esta situação crítica não está a ser resolvida imediatamente. As pessoas acreditarão nos pessimistas até que se prove que estão, pelo menos parcialmente, errados. Numa perspetiva construtivista, eles podem mencionar uma vulnerabilidade que precisa de atenção. Poderá haver alguma verdade nos seus comentários, mesmo que não reflictam a realidade. Por outro lado, podem estar apenas a procurar atenção. Ajude-os a concentrarem-se no seu trabalho, estabelecendo expectativas e prazos para a entrega de resultados.

633. ***Resposta rápida*** : Quando alguém executa uma tarefa que você preferia não fazer, certifique-se de que essa pessoa sente o seu apreço. Pode não ter a capacidade de o fazer, mas eles têm. O seu papel pode ser o de apoio ou o de fornecer uma capacidade que eles não têm. Uma parte deste apoio é responder rapidamente aos pedidos de ajuda que eles fazem. Uma coisa é dizer "obrigado", outra é estar agradecido. Certifique-se de que eles compreendem a sua gratidão. Uma pequena lembrança de agradecimento pode ser usada para expressar isso.

634. ***Revisão por colegas*** : Deixe que outros revejam os seus documentos antes de os tornar públicos. A revisão dá-lhes a oportunidade de rever e influenciar o documento e melhora a qualidade do mesmoe poupa potenciais embaraços pessoais. Não deve haver orgulho na autoria. Se o fizer sozinho, sentir-se-á embaraçado sozinho. Esta revisão por pares também melhora a colaboração, que pode ser mútua entre si e as partes envolvidas. Os

erros são fáceis de cometer e podem não ser detectados se não estiver familiarizado com o conteúdo. Os olhos frescos dos revisores podem ser uma mais-valia quando detectam elementos que, de outra forma, não teria visto.

635. ***Mudanças de responsabilidade*** : Se a responsabilidade de alguém mudar depois de lhe ter dado uma tarefa, faça-lhe o favor de lhe dizer isso. A pessoa não deve ficar a saber por outra pessoa a quem foram atribuídas as responsabilidades. Quando não há comunicação, a pessoa a quem foi dada a tarefa pode pensar que desiludiu quem a deu, porque agora não está a trabalhar nela. A pessoa para quem a tarefa foi transferida não a envolve porque acredita que a tarefa é sua. A responsabilização é confusa; ninguém sabe quem é responsável pelo quê e a tarefa não é concluída.

636. ***Recolha de informações:*** Recolher e considerar os pontos de vista de todos, mas dar-lhes prioridade rapidamente dentro do contexto aplicável. Alguns pontos de vista serão ruidosos e devem ser ignorados. Outras informações terão um impacto significativo. Por exemplo, quais as causas principais que tiveram uma influência mais significativa na falha? Reúna a informação e classifique-a por ordem de influência para que a ação com maior impacto possa ser tomada rapidamente.

637. ***Meritocracia de ideias:*** Instale uma meritocracia de ideias. Ganha a melhor ideia. As pessoas que produzem as melhores ideias ganham. As melhores ideias virão de pessoas que podem aprender rapidamente e estão empenhadas em cumprir tarefas relevantes para o sucesso da organização. Lembre-se que as

melhores ideias não vêm das pessoas mais barulhentas. Normalmente, é o contrário.

638. ***Registos geridos:*** Permitir que as pessoas construam o seu registo de realizações e gerir a sua credibilidade. A construção de registos pode incluir permitir-lhes melhorar a sua marca pessoal. Não lhes dê algo em que vão falhar rapidamente. Não se intrometa no seu progresso. Um pouco de coaching pode ser útil se ele concordar. Dê-lhes todo o espaço que quiserem para gerir a situação. A pessoa aprenderá melhor se não for hiper-gerida.

639. ***Descobridores da verdade:*** Deve-se confiar na verdade, mas primeiro é preciso estabelecê-la. Consequentemente, a verdade deve ser procurada de forma agressiva para que seja conhecida. Na ausência da verdade, o risco estará associado a uma decisão inaceitável. Tomar a decisão de qualquer forma pode ser imprudente. Ter a capacidade de procurar a verdade de forma agressiva é muito valioso. A verdade pode residir na análise de dados ou na sabedoria da experiência pessoal. A capacidade de descobrir e compreender a verdade é preciosa. Valorize as pessoas com esta capacidade.

640. ***Fazer o bem:*** É melhor fazer o bem do que parecer bem. Culpe-se a si próprio e seja responsável se descobrir que não está a ser tão bom como poderia ser. Tenha a coragem de fazer coisas difíceis que são um desafio para os outros. Fazer o bem é um fator de motivação significativo porque a recompensa é substancial. Se fizer as coisas corretamente para atingir os seus objectivos, o seu sucesso será muito mais gratificante. Se fez batota ou magoou outra pessoa para atingir os seus objectivos, afinal não os atingiu.

641. ***Processos de pensamento:*** Os comportamentos relacionados com a execução podem ser previstos quando aprendemos como pensam as pessoas em quem confiamos. A expetativa de que os outros pensem da mesma forma que nós é míope. As diferenças entre o pensamento das outras pessoas e o nosso tornam-se evidentes quando as observamos a realizar um objetivo. Antes de lhes dar uma tarefa, compreenda o seu processo de pensamento. Pode não gostar da forma como ele executa uma tarefa, por isso não a deve atribuir. Uma tarefa diferente pode ser mais adequada ao seu processo de pensamento. Dê-lhe a oportunidade de utilizar o seu processo de pensamento para realizar algo. A diferença pode não ser um problema significativo se o seu processo de pensamento funcionar.

642. ***Hierarquia de valores:*** Os valores influenciam os comportamentos que são exibidos numa variedade de situações. Os comportamentos influenciam a aquisição de capacidades, incluindo a profundidade dos conhecimentos. A aplicação das capacidades ocorre através da utilização de competências. As competências são a capacidade de utilizar ferramentas, sendo que cada ferramenta única requer um conjunto específico de competências. A capacidade de conduzir com precisão é influenciada por comportamentos como a diligência, a organização, a atenção aos pormenores, a consciência do meio envolvente, a empatia pelos outros e a conscienciosidade. empatia pelos outros e conscienciosidade. Os comportamentos em jogo durante a condução estão relacionados com os valores que uma pessoa tem. A bondade, o respeito e a compaixão terão um impacto nos comportamentos de condução. Devido à sua influência, os valores são os mais importantes, seguidos dos comportamentos e das competências.

643. ***Gerir a insatisfação:*** Se outro departamento da cadeia de abastecimento não estiver satisfeito com o seu desempenho, ouça o que dizem. Eles podem revelar uma surpresa sobre o seu departamento ou sobre eles próprios. Por exemplo, podem estar insatisfeitos com o seu tempo de resposta aos seus problemas, mas pedem ajuda à pessoa errada. Redireccioná-los pode resolver o problema para ambos os departamentos. É mais importante ouvir e recolher informações sobre o problema do que saber qual é o problema. Descubra qual é o problema e depois tente resolvê-lo.

644. ***Priorização selectiva:*** Dar prioridade às actividades de um subordinado direto apenas se necessário. Caso contrário, ele deve ser capaz de o fazer sozinho. Se ele conseguir dar prioridade às suas tarefas em atraso e terminá-las a tempo, então não há razão para ser gerido. A poupança de tempo do líder, neste caso, é significativa. Se a taxa de conclusão for suficientemente rápida, a definição de prioridades pode não ser necessária. Tudo será concluído independentemente da priorização devido à velocidade de execução. velocidade de execução. A execução rápida é outra forma de autogestão que inclui um conjunto prático de direitos de decisão para os participantes. para os participantes.

645. ***Servir o sucesso:*** Servir os outros para que possam crescer e ter sucesso. O destinatário pode ser uma pessoa, uma funçãoou um departamento. Servir a pessoa ajudando-a com o auto-conhecimento. Aproveitar o mapeamento da auto-consciência para descobrir uma necessidade não satisfeita. Uma compreensão empática das consequências da necessidade não satisfeita encorajará e motivará os participantes a servir até que o sucesso seja alcançado.

Servir é desconfortável para alguns líderes. Estes líderes precisam de compreender os seus benefícios e habituar-se a servir bem.

646. ***Prognósticos escritos:*** Quando descobrir que eles estão errados e que você está certo, dê-lhes a oportunidade de descobrirem como você está certo. Dê a conhecer o seu prognóstico, escreva-o e distribua-o adequadamente. Provavelmente não se lembrarão de que tinha razão quando se aperceberem disso. Faça referência ao seu prognóstico e à data em que o publicou, redistribuindo a sua explicação escrita de há pouco. Eles podem ignorar isso, como fizeram anteriormente; no entanto, o que importa é que se lembraram do que disseram e terão agora a oportunidade de aperfeiçoar a sua capacidade de previsão.

647. ***Substituição:*** Se alguém não puder participar numa sessão de tomada de decisões, peça-lhe que envie um substituto. É provável que o substituto esteja mais próximo da ação do que o seu chefe. Ter uma pessoa mais próxima do trabalho é uma sorte porque a qualidade da conversa será melhor e as decisões da conversa será melhor e as decisões tomadas terão mais influência na resolução do problema. O substituto ajudará a acelerar o progresso e pode informar o seu chefe sobre as decisões tomadas. O progresso da área dentro do âmbito não sofreu atrasos.

648. ***Debates mais curtos:*** Se conseguir terminar a conversa em 30 minutos, não faça um debate de uma hora. A discussão pode amadurecer fora da reunião e depois voltar ao grupo quando necessário. Chegue a acordo sobre a estrutura das tarefas. Faça a primeira reunião para criar movimento, e depois peça aos participantes para fazerem o resto, se isso ajudar a acelerar o ritmo. Utilize pessoas que conheçam muito bem o conteúdo. Elas

produzirão um produto maduro. O objetivo é catalisar uma entrega robusta.

649. ***Limitação da capacidade:*** Não permita que alguém lidere numa capacidade ou nível em que não possa ser bem sucedido. Se a pessoa forçada a um nível que não funciona para ela, está a prepará-la para o fracasso. Quanto é que ele consegue aguentar em cada um dos níveis seguintes? Dê-lhes a oportunidade de mostrarem o que são capazes de fazer. Analise os resultados e ajuste a estratégia. O resultado será muitas vezes surpreendente, uma vez que muitas pessoas conseguem lidar eficazmente com surpresas numa vasta gama de exposição.

650. ***Serviço 360:*** Estar pronto para visitar qualquer pessoa, a qualquer nível, e perguntar-lhe como está a correr. Indique que está disposto e é capaz de prestar assistência, se necessário, para os ajudar a cumprir os prazos. As tarefas podem incluir a adição de um recurso ou a remoção da tarefa e a sua entrega a outra pessoa que a possa completar rapidamente. A tarefa pode ser antiquada e necessitar de uma atualização. Se for válida e ainda necessária, dê-lhe prioridade, tendo em conta a capacidade disponível. A tarefa tem de ser concluída a tempo, independentemente de quem a executa.

651. ***Estar acima:*** Sempre que possível, substitua qualquer pessoa acima de si que não esteja disponível. Substituir é uma oportunidade de ser visto e de alargar a sua influência. Participará em conversas a um nível mais elevado do que anteriormente. A perspetiva a este nível é informativa e deve ser compreendida porque é esta mentalidade que aprova os seus pedidos. As questões locais têm de ser associadas a questões globais de várias unidades. É provável que o mesmo problema esteja presente noutros locais e

está agora melhor preparado para o resolver porque já passou por isso.

652. ***Horário 30:*** Faça uma reunião de 30 minutos e tente terminar mais cedo. Não há problema em terminar uma reunião de 30 minutos em 15 minutos se isso for tudo o que é necessário para obter um consenso ou concordar com um pedido. É mais provável que os participantes estejam presentes porque sabem que a reunião demorará apenas o tempo necessário. Além disso, é mais provável que cheguem a horas porque sabem que a reunião começará sempre à hora marcada. Envie notas no final da reunião para que os participantes se lembrem das suas acções.

653. ***Concordar ocasionalmente:*** Concorde ocasionalmente com alguém de quem normalmente discorda para evitar ser rotulado como cronicamente desagradável. Discordar só por discordar é um desperdício. Compreenda melhor a situação para poder concordar com mais frequência. Por exemplo, dizer "Não" irá congelar o orçamento; no entanto, ao fazê-lo, a unidade de negócio tornou possível a ocorrência de danos. Estes danos tornarão a empresa menos competitiva. Compreenda melhor para que o "Não" não seja a única opção que parece ser utilizada.

654. ***Conversação 360:*** Estar disposto a discutir com qualquer pessoa acima, além ou abaixo de si para obter novas informações, dar orientações ou actualizá-las sobre o estado do projeto. Uma cultura de cultura deve ser, em primeiro lugar, uma cultura de escuta. A informação pode ser solicitada através de contactos e perguntas. A direção pode ser questionada e a resposta subsequente pode ser interpretada. As actualizações só são válidas se o destinatário da informação der feedback sobre o estado da mesma.

As perguntas são mais importantes do que as respostas. Devem ser utilizadas frequentemente para obter um feedback valioso.

655. ***Presentes aproveitados:*** Leve para o trabalho presentes que as pessoas-chave apreciem. Queijo fumado ou algo orgânico da horta (para os intolerantes à lactose) podem ser úteis. Ofereça-os apenas a pessoas de quem precisa de ajuda ou que quer influenciar e que responderão à oferta. As boas relações ajudam-no a concluir as tarefas. É útil que as pessoas confiem em si e acreditem no que diz, mesmo quando o desafio é complexo. Conseguir a atenção dos colegas que o podem ajudar é um desafio. Se eles o considerarem generoso, terá mais hipóteses de obter a sua ajuda.

656. ***Pedir desculpas com facilidade:*** Estar disposto a pedir desculpa rapidamente quando comete um erro. Não seja teimoso e desperdice energia a tentar defender-se ou culpar alguém ou alguma coisa. Admitir a sua falha ou fracasso ajudá-lo-á a restabelecer rapidamente as relações quebradas. Certifique-se de que dedica tempo a compreender a situação e o seu processo de tomada de decisão. Saiba o que precisa de ser corrigido para evitar voltar a cometer o mesmo erro. Se repetir o erro não for apelativo, então comece a melhorar o processo pedindo desculpa.

657. ***Erro do operador:*** Trata-se de uma desculpa quando alguém numa posição de liderança não quer assumir a responsabilidade pelas acções dos seus empregados ou pelo processo que estão a utilizar. O líder permitiu que estas condições existissem e, por isso, deixou que o erro acontecesse. Ele deve assumir a responsabilidade pela perda relacionada com o risco. Culpar um operador não resolve o problema, mas indica que o líder ainda não descobriu porque é que a falha ocorreu. A liderança e a

capacidade são necessárias simultaneamente para descobrir, reconhecer e mitigar as vulnerabilidades no processo que precisam ser corrigidas para que os erros não sejam permitidos pelo processo. O operador executa o processo que lhe é atribuído. Ele pode executar Este processo pode ser executado corretamente e criar resultados que não correspondam às expectativas.

658. ***Conversas em reuniões:*** Realize conversas de reunião que sejam rápidas, focadas e influentes relativamente ao planeamento de acções e à monitorização do desempenho. Enviar notas imediatamente após a reunião para referência. Estas notas devem incluir acções que tenham prazos associados. As informações que poderiam ter sido partilhadas por correio eletrónico não precisam de consumir o tempo da reunião, a menos que seja necessário chegar a um consenso. Converse, chegue a um acordo e interrompa a reunião para que as tarefas possam ser concluídas a tempo.

659. ***Conteúdo da reunião:*** Saber o que é necessário apresentar nas reuniões de grande dimensão em comparação com as mais pequenas. As pessoas ouvirão e envolver-se-ão se os tópicos forem relevantes para a situação dos participantes. A audiência pode ter uma composição diferente, dada a dimensão. Numa reunião mais pequena, a negociação pode ser mais provável. As reuniões maiores podem ser necessárias para motivar e inspirar. Para obter o melhor efeito, adapte o conteúdo à composição da audiência.

660. ***Acelerar o progresso:*** Pergunte às pessoas que estão a trabalhar em algo se precisam de ajuda para remover obstáculos e acelerar a sua taxa de conclusão. Normalmente, dirão "não", mas ainda têm alguns itens de ajuda em mente. Fale mais com elas para

saber mais sobre as oportunidades actuais. Fazer com que as partes interessadas avançar mais rapidamente requer colaboração para o benefício de todos. Alguns estão prontos a aceitar ajuda; noutros casos, é necessário estabelecer a confiança. Se for capaz, a sua reputação pode precedê-lo para uma rápida aceitação.

661. ***As suas informações:*** Se alguém quiser apresentar as suas informações recolhidas, dê-lhe o que ele precisa, porque ele não pode dar a "cor" ou os pormenores que só você pode explicar. Se eles preferirem usar o estilo deles, não perca tempo com a parte do estilo da apresentação, porque eles vão substituí-lo pelo deles. Pode ser necessário alterar o estilo para garantir a consistência do estilo da parte deles. O tempo que utilizaria para estabelecer um estilo pode ser um esforço desperdiçado. Peça-lhes a sua apresentação quando terminarem. Poderá utilizar alguns dos seus diapositivos se assim o desejar.

662. ***Participante desagradável:*** Se alguém for cronicamente desagradável, tente excluí-lo, pois está a desperdiçar tempo e a consumir oxigénio na sala. Se a pessoa não estiver de acordo num determinado caso, dê-lhe uma oportunidade para se acalmar e explicar a sua posição. Mais tarde, contacte-o para ver se a sua posição mudou. Responda em conformidade. Existe sempre a possibilidade de estar errado. Isso acontece. Deixe uma porta aberta para isso. Por outro lado, se a outra pessoa só quer atenção, o que não produz valorentão, desligue-se porque está a perder tempo, incluindo o tempo das pessoas que trabalham consigo.

663. ***Ligações de especialistas:*** Ligue os seus colaboradores aos especialistas de que necessitam para compreender e realizar tarefas. As ligações serão úteis para que possam apoiar-se nesses

especialistas a partir de agora. Podem também adquirir conhecimentos que os tornarão mais auto-suficientes. Com estes conhecimentos, precisarão dos especialistas com menos frequência. Combine o aluno com o professor, uma vez que as competências do aluno, se combinadas, permitirão uma taxa de transferência de conhecimentos mais rápida.

664. ***Distribuir os motores:*** Se estiver a trabalhar com um grupo, dê mais atenção às pessoas "capazes" de fazer avançar o grupo. Há sempre razões para que algo não possa ou não deva ser realizado. Os opositores conhecem todas estas razões para evitar o risco associado à inovação e têm todo o gosto em comunicá-las. Eles terão de os apanhar ou ficarão para trás. Os obstáculos são provas de desafios que têm de ser ultrapassados. Resolver rápida e corretamente as necessidades e os problemas não satisfeitos é o que tem de acontecer. O horizonte temporal é curto e o problema não deve voltar a ocorrer pelo facto de não ter sido tratado adequadamente no início.

665. ***Agenda arbitrária:*** Se decidir arbitrariamente o que vai ser discutido numa reunião, estará a ignorar tópicos essenciais para os outros, mas não para si. O âmbito da conversa deve ser definido; no entanto, as boas ideias dentro do âmbito da conversa não devem ser ignoradas. Se alguém tiver uma ideia interessante, não a interrompa por uma questão de tempo. Pode perder uma boa ideia em resultado disso. Certifique-se proactivamente de que todos sabem o que torna uma ideia "boa", para que os criadores saibam quando se devem afirmar.

666. ***Estratégia de comunicação:*** A comunicação deve ser otimamente frequente, transparente, corretamente encaminhada e executada atempadamente para reduzir o desperdício provocado pela ambiguidade. Se a frequência da comunicação for demasiado elevada, será ignorada. Se for demasiado baixa, as pessoas sentir-se-ão desinformadas. Certas comunicações não devem ser feitas mais cedo ou mais tarde do que num momento crítico. Saiba qual é o momento crucial. É necessário um nível ótimo de transparência. Ocultar informações vitais das pessoas que delas necessitam pode levar a erros e omissões. As pessoas certas precisam de receber a notificação ou de participar na discussão para que haja progressos. A ambiguidade e a confusão reduzem a utilidade dos destinatários porque não actuarão ou cometerão um erro.

667. ***Aceleração da maturidade:*** Um fluxo de trabalho faseado precisa de ser estruturado em torno de uma ideologia validada "right-first-time" que acelera a maturidade e a realização dentro do âmbito da implementação. O ciclo de mudança e equilíbrio é repetido para alcançar um fluxo de trabalho maduro em fases. O passo evolutivo seguinte não deve ser tentado se o estado atual não estiver em equilíbrio. Avançar demasiado depressa durante qualquer fase arrisca significativamente o fracasso global do âmbito. Assim que os resultados forem verificados como estando dentro da especificação durante qualquer fase de transição, o próximo passo pode ser considerado.

668. ***Suporte de encargos:*** A capacidade de execução é determinada pelo grau de apoio dado aos agentes de mudança para completarem as actividades de mudança, que são normalmente um desafio que ultrapassa a sua carga de trabalho atual. É necessário

apoio para eliminar os factores de bloqueio que impedem o progresso. Os bloqueios podem ocorrer numa variedade de disciplinas. Uma ferramenta digital pode precisar de ser melhorada. Pode ser necessário acrescentar um requisito de talento ao processo de recrutamento. Novos desafios resultam na descoberta de novos obstáculos que têm de ser ultrapassados. A gestão atempada destes obstáculos estará relacionada com o facto de o produto final estar disponível a tempo.

669. ***Energia desviada:*** As actividades sem valor desviam e consomem energia quando uma resposta de mitigação de comportamento é atrasada. Alguns comportamentos exibidos durante mudanças ou transições não são construtivos. Permitir que os perturbadores influenciem o ritmo do progresso resultará em atrasos porque os recursos são consumidos na realização de actividades que não-não valiosas. O desvio de energia continuará até que o comportamento seja detido e removido. A resposta de mitigação do comportamento deve ser atempada e deixar claro para todos que estes comportamentos não serão tolerados. Os melhores talentos apreciarão a intervenção atempada.

Ser atrativo

As partes interessadas são atraídas por líderes eficazes (Wellens & Jegers, 2014). Em alguns casos, segui-los-iam para onde quer que fossem. Se deixarem a empresa, as pessoas segui-los-ão até à sua nova empresa. O que é que os torna atractivos? Quais são os aspectos de um líder que o tornam digno dos seus seguidores? As pessoas não deixam as empresas; deixam os seus chefes (Branham, 2012). Os líderes podem ser atractivos, mas também podem ser vis e tóxicos. Uma equipa de liderança atractiva Uma equipa de liderança atractiva ajudará a povoar os melhores talentos da organização. O talento é fundamental para o desempenho organizacional. Grandes líderes recrutam grandes pessoas (Charan, Drotter, & Noel, 2011). Líderes medíocres contratam pessoas medíocres. Um segue o outro. Parte desta atratividade reside na auto-orientação do líder. Estão a contratá-lo para terem bom aspeto ou para que cresça na sua profissão enquanto é orientado? Os grandes empregados são atraídos por grandes líderes que os ajudam a realizar o seu potencial e a atingir os seus objectivos (Stahl, Björkman, Farndale, Morris, Paauwe, Stiles, & Wright, 2012).

Figura 21. As organizações atractivas obtêm empregados interessados e talentosos a um custo mais baixo.

As seguintes tácticas de serendipidade na engenharia, sem qualquer ordem específica, podem ajudar a ser atraente:

670. ***Gestão do crescimento*** : Gerir bem o crescimento. O aumento da quota de mercado deve ser optimizado em relação ao aumento dos custos. O crescimento pode ser mais rápido se a organização utilizar sinergias que potenciem economias de escala. As economias, por sua vez, optimizarão as estruturas de custos e o potencial de lucro. potencial de lucro. O crescimento tem uma velocidade terminal baseada na capacidade da organização de absorver o novo trabalho sem prejudicar a marca. A marca pode ser

prejudicada quando há problemas de fiabilidade relacionados com a qualidade e pontualidade. A velocidade terminal da mudança pode ocorrer com melhorias na culturaAs ferramentas e os métodos utilizados e o talento utilizado.

671. ***Aprender a qualidade*** : Estabelecer uma referência de qualidade para os cursos no sistema de gestão da aprendizagem e sistema de gestão da aprendizagem e, em seguida, elevar cada módulo de aprendizagem a esse nível. A partir daí, aumente o nível de referência e repita o processo de eliminação das lacunas. A referência pode ser aumentada quando as pessoas que frequentam os cursos dão feedback sobre a utilidade dos cursos para as ajudar a realizar tarefas. Os formandos devem indicar se a formação foi prática, se lhes permitiu obter as competências de que necessitam, se os princípios apresentados podem ser aplicados ao seu trabalho e se a formação ajudou a melhorar o seu desempenho.

672. ***Mudanças Ambientais*** : Os líderes precisam de mostrar que estão à frente de qualquer mudança significativa que esteja para vir. A consciencialização da mudança dá segurança salarial aos empregados. Transparência sobre mega-tendências e tendências específicas do sector devem ser discutidas; no entanto, deve ser utilizada uma abordagem equilibrada. Concentrar-se nas tendências negativas e evitar as tendências positivas cria ansiedade e medo devido ao desequilíbrio. Devem ser implementadas acções de preparação para as mudanças que ajudam a manter a empresa continuamente relevante. A perceção de que o status quo é uma estratégia sólida é míope porque tudo é temporário.

673. ***Melhores noutro lugar*** : Não crie um ambiente em que os seus melhores colaboradores prefiram trabalhar noutro lugar. Se

optarem por trabalhar para si e não houver melhor opção, ficarão e estará numa boa posição. Se não preferirem trabalhar para si, irão embora quando surgir uma oportunidade que seja melhor para eles. Porque é que devem ficar? As pessoas deixam os seus gestores, não a empresa. Infelizmente, algumas pessoas pensam que noutro lugar será melhor, mas não é. Mudaram-se para outra organização e agora querem voltar. Infelizmente, o seu lugar já foi preenchido. Se o novo emprego for melhor, a pessoa conseguiu ganhar a sua aposta e a sua qualidade a sua aposta, e a sua qualidade de vida profissional irá melhorar.

674. ***Mediocridade excecional*** : Os gestores não devem criar um clima em que os empregados tragam a sua mediocridade para o trabalho e depois apliquem o seu excepcionalismo em actividades fora do trabalho. Os líderes promovem a mediocridade quando não permitem que os seus empregados exerçam os seus talentos enquanto trabalham. Conhecer as suas capacidades e os comportamentos que as apoiam é um primeiro passo. O segundo passo seria ajudar o empregado a empenhar-se na utilização dos seus talentos. Quando os empregados trazem as suas melhores capacidades para o seu local de trabalho, a empresa pode exceder os seus objectivos.

675. ***Obediência Cega*** : Obedecer ao chefe sem compreender, ou mesmo sem ter a oportunidade de desafiar ou questionar o raciocínio para obter conhecimento ou encorajar uma correção de perceção, promove a mediocridade. O chefe nem sempre tem razão e não compreende necessariamente o que se passa no mundo do trabalho de cada empregado. O chefe também tem limitações relativamente ao que pode compreender. Pode ser tendencioso porque a solução que espera implementar foi utilizada

com sucesso noutro local. As decisões arbitrárias estão repletas de riscos devido à falta de contributos de participantes bem informados.

676. ***Envolvimento dos quadros superiores*** : Alguns projectos de alto nível requerem o envolvimento dos executivos para garantir que são bem executados, que correspondem às expectativas, que a dinâmica é adequada e que a iniciativa é operacionalizada dentro do prazo. Os executivos têm acesso aos recursos para ajudar em várias situações e estão cientes das expectativas que precisam de ser alcançadas. Se as expectativas precisarem de ser alteradas, também o podem fazer. Também podem recorrer a recursos, conforme necessário, para ajudar com os atrasos e o retrabalho, caso ocorram.

677. ***Considerações importantes*** : Ao não considerar os itens necessários e aparentes, está a excluir as pessoas que se preocupam com eles. O que considera importante pode não ser essencial para outras partes interessadas. Ouça e veja o que é vital da perspetiva do participante, não da sua. Compreenda porque é que é fundamental para eles. Com esta compreensão, poderá mudar de ideias sobre o que é importante. Aborde as preocupações deles e não apenas as suas. Se não o fizer, a credibilidade da sua estratégia de comunicação está em risco.

678. ***Politicamente astuto*** : Os seus subordinados diretos procuram um chefe que os proteja ou os ajude a navegar na política da empresa. Como líder, deve ser politicamente astuto para manter os empregados essenciais longe de qualquer prejuízo para a sua carreira. Por exemplo, um pedido será recusado para promover alguém. Se for descrito o quadro geral que torna claro que existe um retorno sobre o investimento da promoção, então a objeção política

pode ser eliminada. Apresentar a informação de forma diferente pode resultar numa aprovação que de outra forma não aconteceria.

679. ***Seguindo a conversa*** : Não faça uma reunião; tenha uma conversa significativa. O significado sugere que o nível de valor da reunião foi apropriado, considerando a necessidade de se reunir e resolver um problema ou discutir uma oportunidade. Em seguida, diga: "Obrigado pela conversa. Agora entendo melhor a situação. Fico contente por termos conseguido tomar algumas decisões com impacto". Assegure-se de que os objectivos e as tarefas estão todos claros, com os respectivos prazos.

680. ***Fiabilidade do aprovisionamento*** : Diga aos seus clientes que está a trabalhar na fiabilidade da cadeia de abastecimento numa perspetiva de tudo incluído (quando alguns dos seus outros fornecedores na cadeia de abastecimento estão a fazer asneira). Tudo incluído significa que toda a cadeia de abastecimento produzirá um resultado que deve corresponder às suas expectativas. Por seu lado, terão de fornecer instruções e especificações que sejam compreendidas. Se fornecerem activos para as variações dos produtos, estes também devem cumprir as especificações e estar disponíveis a tempo.

681. ***Chat temático*** : Criar um canal de comunicação em que as pessoas queiram participar. Um canal de chat atrairá pessoas que querem participar na resolução de problemas num determinado âmbito ou categoria. O canal pode então determinar, instalar e validar a eficácia de uma solução. A comunicação é rápida num canal com base na sua conceção. O canal é um ótimo local para descobrir soluções através do contributo de outras pessoas próximas do

problema. Os participantes podem ser encorajados e elogiados no canal.

682. ***Consciência Imperfeita*** : Aceite o facto de que não é perfeito. Se não tem consciência disso, pode ter a certeza de que os outros têm. Tente compreender isso. Corrige o que puderes e compensa o resto. Ser mais brilhante neste aspeto torná-lo-á mais forte. No entanto, assegure-se de que não está num papel em que as suas imperfeições o tornem ineficaz. Abandone tudo o que não seja eficaz ou não crie valor. Em vez disso, adopte continuamente métodos que o tornem mais eficaz. Imite apenas as caraterísticas dos outros que seriam eficazes para si. O que funciona para eles no seu ambiente pode não funcionar para si.

683. ***Obsessão Ágil*** : Obsessão pela capacidade de ser continuamente ágil. "Como posso ser mais ágil hoje?" deve ser uma pergunta no início e durante o dia. A mudança "em voo" ajuda-o a afastar-se das ameaças e posiciona-o para o sucesso. Sempre gire para a descoberta do conhecimento e o desenvolvimento da sabedoria. A sabedoria é criada através de retrospectivas, em que há uma avaliação verdadeira e uma tomada de consciência das decisões recentes e das suas consequências. A honestidade ajuda a desenvolver uma cultura de sabedoria numa organização e num participante individual.

684. ***Potencial de perdão*** : Ter a capacidade de perdoar. Deve pôr de lado os seus sentimentos de mágoa e de raiva na sequência do tratamento que recebeu. O perdão ajudá-lo-á a seguir em frente. Não perdoar significa que está preso ou paralisado porque as suas emoções o prendem. O perdão torná-lo-á corajoso porque

não está preocupado com as relações danificadas. Recear a utilização de relações danificadas torna-o tímido.

685. ***Bola de Cristal*** : Por vezes, os sistemas que utilizou para acompanhar o progresso das encomendas estão incorrectos e a informação é enganadora. Se forem tomadas decisões com base nesta informação, estas serão provavelmente erradas, ineficazes ou destrutivas. Se demorar algum tempo a corrigir "o sistema de acompanhamento" e as decisões estiverem urgentemente pendentes, talvez seja bom utilizar a sua bola de cristal. É muito provável que, se estiver em sintonia com a situação, a sua bola de cristal seja mais precisa do que o sistema. Utilize-a. É bom praticar e avaliar a sua precisão. Adivinhe e veja se está perto. Se não estiver suficientemente próximo, considere a razão pela qual existe uma diferença entre a realidade e a sua bola de cristal. Adivinhe melhor da próxima vez. Isto vem com a prática.

686. ***Prato de prata*** : O serviço numa bandeja de prata faz com que o destinatário se sinta bem com o serviço que recebeu. Pode ser um pouco negativo se a pessoa que pede a bandeja de prata estiver principalmente preocupada com o seu próprio interesse, o que se torna a sua expetativa contínua. Uma vez que os níveis de serviço são relativos, a sua bandeja de prata deve ser melhor do que a de qualquer outra pessoa; caso contrário, não será suficientemente boa. As expectativas mudam continuamente.

687. ***Criar clareza*** : Procure ser claro quando está a comunicar. É difícil inspirar se a sua comunicação não for eficiente e eficaz. A clareza ajuda a garantir que o que foi dito faz sentido. Independentemente de quem fez a declaração, o processo de sensemaking deve ser o mais breve possível porque a dissonância

cognitiva foi minimizada. Gerir a clareza para que ela esteja sempre presente. Se houver confusão ou ambiguidade, é preciso saber que ela existe e, em seguida, é preciso tomar medidas para lidar com ela. A paralisia não deve acontecer se houver falta de clareza a longo prazo, uma vez que a clareza a curto prazo deve ser útil para as pessoas avançarem e darem o próximo passo.

688. ***Right Thing*** : Não se trata de se esforçar mais, mas de atingir um objetivo com o menor esforço possível e, ao mesmo tempo, satisfazer as expectativas de qualidade qualidade e pontualidade. A coisa certa a fazer deve incluir a redução do esforço para realizar uma tarefa no momento certo e da forma correta. A utilização de métodos optimizados e do talento certo ajudará a criar valor rapidamente para os clientes que têm uma necessidade. A atitude correta pode ser desconfortável ou mesmo contra-intuitiva. Em algum momento, sabemos que era a coisa certa a fazer.

689. ***Experiência Incrível*** : Os melhores talentos são atraídos por uma organização que faz coisas incríveis no seu ambiente. Eles podem experimentar iniciativas e inovações ao abraçar o "incrível" como uma atividade típica. Eles devem ver o incrível como a missão da organização. A organização que alcança resultados notáveis com métodos simplificados terá a vantagem que procura nos seus mercados.

690. ***Celebrar o Extraordinário*** : Em primeiro lugar, reconhecer quando algo de extraordinário aconteceu. Deve ser evidente se a criatividade e o esforço extraordinários foram utilizados para criar algo. Identifique as pessoas que estiveram envolvidas. Dê-lhes o crédito pelo feito. E, em seguida, comemorar a operacionalização da sua criação. Resultados mensuráveis podem

ajudar a validar a eficácia da sua criação. Considere que se o extraordinário não for celebrado, não deve esperar que ocorra frequentemente.

691. ***Recompensar o sucesso:*** Para motivar, encontre um desafio com uma recompensa adequada e valiosa. As recompensas ajudarão os líderes a incentivar o desempenho dos outros membros da equipa. Não deixe que os membros da equipa exagerem a recompensa porque, nesse caso, a recompensa nunca se concretizará. Não adicione demasiadas pessoas ao esquema de recompensa, porque não fará sentido. A recompensa será dada a pessoas que não fizeram nada. Limitar o âmbito à equipa, fazendo-o acontecer (4 ou 5). A outra vantagem de uma recompensa valiosa é que o aumento do nível de energia O outro benefício de uma recompensa valiosa é que o aumento do nível de energia irá stressar o sistema e revelar bugs e oportunidades de melhoria. O stress forçará o sistema a tornar-se mais robusto e compreendido por quem o utiliza. Deixe que os utilizadores influenciem a conceção do sistema. À medida que a equipa melhora o seu desempenho, o cliente pode ser desafiado a fornecer mais volume, a fornecer boas peças (a transparência revelará tudo) e a ajudar o cliente e o chefe a apreciar a equipa pelo seu excelente trabalho.

692. ***Acumulação de goodwill*** : O goodwill acumula-se e é drenado; a taxa líquida de acumulação de goodwill é crítica. É difícil obter um esforço suplementar É difícil obter qualquer esforço extra de pessoas que não têm boa vontade para com a organização. A boa vontade é drenada através do sacrifício pessoal. Aumenta quando há uma recompensa valiosa pelos seus esforços. Um sacrifício pessoal sem uma recompensa significativa resultará numa redução líquida da boa vontade acumulada.

693. ***Priorização do impacto*** : Mostrar às pessoas como priorizar oportunidades para causar um impacto rápido e significativo onde for necessário. Em alguns casos, o impacto pode ser isolado numa área carente. Noutros casos, o impacto tem de ser num local que seja um predecessor de outro passo necessário. Não se pode ter impacto numa etapa sem considerar a etapa seguinte, da qual a ação depende. Dar prioridade fora da sequência significa que algo que não é necessário ou que depende de algo que é necessário mas que não recebeu qualquer atenção estará pronto.

694. ***Criação de políticas*** : Dê aos gestores a possibilidade de criarem as suas próprias políticas e de as testarem. Se estiverem alinhadas com os principais objectivos da organização e não violarem nenhuma lei, porque não? Deixe-os conduzir, porque eles sabem o que é necessário e terão adesão ao que criarem. Aproveitarão a oportunidade para se autogerirem através de outras actividades de criação de políticas. Responderão rapidamente a situações que exijam orientação, evitando o apodrecimento e o contágio.

695. ***Trabalho fácil*** : Pretende que seja fácil para os clientes externos trabalharem consigo; no entanto, também pretende que seja fácil para os clientes internos trabalharem consigo se tiver uma cadeia de abastecimento em que uma função depende do desempenho da outra. Pense no que precisa de fazer para que seja mais fácil para as pessoas da organização trabalharem consigo, clarificando as suas expectativas. Está confuso? Indeciso? Errático? Tem dificuldades de comunicação? Pergunte-lhes o que tornaria mais fácil trabalharem consigo.

696. ***Gerir o insucesso*** : Os líderes não devem permitir que um fracasso leve as pessoas a procurar outro emprego. Quando uma

quantidade significativa de negatividade está associada ao fracasso, as pessoas envolvidas ficam desmotivadas. O insucesso é uma oportunidade para aprender de forma iterativa. Quando um fracasso acontece, proporciona uma vantagem sobre um concorrente que ainda não experimentou o fracasso. Aprenda o mais possível sobre o fracasso com as pessoas envolvidas para melhorar o processo, evitando assim soluções para os problemas errados e atrasos na aprendizagem que corroem a sua vantagem competitiva vantagem competitiva.

697. ***People Care*** : Numa crise, cuide dos seus colaboradores. Se os perder, a perda é sua e a culpa é sua. Numa situação em que se sente uma dor ou uma consequência significativa, ignorá-la revela falta de empatia. Reserve um momento para compreender aquilo por que estão a passar. O que pode parecer pequeno para si pode não o ser para eles. Uma pequena quantidade de energia ou um presente ou gesto pequeno mas significativo pode fazer uma grande diferença emocional para uma pessoa magoada. Dependendo da situação, pode ser prudente fazer alguma acomodação. Se for o caso, a pessoa ficará agradecida e lembrar-se-á do seu ato durante algum tempo.

698. ***Comunicações dinâmicas*** : É bom comunicar em excesso, mas a certa altura, torna-se um incómodo e uma perda de tempo. Saiba onde se situa esse ponto e altere a sua estratégia de comunicação para que a sua comunicação seja interessante e levada a sério. Por exemplo, se marcar uma reunião diária para monitorizar um projeto e esta estiver a correr bem, será que precisa de a fazer todos os dias? Um dia sim, um dia não pode ser uma boa opção, ou então todas as semanas. Parar a série quando deixar de ser útil. Poupará às pessoas o tempo que é consumido pela reunião.

699. ***Bom patrão*** : Os trabalhadores andam à procura de um bom patrão. Muitos bons empregados seguiriam um bom patrão para outra empresa. Um bom chefe é difícil de encontrar para alguns dos melhores talentos. Seja essa pessoa que consegue atrair os melhores talentos para onde quer que vá. As pessoas devem querer trabalhar para si. No contexto de uma empresa em fase de arranque, algumas pessoas trabalharão para si gratuitamente durante longos períodos de tempo porque acreditam no que está a fazer. Passarão tempo consigo, confiando que valerá a pena devido ao seu historial de sucesso.

700. ***Valor da iniciativa:*** Tornar as iniciativas significativas, atribuindo-lhes valor a elas. "Esta iniciativa é para a sua sobrevivência." "Esta iniciativa ajudá-lo-á a prosperar nesta área." Não há razão para lançar uma iniciativa que não seja convincente, pelo menos para a audiência correta. Se não se aperceberem do valor da iniciativa, então não compreendem o que precisa de ser fornecido. O valor organizacional de uma iniciativa deve ser enfatizado antes do início.

701. ***Gerir a ótica:*** As percepções e os julgamentos são feitos a partir da ótica. O "aspeto" da situação pode ser determinado a partir de uma folha de cálculo, do que é visto ou ouvido. A ótica pode ser influenciada por comentários de outras pessoas, que podem incluir deturpações ou preconceitos. Estas ópticas desencadearão uma reação que pode ser indesejável. Esteja ciente da ótica e gere-a adequadamente. Se não for possível gerir, prepare-se para lidar com as consequências.

702. ***Treinador de Influência:*** Pergunte às pessoas que influencia como se sentem em relação à sua capacidade de

influenciar os outros para que possam avançar com as suas equipas. Ajude-as com a sua capacidade de influenciar ou multiplicar o impacto da sua liderança. Treinar os líderes sobre a sua influência é muito mais importante do que treiná-los sobre as acções que devem tomar, porque este nível de treino determina as acções.

703. ***Palavra específica:*** Por vezes, o chefe fica preso a uma palavra específica e utiliza-a para descrever algo. Digamos que a palavra é "desleixado". O chefe usará essa palavra para descrever algo específico que ele acha que se encaixa na definição. Comece a usar a palavra de uma forma geral para aplicar a qualquer coisa que considere ser desleixada. Isto ajudará o chefe a deixar de utilizar este termo depreciativo para um aspeto específico da cadeia de abastecimento. A questão do desleixo pode ser um problema geral e não específico. Se se tratar de um problema geral, não se deixe destacar, porque a questão exige um tratamento geral mais alargado do que apenas a sua área de responsabilidade.

704. ***Atenção do chefe:*** Se o chefe o deixar em paz, encare isso como um elogio. Se mantiver o chefe informado sobre o que está a fazer, e se o chefe não responder, isso pode significar que o chefe tem confiança na sua capacidade de decidir o que fazer. Tenha cuidado se ela retirar o apoio, porque isso pode significar outra coisa. Pode significar que a atenção que ela lhe dá não vale a pena, porque acha que não está alinhado com a visão dela. Pode estar a ter uma diminuição do seu valor na organização. Procure obter feedback da chefe para garantir que está no caminho certo.

705. ***Reuniões voluntárias:*** As reuniões devem ser voluntárias. Se não comparecer, ou perdeu a oportunidade e não saberá o que está a acontecer, ou não tem preocupações ou opiniões

sobre o assunto, ou foi uma perda de tempo para si, ou é uma prioridade inferior a outras coisas. As reuniões com valor são normalmente desejadas e priorizadas por grandes funcionários. Eles devem querer estar presentes porque é uma oportunidade para influenciarem o seu sucesso.

706. ***Ferramentas profissionais*** : Utilizar ferramentas profissionais de planeamento, como diagramas de diagramas de fluxo de trabalho, diagramas de Gantt, gráficos PERT, etc., para instituir uma linguagem comum para o planeamento e a execução. Uma referência visual pode ser benéfica para a compreensão ou para explicar algo. As apresentações devem ser de alta qualidade. As mensagens de correio eletrónico, em especial as que têm um modelo, devem ser de alta qualidade. As pessoas tendem a não levar a sério uma comunicação pouco profissional. Não quererão prestar-lhe atenção se não for concisa e apelativa.

707. ***Norma de especificação*** : Utilize uma norma para tudo o que precisa de ser alcançado. Se um cliente não tiver a certeza do que pretende, dedique algum tempo a elaborar uma especificação aceitável. Uma especificação pode ser utilizada para uma configuração, um ativo fornecido ou um relatório. Os pormenores podem ser uma especificação, uma norma referenciada ou um requisito criado internamente. Auditar o que está a ser produzido em relação à norma para compreender a lacuna a colmatar. Devem ser apresentadas provas para demonstrar a conformidade com a especificação. Se não houver uma especificação, continuará a aperfeiçoar o produto até que o destinatário fique satisfeito. Para o evitar, basta um ciclo.

708. ***Conforto do cliente:*** Os clientes precisam de se sentir confortáveis consigo. Se não tiverem confiança em si, será mais difícil confiarem em si. Descubra qual é o défice de confiança e porque é que ele existe. Ouça e recolha os pormenores. Pode haver uma parte do problema sobre a qual a pessoa tem controlo. Identifique-a também. Comprometa-se a trabalhar para colmatar as lacunas. Obtenha o compromisso deles para ajudar, incluindo o cumprimento dos prazos estabelecidos para que haja um momento em que a relação será melhor.

709. ***Quantidade conhecida*** : Ser conhecido pelos diferentes líderes-chave da organização. O conhecimento de si aplica-se também às pessoas que trabalham no terreno. Eles devem saber o que espera para poderem esforçar-se por atingir o seu nível de excelência. Se as suas capacidades e interesses forem conhecidos, serão procurados sempre que necessário e as pessoas com quem trabalha compreenderão claramente as suas expectativas sem perguntar. Dir-lhe-ão: "Sei que não gosta deste aspeto. Vamos trabalhar para o corrigir imediatamente".

710. ***Eficácia a nível mundial*** : Ser capaz de lidar com fusos horários e culturas. A inteligência cultural, a consciência, a empatiae a experiência intercultural são úteis para a influência e colaboração globais. A eficácia advém dos líderes que possuem capacidades interculturais. O desafio da língua é um exemplo. Quando se trabalha com pessoas em inglês, e se esta não for a primeira língua que aprenderam, é necessária sensibilidade para uma comunicação clara. Algumas expressões idiomáticas não serão traduzidas e deixarão o destinatário confuso.

711. ***Qualidade da comunicação:*** A qualidade dos produtos finais é essencial para satisfazer as partes interessadas. A comunicação deve ser encarada como um produto final. Tem um impacto significativo nos produtos e serviços, pelo que deve ser submetido a um nível de controlo de qualidade proporcional à sua influência. Para atingir um elevado nível de qualidade na comunicação, certifique-se de que é exacta, relevante, oportuna e polida. Se não for considerada correta, será ignorada. Se não for adequada às necessidades actuais, será desvalorizada. O público sentir-se-á frustrado por estar às escuras se não for oportuno. Se não for polido (ortografia, gramática, qualidade de visualização), não terá a credibilidade de que necessita.

712. ***Elevação da comunicação:*** A altitude da comunicação está relacionada com o conteúdo que está a ser partilhado. Uma comunicação a alta altitude será mais filosófica e uma comunicação a baixa altitude incluirá pormenores sobre tarefas específicas. Independentemente da altitude, a comunicação deve ser clara para o público. Certifique-se de que sincroniza a altitude com o público. Nalguns casos, a altitude da comunicação tem de começar num nível elevado e depois passar para o nível da tarefa. Conheça a altitude inicial e saiba onde a viagem de transferência de conhecimentos deve parar. As pessoas de nível superior podem não querer saber dos pormenores, mas vão querer perceber porque é que a estratégia é um bom plano. As pessoas de nível inferior podem querer ver como os detalhes se encaixam no objetivo da estratégia.

713. ***Valor da conversa:*** Uma conversa com significado deve servir alguém, ter um objetivo e ter alguém responsável por a facilitar. Se a conversa não satisfaz uma necessidade, não serve a

audiência. O objetivo da conversa deve ser o de reforçar ou alterar uma direção. Por exemplo, uma conversa útil pode chegar a um consenso sobre uma estratégia. Por vezes, uma discussão sem líder pode tornar-se caótica e não servir um objetivo. São necessárias boas competências de facilitação para orientar uma conversa com sentido, incluindo a descoberta ou a articulação.

714. ***Valor educativo:*** A educação pode produzir valor organizacional. A descoberta irrelevante terá uma influência mínima sobre as percepções e motivações das partes interessadas. A descoberta relevante através de conversas significativas produzirá conhecimento relevante. A criação de consenso em torno de um objetivo cria valor através do alinhamento. Compreender o valor organizacional da criação de conhecimento ajudará a dar prioridade aos esforços educativos. Concentrar a energia nas prioridades estratégicas será a medida crítica do sucesso académico.

715. ***Envolver a discordância:*** É mais fácil obter feedback de pessoas que concordam consigo; no entanto, isso não cria valor. É preferível envolver-se com pessoas que discordam de si por defeito, uma vez que estas darão um feedback valioso que poderá não ter considerado. Os dissidentes credíveis podem fornecer informações críticas que não devem ser ignoradas, porque têm um valor que vem de uma perspetiva diferente e viável.

716. ***Envolvimento do grupo:*** Um grupo mais significativo pode ter dificuldade em produzir informações significativas quando as perguntas precisam de respostas. Por vezes, as pessoas do grupo com as melhores informações são as que se sentem suficientemente intimidadas para falar. São ignoradas e as suas informações não são aproveitadas. As melhores respostas virão mais frequentemente de

pequenos grupos de três a cinco pessoas inteligentes, credíveis e com um historial de realizações. A probabilidade de todos serem ouvidos é maior num grupo mais pequeno. A pessoa silenciosa com a resposta terá mais dificuldade em esconder-se.

717. ***Tendências da verdade:*** A verdade deve ser constantemente procurada para que se reúna informação exacta e se possam tomar as melhores decisões. A disposição de cada líder resultará numa abordagem diferente da verdade, especialmente no que diz respeito à sua reação e não ao conflito. Os que assumem riscos lutam pela verdade e, por isso, são mais transparentes quanto ao que pensam ser a verdade. Os introvertidos estão menos interessados em conflitos e acham mais difícil obter a verdade. Altere a sua estratégia de interação consoante as tendências da pessoa que detém as respostas às questões críticas.

718. ***Diretivas credíveis:*** A credibilidade pode gerar confiança. Quando existe confiança, faz sentido atribuir responsabilidades e autoridade a pessoas credíveis. "É assim que vamos fazer". A resistência é mínima quando um líder diz isto porque os participantes sabem que vai acontecer. Quando há falta de credibilidade, as pessoas afectadas terão de se retrair e esperar que o pedido e o interesse associado ao tema desapareçam. Se voltar a surgir, a mesma reação pode voltar a acontecer. O pedido é considerado uma opinião e não uma diretiva. Os participantes na tarefa sabem que nem todas as opiniões são valiosas e que não vale a pena dedicar-lhe esforços.

719. ***Mérito de credibilidade:*** Uma pessoa que não seja credível não pode influenciar organicamente um ambiente. A sua influência não existe porque a hierarquia de decisão se baseia no

mérito ou na credibilidade. A credibilidade não é atribuída. É conquistada através da credibilidade e de um historial de realizações. A autoridade é atribuída através de uma estrutura organizacional. Os conceitos sem um nível adequado de mérito podem ser forçados através da autoridade. As consequências de conceitos forçados que não têm mérito aos olhos das partes interessadas são negativas, resultando num aumento da resistência.

720. ***Compreender o consenso:*** O consenso sem compreensão é coerção ou ignorância. Chegar a um acordo significa que todas as partes afectadas se compreendem mutuamente. A compreensão não implica que concordem uns com os outros, mas sabem que o que está a ser acordado é a coisa certa a fazer naquele momento. Alguns beneficiarão mais do que outros; no entanto, coletivamente, há um benefício para o bem comum. Aqueles que vão ajudar menos concordaram que isso é aceitável por agora, sabendo que o grupo pode beneficiar e que terão outra oportunidade no futuro de beneficiar mais do que os outros.

721. ***Alcançar o extraordinário:*** O sucesso exige um registo contínuo de realizações extraordinárias. Os concorrentes seguirão o extraordinário para recuperar o atraso e desafiar o líder pela quota de mercado. Para manter uma vantagem, as pessoas competentes devem trabalhar numa cultura influente para que seja mais provável que se realizem feitos extraordinários. As capacidades numa cultura influente têm de ocorrer de acordo com as exigências do cenário de oportunidades. As pessoas competentes serão credíveis para os outros participantes, porque se considera que sabem como realizar o extraordinário. A credibilidade é especialmente importante se tiverem um registo conhecido de realizações.

722. ***Colaboração corajosa:*** A coragem é a vontade de fazer coisas boas mas complicadas. O medo é uma resposta natural a um desafio em que existe a possibilidade de perdas orientadas para o risco. A coragem é a realização de um objetivo mesmo que se tenha medo de o fazer. Gerir o risco é uma capacidade extremamente valiosa, pois cria a oportunidade de alcançar o que os outros não conseguem. É mais fácil gerir o risco se houver outros participantes capazes a apoiá-lo. Tentar ser o herói implica correr o risco sozinho e diminuir a probabilidade de sucesso. As hipóteses de realizar o que parecia ser impossível são mais prováveis com a colaboração empenhada de outros participantes que também possuem a coragem necessária para ter sucesso.

723. ***Apoiar a autenticidade:*** As pessoas autoconscientes têm mais probabilidades de serem respeitadas por pessoas credíveis. Ser hipócrita diminui a confiança, ao passo que a autenticidade incentiva a confiança. A coragem de ser transparente sobre si próprio ajudará os outros a saberem como o apoiar. Quando não é claro como o ajudar, os colegas e os apoiantes deixam de o fazer por não saberem o que fazer. Quando pessoas transparentes e honestas se envolvem com pessoas semelhantes, estabelecem ligações. Quando não existe transparência, a ambiguidade controla o ambiente de trabalho, impedindo a concentração e o alinhamento. e o alinhamento.

724. ***Assumir os problemas:*** Interiorizar que as consequências das suas decisões são suas. Não tente culpar ninguém a não ser você mesmo, e depois resolva o problema. Não adie porque, quando o faz, as consequências negativas acumulam-se. Compreenda rapidamente o problema e admita que falhou.

Normalmente, receberá o que merece, mas se for rápido a ser transparente e honesto, a pena poderá ser atenuada. Nalguns casos, a confiança pode aumentar porque é um dos poucos que trata os problemas de forma honesta e transparente. Os seus clientes preferem fazer negócios com alguém que seja aberto com eles e não atrase a entrega de notícias negativas.

725. ***Subjugação de valores:*** Os princípios e as crenças são desenvolvidos e enraizados a partir da experiência pessoal, da descoberta e da transferência de conhecimentos de outras pessoas credíveis. Estas caraterísticas podem constituir o nosso código de ética que seguimos. Quebrar o nosso próprio conjunto de princípios perturbará a nossa consciência. Os valores firmemente defendidos estão tão enraizados que é por eles que as pessoas estão dispostas a lutar. Saiba quando se depara com os valores de alguém, porque o esforço para os subjugar para os subjugar será significativo e, por isso, deve ser avaliado em função do retorno do esforço investido.

726. ***Incompatibilidade de valores:*** Dentro de um grupo, os valores serão únicos para cada participante. Estes valores podem ser semelhantes entre os participantes, mas estar numa ordem de prioridade diferente. Consequentemente, os valores determinam a compatibilidade de uma pessoa com as outras que encontra. O nível de incompatibilidade está relacionado com o conjunto de valores e a sua ordem de prioridade em relação a um colega. A gestão da incompatibilidade exige um esforçoNo entanto, a incompatibilidade pode apresentar uma mentalidade de grupo mais holística, uma vez que os valores de um indivíduo não representam os valores de todos os outros. O desacordo é intrínseco à diversidade que existe entre os indivíduos. que existe entre os indivíduos.

727. ***Valores comportamentais:*** Os comportamentos são influenciados por valores pessoais. Um único valor pode estar relacionado com vários comportamentos que se manifestam de forma diferente consoante a situação. Os comportamentos ilustram a forma como as capacidades são aplicadas a um problema. É a forma como algo é realizado. A honestidade pode ser um valor que resulta no comportamento de dizer a verdade. Um discurso de marketing pode ser influenciado pela necessidade de alguém descrever com exatidão uma necessidade não satisfeita e o impacto de uma solução para que esta possa ser validada.

728. ***Alavancar a realização:*** Quando a mediocridade é adoptada, existe uma falta de confiança e uma ênfase no interesse próprio. Quando o sucesso e o desempenho são adoptados, a confiança, a colaboração e o interesse próprio estão sujeitos ao sucesso do grupo. Num grupo medíocre, há poucas ou nenhumas pessoas credíveis. Uma vez que a mediocridade não requer apoio ou colaboração, tende a isolar os participantes que têm necessidades e não conseguem encontrar ajuda.

729. ***Experiência perspicaz:*** As pessoas perspicazes tiveram experiências invulgares e diferentes. A sua curiosidade levou-as a descobertas que não são comuns. As pessoas perspicazes pensam de forma diferente porque viveram de forma diferente. Seja hábil a identificar pessoas perspicazes para passar tempo com elas e aprender com elas. A sua influência contribuiria para uma aprendizagem eficaz. eficiente. Elas podem fornecer informações que levariam muito tempo a obter. Esteja preparado para fazer perguntas concretas e eficazes, cujas respostas preencherão os seus vazios de compreensão.

730. ***Precisão da perceção:*** O valor das palavras das palavras varia consoante a sua exatidão. Solicite a exatidão das pessoas que dão as suas opiniões fazendo perguntas de esclarecimento sobre as suas percepções. Os comentários que aumentam a exatidão das suas percepções são os mais valiosos e devem ser considerados imediatamente. As suas percepções serão sempre imprecisas porque o ambiente que descrevem muda continuamente. Se não estiver a receber informações significativas, está a afastar-se de uma perceção exacta da realidade. Para recalibrar as suas percepções é necessário que tenha acesso à verdade. Não permita que o ruído iniba, influencie ou comprometa a sua capacidade de recalibrar as suas percepções a um ritmo adequado.

731. ***Discordância confortável:*** A maioria das pessoas sente-se desconfortável com os conflitos. Temem o risco de se magoarem, pelo que evitam o desacordo. O conflito é uma oportunidade perdida porque os desacordos aceleram a aprendizagem. Tem a sorte de ter alguém com uma perspetiva diferente a interagir consigo. Aceite-os, porque eles vão aumentar o seu conhecimento. A sua abordagem será necessária porque um conflito deve ser produtivo. Monitorize os níveis de emoção para que as interações construtivas não se transformem em trocas de palavras furiosas.

732. ***Atitudes desperdiçadoras:*** Algumas pessoas têm atitudes que as impedem de ser o tipo de pessoa com quem se deve passar tempo. As pessoas que têm a mente fechada, são inexperientes, arrogantes e desdenhosas "sabe-tudo" tendem a ser maus ouvintes e não dão contributos positivos. Pense no tempo que passa com elas e se vale a pena. Se o envolvimento com os parceiros

de colaboração atribuídos não for benéfico, considere como pode ser mais produtivo a fazer outra coisa. Não se preocupe em interagir com eles.

733. ***Conhecer a verdade:*** A verdade é difícil de encontrar; no entanto, há quem a persiga com rigor. Atraia-se por pessoas curiosas e faça grandes perguntas para chamar a atenção de todos, aprender e compreender. Elas estão a descobrir a verdade. Aqueles que conhecem a verdade têm clareza. Sabem o que fazer porque conhecem a verdade sobre o sucesso. São compreendidos e estão constantemente a tentar compreender. Quando vêem a verdade, o vosso esforço é aplicado às realizações de forma muito mais eficiente.

734. ***Críticas exactas:*** As pessoas agradáveis, ou pessoas como você, tendem a não o criticar. Elas não querem ferir os seus sentimentos; no entanto, não há nada mais valioso do que uma crítica precisa. A crítica pode não ser correta, o que deve ser ignorado; no entanto, a crítica precisa é preciosa. A atualidade da crítica também é importante. A crítica recebida devido a uma observação de alguém dá-lhe a oportunidade de mudar antes que outra ocorrência de crítica seja justificada. A crítica feita de forma construtiva é uma oportunidade para se melhorar de uma forma valiosa.

735. ***Outros desagradáveis:*** Explore o pensamento das pessoas que discordam de si. Outra perspetiva pode ter um valor que deve ser descoberto e compreendido. Acolha a discordância porque ela será formada pelas experiências de outros em que não participou. Uma visão adicional da realidade pode ser informativa. Deixe que os outros desafiem as suas percepções para as tornar mais fortes ou

para lhe dar a oportunidade de as modificar. Por exemplo, se não tiver vivido a PTSD, uma descrição feita por alguém que a tenha vivido irá melhorar a sua compreensão da mesma.

736. ***Comunicar de forma clara:*** Trabalhar para se fazer entender. Saiba porque é que a sua comunicação não está a ser tão clara como esperava. O seu plano não é lógico? Falta à sua mensagem o pormenor necessário esperado pelo público? Não está a ser visto como autêntico ou credível? Estas e outras perguntas ajudá-lo-ão a compreender por que razão a sua comunicação não é recebida como deseja. Pense no que o impede de compreender os outros e comece por aí antes de obter informações adicionais do seu público.

737. ***Apreciar a responsabilidade:*** Apreciar as pessoas que o responsabilizam. A responsabilidade é desconfortável para a maioria das pessoas, uma vez que todos têm um ego até certo ponto. Os orgulhosos e os arrogantes muitas vezes rejeitam ou silenciam aqueles que os desafiam. Perdem informação valiosa que os poderia proteger de si próprios. Quando os outros nos responsabilizam, estamos em melhor posição para resolver os problemas antes que eles se agravem. Temos de lidar com o contágio e a subsequente escalada se a responsabilidade não for valorizada.

738. ***Bajulação vazia:*** "A bajulação não o leva a lado nenhum." Talvez já tenha ouvido isto antes, e é verdade. A lisonja apela ao seu ego, mas não ajuda ninguém. Em vez disso, coloque o sucesso das outras pessoas à frente da adoração que têm por si. O sucesso delas é um elogio para si e uma prova de que elas alcançaram algo significativo.

739. ***Corrigir os maus desempenhos:*** As pessoas com fraco desempenho têm instruções, capacidades, ferramentas inadequadas ou uma compreensão incompleta do que devem fazer. Em vez de os substituir por outra pessoa que possa desempenhar a tarefa, assegure-se primeiro de que recebem as instruções, as ferramentas e as capacidades de que necessitam para serem bem sucedidos. A contratação de uma nova pessoa significa que haverá uma nova curva de aprendizagem e a capacidade será retirada da linha de produção relativamente ao cargo e à pessoa que a está a formar. Antes de decidir substituir alguém, considere o esforço que estará envolvido.

740. ***Interpretação crítica:*** Se enviar informações cruciais ao seu chefe, não parta do princípio de que ele as leu, compreendeu ou interpretou corretamente. Visite-o brevemente para se certificar de que ele a recebeu e que a interpretou corretamente. Veja se ele tem alguma dúvida. Sabem porque é que é essencial? Podem tê-lo desvalorizado, mas deve certificar-se de que o leram e estão conscientes. Você pode compreendê-la porque consegue "ligar os pontos", mas eles podem não ser capazes de o fazer. Certifique-se de que eles o conhecem e que o interpretaram corretamente. As inferências e implicações podem ser mais graves do que aquilo que eles possam compreender.

741. ***Resolução de problemas:*** Estar disposto a ajudar qualquer pessoa com o seu problema. A ajuda inclui estar disponível e disposto a ajudar a criar um caminho crítico para um lugar melhor. Quando resolve problemas, tem a oportunidade de descobrir e aprender. Aprender fora da sua influência pode mudar a forma como o trabalho deve ser feito na área em que se encontra. A

aprendizagem externa transforma-se em aprendizagem interna. Certifique-se de que os problemas dos outros não o distraem dos seus próprios desafios. O caos pode assumir o controlo se a sua área for negligenciada. Resolva o problema e siga em frente.

742. ***Antecipar pedidos:*** Pode servir melhor os outros se estiver à frente dos seus pedidos. Se houver necessidade de algo, saiba o que é para poder responder rapidamente a essa necessidade. Uma resposta rápida é um desafio se não estiver preparado para ajudar. A prontidão geral significa que tem a cultura e a capacidade de realizar tarefas de forma eficiente. A prontidão específica vem com uma compreensão das tendências e vulnerabilidades. Estes serão os desafios que serão solicitados a resolver.

743. ***Seleção de batalhas:*** Escolha as suas batalhas de forma a ganhar consistentemente. Se alguém que poderia lucrar do que está a oferecer não estiver interessado, espere até que esteja ou considere outras partes que possam beneficiar. Qualquer pessoa que possa beneficiar tem de compreender as implicações da sua própria necessidade não satisfeita. Avance para outras actividades enquanto espera que as consequências da necessidade não satisfeita se concretizem ou surjam. O impacto do buraco no casco do barco acabará por se tornar evidente. Infelizmente, alguns capitães deixam o barco encher-se de água antes de actuarem sobre o risco potencial de perda.

744. ***Necessidade reconhecida:*** Quando existe uma compreensão de uma vulnerabilidade ou uma urgência em resolver uma necessidade, dê o seu apoio. Aceite pedidos legítimos e trabalhe para criar valor ao mais alto nível possível. Certifique-se de que reconhece e afasta o apoio de iniciativas sem sentido. Ninguém tem

tempo para iniciativas que não estão a produzir valor. Por outro lado, as iniciativas que criam valor devem ter o seu apoio porque todos beneficiam quando são concluídas.

745. ***Descoberta da resposta:*** Se não souber a resposta, não utilize a fanfarronice para contornar a pergunta. As pessoas apercebem-se da falta de confiança quando a pergunta é esquivada. Em alternativa, a confiança aumenta quando a resposta é dada de uma forma clara e concisa. Quando não se sabe, deve-se recorrer a alguém que saiba ou pedir mais tempo para obter as informações necessárias. É difícil recuperar de uma demonstração de distração que prejudica a marca.

746. ***Execução coordenada:*** Para realizar uma tarefa de grande envergadura, é necessário chamar pessoas capazes para realizar vários aspectos da tarefa, coordenando a execução . Deixar que algumas pessoas tenham a liberdade de modificar a tarefa para a melhorar. Quando uma tarefa é grande, haverá algumas descobertas pelo caminho. A descoberta levará a mudanças rápidas de direção com base em oportunidades emergentes. São necessários muitos olhos e ouvidos para ter uma visão da viabilidade contínua do plano.

747. ***Tempo atribuído:*** Dê a um colega tempo suficiente para fazer algo. Se ele não o fizer e o prazo se aproximar, envolva-se, faça-o você mesmo e informe-o. O colega compreenderá que as actividades que lhe foram atribuídas devem ser realizadas a tempo. Elas serão realizadas de uma forma ou de outra, com ou sem eles. As restrições de tempo ajudá-los-ão a compreender a expetativa do ritmo exigido.

748. ***Chefes ausentes:*** Se os chefes de departamento não aparecerem para ajudar a resolver um problema, trabalham com o seu pessoal para determinar a melhor solução. Informe o chefe de departamento sobre o que foi determinado para ver se ele concorda. Se concordar, continue e implemente a solução sem a presença do chefe, partindo do princípio que ele não quer estar presente. Esperar é tempo e dinheiro perdidos. Se não concordarem com a solução, descubra porquê e modifique a abordagem para alcançar a solução. É provável que as pessoas que fazem o trabalho saibam mais sobre a situação do que o chefe de departamento, partindo do princípio de que está a falar com as pessoas certas. Informe o chefe de departamento de que pôs algo em marcha e espere que ele o valide como completo quando regressar ou quando estiver interessado.

749. ***Momento favorável:*** Lembrar as pessoas para fazerem o que está correto e depois voltar a lembrá-las para o fazerem até que esteja feito. A perceção pode ser a de que não estava a falar a sério quando fez a sugestão, que não é uma prioridade ou que será despriorizada, tal como aconteceu com outras iniciativas. Por que razão deveriam envolver-se se o plano vai mudar em breve? Se é a coisa certa a fazer, então os interessados em fazer a coisa certa devem empenhar-se. Outra coisa é fazer com que a iniciativa corresponda às expectativas. É necessário um acompanhamento inabalável para garantir que a definição de "feito" é alcançada.

750. ***Coaching de comunicação:*** Ajudar os outros a saber como devem comunicar. Pode transmitir-lhes o que observou

nas suas tentativas de partilha. Podem estar mais concentrados no conteúdo do que na reação da audiência. Os pontos críticos de motivação podem não ter sido compreendidos. As implicações da comunicação podem exigir algum tempo de processamento. A visualização dos dados pode ter sido ambígua. Os métodos de comunicação mudam com o contexto da mensagem e do evento; no entanto, os processos podem ser optimizados situacionalmente.

751. ***Caminho da visão:*** Certifique-se de que as pessoas que lidera conhecem a visão e, em seguida, forneça o caminho para lá chegar. Ajude-as a executar o seu movimento na direção certa, um marco de cada vez. Crie um impulso por detrás do seu movimento para que o seu progresso seja estável e previsível. Ajude-os a compreender como executar sem se sentirem esmagados pela magnitude da viagem. A taxa de progresso numa direção é a chave.

752. ***Crítica de informação:*** Partilhar informações com outras pessoas para que possam comentar ou participar no debate. Está a semear a conversa para que possa explorar os dados, os factos e as percepções de outras pessoas que discordam de si. Os pontos de discordância levarão à compreensão. Saberá que eles estão errados ou descobrirá que eles têm razão. Quando eles partilharem as suas percepções, terá a oportunidade de recalibrar os seus pontos de vista. Ouvir alguém que concorda consigo é como conversar consigo próprio. Pontos de vista diferentes desafiarão a força da sua posição.

753. ***Registo de experiência:*** Não é credível se não tiver experiência e um historial positivo. A confiança e a credibilidade advêm de sucessos passados e da perspetiva de que será bem sucedido em desafios futuros. desafios futuros. O seu historial é um indicador de sucesso futuro que as partes interessadas valorizarão. Um registo positivo de realizações é diferente de um registo negativo. Um registo negativo de realizações manchará a sua marca e dificultará a confiança das partes interessadas em si. Proteja o seu registo e seja invicto.

754. ***Comunicação eficiente:*** Comunicar de uma forma eficiente em termos de tempo. Quanto tempo deve demorar a verbalizar o que quer dizer e a produzir o efeito que pretende na audiência? A capacidade de atenção de muitas pessoas pode ser medida em segundos. O que é que vai captar a sua atenção imediatamente? O que é que lhes vai despertar a atenção? Coloque isso no início da mensagem para que a segunda parte tenha mais hipóteses de ser ouvida.

755. ***Capacidade do meio envolvente:*** Certifique-se de que se rodeia da capacidade de responder a perguntas. Não pode antecipar todas as perguntas que surgirão e não sabe todas as respostas. O grupo que colabora consigo será capaz de preencher algumas das lacunas. Devem ser competentes nas áreas de especialidade necessárias para o projeto. Criam credibilidade a partir da sua capacidade de responder a perguntas. Se tiver de responder às perguntas e o fizer de forma deficiente, a sua credibilidade fica comprometida.

756. ***Priorização de opiniões:*** Dê prioridade às suas opiniões porque o seu valor varia. Exprimir opiniões que não têm valor é

apenas ruído. A utilização de opiniões que têm valor pode influenciar os resultados. Vale a pena debater estas opiniões porque são relevantes para a situação e são decisivas para alcançar os resultados desejados.

757. ***Cumprimento de responsabilidades:*** Se não consegue lidar bem com as suas responsabilidades, não está qualificado para ajudar os outros com as deles. Ponha a sua casa em ordem antes de ajudar os outros com os seus problemas. Ser organizado aumenta a sua credibilidade. Certifique-se de que a sua loja é um exemplo a seguir pelos outros. Isso torna-o qualificado para influenciar os outros. Partilhe as suas melhores práticas para que o sucesso dos outros seja melhorado.

758. ***Geração de mérito:*** O mérito vem da sabedoria adquirida com a experiência e um historial positivo de sucesso. A experiência não é a longevidade. É o conhecimento adquirido através da assunção de riscos, do fracasso e da recuperação. A sua estratégia deve ser clara, lógica, medida e exequível. O mérito pressupõe que os fracassos do passado produziram sabedoria, enquanto os sucessos do passado criaram credibilidade. Numa situação complicada, esta é a pessoa que quer ao seu lado.

759. ***Alavancar a realização:*** A credibilidade é a probabilidade de o ponto de vista de alguém ser a verdade. Pergunte: "Por que razão devo acreditar em si?" Parte da resposta vem de uma capacidade de aprender e compreender. Outra parte da resposta vem de um registo de realizações de clareza. Esta pessoa tomou as decisões certas na altura certa e executou-as com as pessoas certas e da forma certa.

760. ***Direitos de opinião:*** Ganhe o direito de ter uma opinião. O seu registo de ser preciso e de criar ordem no caos produzirá uma capacidade de influenciar os outros. A sua ajuda será bem-vinda. Enquanto está a construir a sua marca, pode sempre exercer o seu direito de fazer perguntas. Saber como aprender rapidamente é uma competência valiosa. A aprendizagem não pode acontecer se não ouvir. Faça a pergunta, mesmo que seja a si próprio, e depois retire sabedoria da resposta que pode ser usada em situações semelhantes ou diferentes. O seu público dir-lhe-á se vale a pena ouvi-lo.

761. ***Explicar as opiniões:*** Ser capaz de explicar bem a sua opinião. Uma opinião valiosa não deve ser desperdiçada. A forma como explica a sua opinião é uma parte importante da venda. Pense na forma como descreveria a sua opinião sem a dizer de forma exaustiva. Podem ser utilizadas várias técnicas para esta ideia. Pode começar no início e trabalhar até chegar ao resultado do conceito. Começar a uma altitude elevada e ir descendo até às altitudes mais baixas. Escolha algo que funcione para o argumento de venda, de modo a que os outros comprem a sua opinião.

762. ***Confiança Assertiva:*** Medir a sua credibilidade aos olhos do grupo de partes interessadas relevantes. Se os outros confiam em si e pensam que é muito provável que esteja correto, seja assertivo para influenciar positivamente os outros. A sua missão não é ocupar, mas sim assistir, cuidar e ajudar. A sua assertividade ajudará a ultrapassar a resistência das pessoas que estão ausentes.

763. ***Melhores respostas:*** Quando se faz uma pergunta, especialmente em público, a tendência é para ir em frente e responder. É prudente decidir primeiro se é a pessoa certa para

responder à pergunta. Ponha o seu ego de lado para que seja dada a melhor resposta pela pessoa certa. "Mas está dentro do âmbito da minha autoridade responder à pergunta." Não se trata de si. Trata-se da resposta. Quando a melhor resposta é o objetivo, o público fica satisfeito mais rapidamente e é necessário menos trabalho para o satisfazer. Uma má resposta resultará em perguntas de seguimento à medida que a audiência procura um nível adequado de clareza.

764. ***Inércia de planeamento*** : Não deixe que o seu projeto fique atolado num calendário de reuniões periódicas gerido por alguém que é avesso ao risco ou indeciso. Este processo vai demorar demasiado tempo. Evite esta reunião para avançar mais rapidamente. A inércia impede a aceleração. A aceleração deve ser sempre o objetivo - ganha quem for mais rápido.

765. ***Reunião antes da*** : Utilize a reunião antes da reunião (os primeiros minutos enquanto o quórum está a ser estabelecido) para rever algumas coisas com aqueles que chegaram mais cedo. A reunião prévia é uma excelente oportunidade para obter informações rápidas, fazer o acompanhamento de acções pendentes e transmitir novas diretivas. Este comportamento também incentiva os participantes a chegarem cedo. É possível que se faça mais antes da reunião do que durante a mesma. As acções discutidas também podem ser executadas durante a reunião.

766. ***Fixação de datas*** : Quando pedir a alguém para fazer algo, pergunte sempre quando é que vai ser feito. "Seria razoável fazer uma apresentação sobre estes resultados na nossa próxima reunião?" Esta pode ser uma pergunta que ajuda a criar responsabilidade. A pessoa sabe que vai estar na ordem de trabalhos da próxima reunião; vai apresentá-la e ela terá a palavra. O potencial

de vergonha é motivação suficiente, uma vez que eles não vão querer ficar embaraçados em frente ao grupo. Se disserem que não é razoável estarem prontos na próxima reunião, pergunte porquê e o que terão preparado até lá. Eles saberão que irá pedir pormenores sobre os seus planos à procura de falhas, pelo que preferem ser eles próprios a descobrir. Sugira uma estratégia potencial se eles não tiverem um. Defina expectativas para cada ação. "Para recolher estes dados, precisaria de cerca de três dias." "Queres que te diga qual é o tempo razoável para preparar a apresentação, ou queres ser tu a decidir?" Na maioria dos casos, eles vão querer descobrir.

767. ***Escutas de reuniões*** : Escutar as teleconferências de interesse para ver como estão a correr as coisas. Não hesite em perguntar se tiver alguma dúvida; caso contrário, deve estar bem informado. Deixar que os participantes façam o seu trabalho numa atividade. Não os microgerencie. Se estiverem a ser feitos progressos, ouça uma atualização e deixe os participantes avançarem. Não interrompa o progresso. Se estiver envolvido, certifique-se de que está a acelerar o progresso e não a sufocá-lo.

768. ***Meeting Redux*** : Quando as reuniões periódicas tiverem sido agendadas, reduzir a sua frequência no momento certo. Se as metas e os objectivos tiverem sido alcançados, não há razão para continuar a gastar tempo na reunião periódica. Se o tempo necessário para atingir os objectivos discutidos na reunião exceder o tempo atribuído para a reunião seguinte, adie a data da reunião. Não realize uma reunião que deveria ter sido ignorada.

769. ***Auto-inclusão:*** Inclua-se em reuniões opcionais se se tratar de um tópico que lhe interesse. As discussões periféricas permitir-lhe-ão aprender sobre outra parte da organização e

influenciar os resultados globais da empresa. A informação recolhida pode ajudar na tomada de decisões. A exposição a novas ideias e visões pode influenciar a sua direção e a dos que o seguem. Permaneça apenas o tempo necessário.

770. ***Análise antecipada*** : Enviar análises aos participantes antes da conversa para maximizar os benefícios e o tempo. O tempo utilizado para analisar informações numa reunião pode ser um desperdício. É preferível que o destinatário dos dados apresente a análise aos participantes antes da reunião, para que a adequação das acções possa ser o tema da conversa. O consenso sobre a estratégia deve ser o objetivo da reunião.

771. ***Chefe intruso*** : Se o seu chefe está a entrar na sua área e a pedir ao seu pessoal uma atualização sobre algo que já abordou, aborde o assunto na reunião diária com ele e com o resto do pessoal com quem já lidou. Não faz mal que isto possa ser um pouco estranho para o chefe, mas ele precisa de saber que sabe o que está a acontecer e que está a tratar das coisas. Deve saber e corrigir esta perceção se ele não confia em si para fazer as coisas. Informe preventivamente sobre os problemas antes de ele se dirigir ao seu pessoal. Faça isto até ele deixar de o fazer.

772. ***Planos vazios:*** Por vezes, os executivos discutem fazer algo que não tencionam pagar. Pode ser um "bom ter". Falar é barato, e dá algum valor de produção durante as reuniões. "Se ao menos fizéssemos..." é o que se diz. Depois, mostra-se-lhes o que é preciso em termos de recursose encontra outra forma de o fazer, ou cancela-o como um sonho irrealizável. Seja exato sempre que possível. Vale a pena, porque pode referir-se ao comentário sobre a necessidade de recursos, expondo os factos. É um cenário quid pro

quo. É o herói se conseguir fazer com que isso aconteça por menos. Se não tentar fazer algo que irá fracassar por não ter financiamento, isso também é uma vitória.

773. ***Sessões de estratégia:*** Periodicamente, são realizadas sessões de estratégia com a equipa executiva para discutir a direção futura da empresa. direção futura da empresa. Estas sessões podem ser benéficas para recolher informação de todos sobre as prioridades e valores da empresa. A reunião não deve ser usada para perseguir os problemas de indivíduos específicos. As distracções são uma perda de tempo. Se o assunto é importante, deve ser colocado em cima da mesa para debate. Se o grupo não achar que é essencial, certifique-se de que fica registado nas notas para ser consultado mais tarde. Em alguns casos, são apresentadas ideias em que ninguém estava a pensar, mas que são fundamentais para o sucesso. Não as negligencie, pois podem ser um fator decisivo para a empresa. Ignore-as por sua conta e risco. Ouvir é provavelmente o aspeto mais crucial de uma sessão de estratégia. estratégia.

774. ***Comité de direção:*** Utilizar uma reunião estruturada do comité diretor para definir prioridades e atribuir recursos para tarefas que vão além do que as operações podem fazer. Retirar recursos das operações apenas diminui a capacidade das operações. Se a tarefa for essencial, então devem ser disponibilizados recursos adicionais. Um comité de direção deve dirigir com sabedoria. A direção vai para além dos recursos e da capacidade, abrangendo também o calendário e a definição de prioridades. Quando é que algo precisa de estar disponível? Quando estiver disponível, que valor valor que irá criar? O comité de direção não deve aceitar os desejos de um beneficiário dramático. Em vez disso, deve desconfiar da "roda que chia" e analisar os pormenores quando estes estão presentes. O

retorno do investimento é um interesse primordial; no entanto, um retorno pode só ser possível depois de algo com um valor inferior ser concluído devido a uma dependência do mesmo.

775. ***Hack Inertia*** : Muitas culturas organizacionais são lentas a adotar mudanças. Como é que se ultrapassam os obstáculos e se consegue fazer alguma coisa? Mover-se rapidamente pode ser um desafio. Um exemplo disso é a reunião periódica. De duas em duas semanas, há uma reunião sobre o estado do projeto. "Estamos a ver..." "Vamos verificar para ver...." "Vou falar com ...." "É uma boa ideia..." A inércia domina o check-in. Para ultrapassar a inércia, é necessário realizar trabalho entre e antes das reuniões. Os bloqueios têm de ser resolvidos antes de serem dadas actualizações. As actividades de ideação, como o brainstorming, devem acontecer em tempo real. Na reunião, se houver uma, a informação partilhada deve ser sobre o que foi concluído e o que os destinatários dizem sobre a implementação. Comemore a realização em vez de deliberar repetidamente sobre o que está a atrapalhar. Quer que sejam os especialistas a resolver o problema, não os executivos. Distribua informação antes e depois das reuniões para fazer avançar a lista de tarefas.

776. ***Três tópicos*** : Numa reunião de uma hora, os executivos não conseguem abordar mais de três temas. Cada um quer impressionar os outros com o que sabe. Têm os seus tópicos e preconceitos favoritos. É expetável que mergulhem em sub-tópicos que não são relevantes para a discussão. O fluxo da ordem de trabalhos é normalmente interrompido nos primeiros dez minutos. Querem ser motivadores e não conseguem dispersar isso por mais de três pontos. Facilitar reuniões com executivos é como pastorear gatos. Deve ser rude e parar a conversa emocionalmente carregada?

Ou deve deixá-la passar para que algo seja feito? A melhor ideia parece ser limitar a ordem de trabalhos a não mais de três pontos. Se eles ficarem confusos com a brevidade da ordem de trabalhos, não se preocupe; de qualquer forma, não chegarão ao fim. Na verdade, é provável que ultrapassem o limite de tempo da reunião sem passar de metade da ordem de trabalhos e, nessa altura, as pessoas começarão a desistir porque têm outras coisas para fazer. Pense em falar apenas de um assunto de cada vez.

777. ***Atraso analítico*** : Quando alguém não quer lidar com um problema geral que emerge dos dados de desempenho, pede que os dados sejam revistos ou refinados, e depois a discussão continua. Os itens de ação podem vir de uma pessoa que não quer melhorar. Está a empatar e a tentar desgastá-lo. Na reunião seguinte, perguntarão se os dados podem ser apresentados de outra forma. As revisões das análises prolongar-se-ão durante meses, se o permitir. Tenha uma discussão significativa sobre o que os dados dizem na sua forma atual. Com base nesta informação, o que é que pode melhorar o desempenho da operação? Os aperfeiçoamentos nos dados apontarão para outras oportunidades. Estas podem ser discutidas quando se tornarem visíveis. Para já, é necessário fazer progressos com base no que é conhecido. Documente estas tarefas e peça que sejam concluídas antes da próxima reunião. Pedir aperfeiçoamentos até à reunião seguinte. Entre as reuniões, é exercida pressão sobre as pessoas que vão atuar.

778. ***Preparação de reuniões*** : Pode ser mais eficaz numa reunião enviando aos participantes uma apresentação ou uma folha de cálculo e pedindo-lhes que acrescentem informações antes de serem discutidas. Eles podem preparar uma apresentação com base nos dados que foram recolhidos. Podem determinar um curso de

ação antes da reunião com base na informação e não durante a mesma. A crítica do plano é mais rápida do que o seu desenvolvimento. Pode valer a pena realizar a reunião para discutir excepções ou diferenças em vez de recolher informações. Peça a alguns colegas que critiquem o plano antes de o levar para a reunião. Alguns erros simples podem ser corrigidos com antecedência.

779. ***Líder da discussão*** : As reuniões devem ser energizadas e repletas de informações que movam a cultura. Os participantes devem sair da reunião com uma perspetiva nova, alinhada ou recalibrada. Devem sentir-se inspirados a agir e saber o que precisam de fazer. A partilha de informações pode ser feita através de um e-mail. Numa reunião eficaz, as pessoas são movidas pela emoção e pela paixão para fazerem o que está certo. A coisa certa é agora compreendida e os participantes já estão a avançar de acordo com uma estratégia acordada. Uma reunião sem energia ou inspiração ou inspiração não causou qualquer movimento. É um desperdício do tempo de todos.

780. ***Preparação de reuniões*** : As reuniões devem ser organizadas antes de ocorrerem, de modo a que a discussão e a tomada de decisões dominem o tempo atribuído. Os argumentos sinceros incluem conteúdos que não seriam incluídos numa mensagem de correio eletrónico. Chegar a um consenso sobre um princípio ou um plano é um bom resultado. Compreender as implicações do consenso é fundamental, porque este gera e regula as acções. Algumas actividades só podem ser realizadas quando todos estão no mesmo local. A reunião não deve incluir nada que possa ser realizado reunindo pessoas. O tempo deve ser passado a afinar ideias e a concentrar os participantes num objetivo. A pressão sobre a utilização do tempo deve estar presente para fazer avançar a ordem

de trabalhos. A pressão pode ser parcialmente exercida garantindo e fazendo cumprir o facto de que existe um limite de tempo.

781. ***Pontualidade na reunião*** : As reuniões devem começar a horas e terminar cedo, se possível. Se se atrasar, tem de recuperar o atraso sozinho. Da próxima vez, não se atrase e será mais fácil para si. O tempo máximo atribuído a uma reunião é de 55 minutos, permitindo cinco minutos para a transição para a atividade seguinte. A maioria das pessoas não quer dedicar tanto tempo a uma reunião, especialmente se não tiver a certeza de que o seu tempo valerá a pena. Uma reunião de 30 minutos que termine cedo é ainda melhor. Uma reunião pode ter 8 minutos de duração? Sim, pode. Quando o trabalho estiver concluído, a reunião terá terminado. Se for você a conduzir a reunião, facilite-a bem. Mantenha-se concentrado em algo que tornou necessária a reunião. Por vezes, uma discussão vigorosa com todos os intervenientes enquadra o âmbito da questão e conduz a um resultado que só poderia ter ocorrido com a presença física e a participação de todos. Todos precisam de saber o que e quem está incluído no âmbito, mas, mais importante, precisam de compreender por que razão era importante que todos se reunissem para a reunião.

782. ***Pontualidade nas reuniões*** : Se alguém não comparece a horas numa reunião, continue sem essa pessoa. Não faça com que todos os que chegaram a horas esperem pela pessoa que está atrasada. Esperar é um desperdício e uma falta de respeito para com aqueles que deram prioridade suficiente ao evento para estarem presentes na hora prevista. Tenha a reputação de começar a horas. Se os participantes derem prioridade a outra coisa em vez de estarem na sua reunião, que concordaram em participar, comece sem eles. Podem pôr a conversa em dia com um colega que chegou a horas ou optar por ouvir uma gravação se o conteúdo não for

sensível ou confidencial. Em alternativa, pode fechar a porta física ou virtualmente e não deixar ninguém entrar depois de a reunião ter começado. As pessoas que se atrasam não devem perturbar a reunião. A penalização é que não serão informadas nem influenciarão a tomada de decisões que ocorreu antes da sua chegada. Nunca voltar a falar sobre o material para alguém que se atrasou. Repetir conteúdos desperdiça o tempo de todos os outros e incentiva-os a chegarem atrasados. Se for coerente, eles deixarão de se atrasar.

783. ***Terminar as reuniões*** : Terminar as reuniões quando estiverem programadas para serem concluídas ou quando terminarem, consoante o que ocorrer primeiro. Não ultrapasse o tempo previsto, porque isso prejudica outras actividades programadas e os participantes podem sair ou desinteressar-se. O tempo é pressionado pelo cumprimento dos limites de tempo. Consequentemente, a ordem de trabalhos pode ser cumprida. Cumprir a ordem de trabalhos significa terminar uma reunião antes da hora de encerramento. É ainda mais importante começar a horas quando se é uma pessoa que termina as reuniões mais cedo. A reunião não se resume a falar durante uma hora. O que importa é concluir a reunião e fazer com que as pessoas regressem ao trabalho inspiradas e motivadas pela discussão.

784. ***Cancelar reuniões*** : Se uma reunião não for necessária, cancele-a. O cancelamento pode aplicar-se a uma única reunião ou a uma série. Quando as reuniões são marcadas, não consideramos se ou quando podem ser canceladas. As reuniões periódicas podem ser rotineiras, sem que sejam adquiridos ou transferidos novos conhecimentos. Qual é o benefício da reunião? A situação mudou ou melhorou desde a primeira reunião? Dependendo da resposta, a

reunião pode ter de ser cancelada. Pode ser necessário reduzir o número de pessoas presentes na reunião - desconvide as pessoas que não são obrigadas a participar. Fez-lhes um favor, porque elas prefeririam fazer outra coisa se não estivessem envolvidas. Grave a reunião, se necessário, e envie a apresentação logo após a reunião para referência. Se alguém estiver interessado, pode ver a gravação.

785. ***Projeto Lean*** : Não convidar 40 pessoas para uma reunião de atualização do projeto, a menos que seja necessário que elas estejam presentes. Algumas pessoas pensam que "toda a gente" deve estar envolvida. Para aqueles que não estão ativamente envolvidos no projeto, a partilha de informação pode ser feita para poupar o tempo das pessoas. As reuniões periódicas devem ser devidamente espaçadas se forem necessárias. No início dos trabalhos, a frequência das reuniões deve ser mais curta. No final do projeto, podem ser mais espaçadas. Quando o projeto termina, as reuniões devem parar. As pessoas na audiência perderão o interesse e não se envolverão se sentirem que não influenciam o resultado, que não precisam de estar presentes ou que não têm tarefas. Estarão a escrever e-mails durante a reunião em vez de contribuírem para o plano ou de o contestarem.

786. ***Evitar reuniões:*** A liderança consome uma quantidade significativa de tempo em reuniões. Por vezes, o calendário de um líder inclui reuniões consecutivas ao longo do dia. Será possível que estejam a ser desperdiçadas 4 a 6 horas do dia? Falte a uma reunião e depois pergunte a alguém que lá esteve o que perdeu ou se poderia ter contribuído para a reunião se lá estivesse. Com base na resposta, pode determinar se a reunião valeu o seu tempo. Em alguns casos, as reuniões são sessões em que são partilhadas informações que poderiam ter sido enviadas num memorando. Poderia tê-la lido em

cinco minutos à vontade. Se estiver a ser implementada uma nova política, envie-a ao pessoal e, em seguida, convoque uma reunião para responder a perguntas ou, melhor ainda, recolha as perguntas frequentes e publique-as de novo à equipa. Quando as reuniões são geridas, poupa-se muito tempo e a sua produtividade aumentará.

787. ***Presença discricionária:*** Faça das suas reuniões uma reunião do tipo "venha se quiser". Se não quiser estar presente, não há problema. A reunião deve criar valor para as pessoas que escolhem estar presentes. Qual é o objetivo desta reunião? É uma oportunidade de contribuir para uma decisão que o afecta? Não pode influenciar a direção da empresa se não estiver presente. A reunião é uma sessão de colaboração A reunião é uma sessão de colaboração onde se trocam pontos de vista e se determinam as melhores práticas? Se não estiver presente, não pode contribuir ou responder às opiniões dos outros. A informação partilhada na reunião só pode ser partilhada num ambiente onde as pessoas se reúnem? Talvez haja uma quantidade significativa de interpretação que deva ser transmitida. Se não estiver presente, não compreenderá esta informação essencial.

788. ***Reunião a pé:*** Dar um passeio com alguém. Saia do edifício e apanhe um pouco de ar fresco. Pode parar num banco de jardim, se necessário. O local pode ser um sítio para comer durante um almoço de reunião. O trabalho pode ser realizado num ambiente relaxante e refrescante. As conversas nem sempre têm de acontecer na sua secretária no escritório. Aprenda a chegar a um consenso com outra pessoa caminhando com ela para algum lugar. A ideia de uma reunião a pé pode ser apanhar boleia com o chefe no elevador enquanto este se dirige para a reunião seguinte. Discuta enquanto eles viajam para obter mais tempo deles.

Resumo

Nesta secção, discutimos itens tácticos para cada elemento do quadro. Alguns dos elementos podem ser aplicáveis ou ter ressonância. Dos quase 800 itens tácticos, não se espera que o leitor concorde com todos eles. Mesmo assim, alguns deles devem ter sido úteis. O autor, um profissionalO autor, um profissional, espera que alguns deles possam ser utilizados para melhorar a vida profissional do leitor, com o objetivo de melhorar a qualidade de vida em geral. de vida. A gama completa de possibilidades não pode ser coberta; no entanto, o quadro permite uma cobertura significativa de uma série de tácticas que podem engendrar a serendipidade usando tácticas de liderança. tácticas.

Conclusão

É possível fazer pender aspectos de uma situação a seu favor se forem utilizadas as tácticas certas no momento certo. Criar o seu sucesso é possível. Pode ser necessário tentar várias vezes antes de acertar. A perseverança é um atributo crítico das pessoas e organizações que experimentam o sucesso. Este livro apresenta quase 800 tácticas relacionadas com a liderança que podem ser utilizadas para alcançar a excelência e transformar o esforço em resultados desejados. Pode ser que nem todas elas tenham repercussão em si, e qualquer uma delas pode selar uma vitória. Considere-as em conjunto. Utilize todas as tácticas que forem adequadas à sua situação. Utilize-as para fazer pender a situação a seu favor. Não fique à espera de ter sorte. Crie a sua serendipidade.

O quadro inclui seis atributos que são críticos para a melhoria da realização. Antecipar o que vai acontecer coloca-o em posição de o compreender melhor. Estar preparado para os factores de risco emergentes ajudá-lo-á a estar preparado quando tiver de se envolver em algo que, de outra forma, seria uma surpresa. A sua força permite-lhe ser resiliente para que possa ser uma das organizações no domínio da concorrência que sobrevivem às tempestades que têm de ser enfrentadas periodicamente. A sua agilidade é fundamental para que possa tirar partido das oportunidades e adaptar-se às mudanças no ambiente. Muitas vezes, a capacidade e a motivação dos empregados são ignoradas. Ser gentil com os empregados, aos seus olhos, torná-los-á mais fortes e mais capazes de servir os clientes, permitindo-lhes prosperar com os clientes que servem. Quando a organização é atractiva, os melhores talentos vão querer trabalhar para ela. Os empregados existentes saberão que fizeram uma boa escolha e não perderão tempo a procurar outro lugar.

Espero que possa aproveitar esta informação e ajustar as suas tácticas e estilo de liderança tácticas e estilo de liderança para que os seus empregados possam prosperar. Quando eles prosperam, o mesmo acontece consigo. Se eles não prosperarem, você também não o fará. Muitos trabalhadores não estão satisfeitos com os líderes que os orientam. Não tem de ser assim. Seja o líder de que eles precisam para que todos os intervenientes possam ter sucesso em conjunto. É possível que conheça algumas empresas que já perceberam isso. Todos parecem estar a prosperar, os empregados estão a ser promovidos internamente e os novos produtos são oferecidos regularmente com orgulho. Algumas empresas parecem estar a prosperar, mas toda a gente odeia o patrão. O patrão não teria de trabalhar tanto se os empregados pudessem prosperar numa organização com boa liderança.

Os líderes influentes podem obter boa sorte para si próprios e para a organização, utilizando tácticas e exibindo comportamentos inspiradores. Este livro pretende ser o guia de um profissionalEste livro pretende ser o guia de um profissional para se tornar estrategicamente afortunado através da engenharia da serendipidade. A execução de planos estratégicos que satisfaçam as necessidades dos clientes melhor do que as alternativas coloca a organização fornecedora na pole position do seu mercado. É melhor estar à frente dos seus concorrentes do que tentar apanhá-los. A intenção é que este livro forneça alguma visão prática sobre o que pode ser feito especificamente para ajudar as organizações a estarem na pole position e a permanecerem nela.

Desejando a melhor das sortes na sua jornada rumo ao sucesso após o sucesso,

Joel Bigley

Referências

Al-Aomar, R. A. (2011). Aplicação da tecnologia 5S LEAN: Uma infraestrutura para a melhoria contínua dos processos. *Revista Internacional de Engenharia Industrial e de Produção, 5*(12), 2638-2643.

Albu, O. B., & Flyverbom, M. (2019). Transparência organizacional: Conceptualizações, condições e consequências. *Negócios & Sociedade, 58*(2), 268-297.

Albrecht, S. L., Bakker, A. B., Gruman, J. A., Macey, W. H., & Saks, A. M. (2015). Envolvimento dos trabalhadorespráticas de gestão de recursos humanos e vantagem competitiva vantagem competitiva: Uma abordagem integrada. Journal of organizational effectiveness: *People and performance, 2*(1), 7-35.

Al-Matari, E. M., Al-Swidi, A. K., & Fadzil, F. H. B. (2014). As medidas das dimensões do desempenho da empresa. *Jornal Asiático de Finanças e Contabilidade, 6*(1), 24.

Ancona, D. (2012). Enquadrar e atuar no desconhecido. S. Snook, N. Nohria, & R. Khurana, *The handbook for teaching leadership, 3*(19), 198-217.

Audretsch, D. B., Lehmann, E. E., & Wright, M. (2014). Transferência de tecnologia numa economia global. *The Journal of Technology Transfer, 39,* 301-312.

Averill, J. R., Catlin, G., & Chon, K. K. (2012). *Rules of hope.* Springer Science & Business Media.

Bailey, M., Cao, R., Kuchler, T., Stroebel, J., & Wong, A. (2018). Conexão social: Measurement, determinants, and effects. *Journal of Economic Perspectives, 32*(3), 259-280.

Bakke, D. W. (2010, agosto). *Alegria no trabalho: Uma abordagem revolucionária para a diversão no trabalho.* PVG.

Baran, B. E., & Scott, C. W. (2010). Organizando a ambiguidade: Uma teoria fundamentada da liderança e sensemaking em contextos perigosos. *Military Psychology, 22*(sup1), S42-S69.

Beaumont, M., Thuriaux-Alemán, B., Prasad, P., & Hatton, C. (2017). Usando abordagens ágeis para inovação de produtos inovadores. *Estratégia e Liderança, 45*(6), 19-25.

Berente, N., Lyytinen, K., Yoo, Y., & King, J. L. (2016). Rotinas como amortecedores durante a transformação organizacional: Integração, controlo e o sistema de informação empresarial da NASA. *Ciência da Organização, 27*(3), 551-572.

Bicen, P., & Johnson, W. H. (2015). Inovação radical com recursos limitados em mercados altamente turbulentos: O papel da capacidade de inovação enxuta. *Creativity and Innovation Management, 24*(2), 278-299.

Biro, D. (2011). *Ouvir a dor: Encontrar palavras, compaixãocompaixão , e alívio.* WW Norton & Company.

Bradt, G. B., Check, J. A., & Pedraza, J. E. (2011). *O plano de ação de 100 dias do novo líder: Como assumir o comando, formar a sua equipa e obter resultados imediatos*. John Wiley & Sons.

Branham, L. (2012). *As 7 razões ocultas para a saída de funcionários: Como reconhecer os sinais subtis e agir antes que seja tarde demais*. AMACOM/Associação Americana de Gestão.

Bruch, H., & Vogel, B. (2011). *Totalmente carregado: Como os grandes líderes aumentam a energia da sua organização e estimulam o alto desempenho*. Harvard Business Press.

Bryson, J. M. (2018). *Planeamento estratégico para organizações públicas e sem fins lucrativos: Um guia para fortalecer e sustentar a realização organizacional*. John Wiley & Sons.

Burks, D. J., & Kobus, A. M. (2012). O legado do altruísmo nos cuidados de saúde: a promoção da empatiaprosocialidade e humanismo. *Educação Médica, 46*(3), 317-325.

Caldwell, C., Dixon, R. D., Floyd, L. A., Chaudoin, J., Post, J., & Cheokas, G. (2012). Liderança transformadora: Alcançar a excelência sem paralelo. *Journal of Business Ethics, 109*, 175-187.

Cameron, E., & Green, M. (2019). *Fazendo sentido da gestão da mudança: Um guia completo para os modelos, ferramentas e técnicas de mudança organizacional*. Kogan Page Publishers.

Cao, M., & Zhang, Q. (2011). Colaboração na cadeia de abastecimento: Impact on collaborative colaborativa e no desempenho da empresa. *Journal of Operations Management, 29*(3), 163-180.

Capron, L., & Mitchell, W. (2012). *Construir, pedir emprestado ou comprar: Solving the growth dilemma*. Harvard Business Press.

Carnegie, D. (2024). *Como conquistar amigos e influenciar pessoas*.

Carnochan, S., Samples, M., Myers, M., & Austin, M. J. (2014). Desafios de medição de desempenho em organizações de serviços humanos sem fins lucrativos. *Nonprofit and Voluntary Setor Quarterly, 43*(6), 1014-1032.

Chandler, D. (2022). *Responsabilidade social empresarial estratégica: Criação de valor sustentável* sustentável. Sage Publications.

Chandler, J. D., & Lusch, R. F. (2015). Sistemas de serviços: um quadro alargado e uma agenda de investigação sobre o valor proposições de valor, engajamentoe experiência de serviço. *Journal of Service Research, 18*(1), 6-22.

Chandra, R. (2013). *Gestão financeira*. BookRix.

Charan, R., Drotter, S., & Noel, J. L. (2011). *A liderança pipeline: Como construir a empresa movida a liderança* (Vol. 391). John Wiley & Sons.

Chemers, M. (2014). *Uma teoria integrativa da liderança*. Imprensa de Psicologia.

Claus, L. (2019). Disrupção de RH - Já é tempo de reinventar a gestão de talentos. *BRQ Business Research Quarterly, 22*(3), 207-215.

Cornwell, T. B. (2013). State of the art and science in sponsorship-linked marketing (Estado da arte e da ciência do marketing ligado ao patrocínio). *Handbook of research on sport and business*, 456-476.

Čuš-Babič, N., Rebolj, D., Nekrep-Perc, M., & Podbreznik, P. (2014). Transparência da cadeia de suprimentos em projetos de construção industrializados. *Computadores na Indústria, 65*(2), 345-353.

Davenport, T. H., Harris, J. G., & Morison, R. (2010). *Analytics no trabalho: Smarter decisions, better results (Decisões mais inteligentes, melhores resultados).* Harvard Business Press.

Davila, T., Epstein, M., & Shelton, R. (2012). *Fazendo a inovação funcionar: Como geri-la, medi-la e lucrar com ela. com ela.* FT press.

Day, G. S. (2011). Closing the marketing capabilities gap. *Journal of Marketing, 75*(4), 183-195.

Denison, D., Hooijberg, R., Lane, N., & Lief, C. (2012). *Liderando a cultura mudança cultural em organizações globais: Alinhando cultura e estratégia*. John Wiley & Sons.

Dhiman, S. (2017). *Liderança holística: Um novo paradigma para os líderes actuais*. Springer.

Dietz, J. L., Hoogervorst, J. A., Albani, A., Aveiro, D., Babkin, E., Barjis, J. & Winter, R. (2013). A disciplina da engenharia empresarial. *International Journal of Organisational Design and Engineering, 3*(1), 86-114.

Dixon, M., & Adamson, B. (2011). *A venda desafiadora: Taking control of the customer conversation.* Penguin.

Drucker, P. (2018). *O executivo eficaz*. Routledge.

Edelstein, D. M. (2017). *Over the horizon: Time, uncertainty, and the rise of great powers*. Cornell University Press.

Edmondson, A. C. (2012). *Teaming: How organizations learn, innovate, and compete in the knowledge economy [Trabalho em equipa: como as organizações aprendem, inovam e competem na economia do conhecimento*]. John Wiley & Sons.

Enz, M. G., & Lambert, D. M. (2012). Utilizar equipas multifuncionais e interempresariais para co-criar valor: O papel das medidas financeiras. *Industrial Marketing Management, 41*(3), 495-507.

Ernst, H., Hoyer, W. D., & Rübsaamen, C. (2010). Sales, marketing, and research-and-development cooperation across new product development stages: implications for success. *Journal of Marketing, 74*(5), 80-92.

Felipe, C. M., Roldán, J. L., & Leal-Rodríguez, A. L. (2016). Um modelo explicativo e preditivo para a agilidade organizacional. *Journal of Business Research, 69*(10), 4624-4631.

Ferreira, J., Coelho, A., & Moutinho, L. (2020). Capacidades dinâmicas, criatividade e capacidade de inovação inovação e o seu impacto na vantagem competitiva vantagem competitiva e desempenho da empresa: O papel moderador da orientação empreendedora. *Technovation, 92*, 102061.

Feser, C. (2016). *Quando a execução não é suficiente: Decodificando a liderança inspiradora*. John Wiley & Sons.

Figley, C. R., & Figley, K. R. (2017). Resiliência à fadiga da compaixão. *O manual de Oxford de compaixão ciência*, 387-398.

Fisher, C. D. (2010). Happiness at work (Felicidade no trabalho). *International Journal of Management Reviews, 12*(4), 384-412.

Fletcher, D., & Sarkar, M. (2012). Uma teoria fundamentada de resiliência psicológica em campeões olímpicos. *Psicologia do Desporto e do Exercício, 13*(5), 669-678.

Foster, R., & Kaplan, S. (2011). *Creative Destruction: Why companies that are built to last underperform the market--And how to success fully transform them*. Crown Currency.

Frey, R. V., Bayón, T., & Totzek, D. (2013). Como a satisfação do cliente afeta a satisfação e a retenção dos funcionários num contexto de serviços profissionais. *Journal of Service Research, 16*(4), 503-517.

Friederichs, K. M., Waldenmeier, K., & Baumann, N. (2023). Os benefícios da motivação de poder pró-social na liderança: A orientação para a ação promove uma situação em que todos ganham. *PloS one, 18*(7), e0287394.

Fullan, M. (2011). *Líder da mudança: Aprender a fazer o que é mais importante*. John Wiley & Sons.

Gellweiler, C., & Krishnamurthi, L. (2020). Como os inovadores digitais alcançam o valor do cliente. *Jornal de Investigação Teórica e Aplicada ao Comércio Eletrónico, 15*(1), 1-8.

Gidwani, V. (2012). Resíduos/valor. *The Wiley-Blackwell Companion to Economic Geography, 21*, 275-288.

Glaeser, E. (2012). *Triumph of the city: Como a nossa maior invenção nos torna mais ricos, mais inteligentes, mais ecológicos, mais saudáveis e mais felizes*. Penguin.

Goleman, D. (2018). O que faz um líder? *Em Military Leadership* (pp. 39-52). Routledge.

Govindarajan, V., & Trimble, C. (2010). *O outro lado da inovação: Resolver o desafio da execução* execução. Harvard Business Press.

Groves, K. S., & Feyerherm, A. E. (2022). Desenvolvimento de um modelo de potencial de liderança modelo de potencial de liderança para a nova era do trabalho e das organizações. *Leadership & Organization Development Journal, 43*(6), 978-998.

Gutermann, D., Lehmann-Willenbrock, N., Boer, D., Born, M., & Voelpel, S. C. (2017). Como os líderes afetam o envolvimento no trabalho dos seguidores e desempenho: Integrando a troca líder-membro e a teoria do crossover. *British Journal of Management, 28*(2), 299-314.

Haapakangas, A., Hongisto, V., Varjo, J., & Lahtinen, M. (2018). Benefícios de espaços de trabalho silenciosos em escritórios de plano aberto - Evidências de duas mudanças de escritório. *Jornal de Psicologia Ambiental, 56*, 63-75.

Hanan, M. (2011). *Venda consultiva: a fórmula de Hanan para vendas de alta margem em níveis elevados*. AMACOM Div American Mgmt Assn.

Harrison, J. S., Bosse, D. A., & Phillips, R. A. (2010). Gerir para as partes interessadasfunções de utilidade das partes interessadase vantagem competitiva vantagem competitiva. *Strategic Management Journal, 31*(1), 58-74.

Harsch, K., & Festing, M. (2020). Capacidades dinâmicas de gestão de talentos e agilidade organizacional - uma exploração qualitativa. *Gestão de Recursos Humanos, 59*(1), 43-61.

Hau, Y. S., Kim, B., Lee, H., & Kim, Y. G. (2013). The effects of individual motivations and social capital on employees' tacit and explicit knowledge sharing intentions. *International Journal of Information Management, 33*(2), 356-366.

Heifetz, R., & Linsky, M. (2017). *Liderança na linha, com um novo prefácio: Permanecer vivo durante os perigos da mudança*. Harvard Business Press.

Hill, L. A., Brandeau, G., Truelove, E., & Lineback, K. (2014). *Génio coletivo: A arte e a prática de liderar a inovação.* Harvard Business Review Press.

Hinterhuber, A. (2013). Pode a vantagem competitiva vantagem competitiva pode ser prevista? Towards a predictive definition of competitive advantage in the resource-based view of the firm. *Management Decision, 51*(4), 795-812.

Hogan, J., Hogan, R., & Kaiser, R. B. (2011). *Descarrilamento da gestão.*

Holste, J. S., & Fields, D. (2010). Trust and tacit knowledge sharing and use. *Journal of Knowledge Management, 14*(1), 128-140.

Hrebiniak, L. G. (2013). *Fazendo a estratégia funcionar: Liderar a execução efectiva e mudança.* Ft Press.

Huang, X. X., Newnes, L. B., & Parry, G. C. (2012). A adaptação de técnicas de estimativa de custo de produto para estimar o custo do serviço. *International Journal of Computer Integrated Manufacturing, 25*(4-5), 417-431.

Jackson, M. C. (2016). *Pensamento sistémico: Holismo criativo para gestores.* John Wiley & Sons, Inc..

Jayal, A. D., Badurdeen, F., Dillon Jr, O. W., & Jawahir, I. S. (2010). Produção sustentável: Desafios de modelação e otimização ao nível do produto, do processo e do sistema. *CIRP Journal of Manufacturing Science and Technology, 2*(3), 144-152.

Johnston, M. W., & Marshall, G. W. (2020). *Gestão da força de vendas: Liderança, inovaçãoe tecnologia.* Routledge.

Joiner, B. (2019). Agilidade de liderança para agilidade organizacional. *Journal of Creating Value, 5*(2), 139-149.

Joyce, W. F., & Slocum, J. W. (2012). Top management talent, strategic capabilities, and firm performance. *Organizational Dynamics, 41*(3), 183-193.

Kamble, S. S., Gunasekaran, A., & Gawankar, S. A. (2018). Estrutura sustentável da Indústria 4.0: Uma revisão sistemática da literatura identificando as tendências atuais e futuras perspectivas. *Segurança de processos e proteção ambiental, 117*, 408-425.

Kanji, G. K. (2012). *Measuring business excellence*. Routledge.

Kaplan, R. S., & Porter, M. E. (2011). How to solve the cost crisis in health care. *Harvard Business Review, 89*(9), 46-52.

Kier, A. S., & McMullen, J. S. (2018). Imaginatividade empreendedora na ideação de novos empreendimentos. *Academy of Management Journal, 61*(6), 2265-2295.

Kilkki, K., Mäntylä, M., Karhu, K., Hämmäinen, H., & Ailisto, H. (2018). Um quadro de disrupção. *Previsão Tecnológica e Mudança Social, 129*, 275-284.

Kliem, R. L., & Ludin, I. S. (2019). *Reduzindo o risco do projeto*. Routledge.

Kotler, P. (2012). *Kotler on marketing*. Simon and Schuster.

Kotter, J. P. (2017). O que os líderes realmente fazem. Em *Leadership Perspectives* (pp. 7-15). Routledge.

Kouzes, J. M., & Posner, B. Z. (2023). *O desafio da liderança desafio: Como fazer coisas extraordinárias acontecerem nas organizações*. John Wiley & Sons.

Kumar, V., Jones, E., Venkatesan, R., & Leone, R. P. (2011). A orientação para o mercado é uma fonte de vantagem competitiva sustentável sustainable competitive advantage or simply the cost of competing? *Journal of Marketing, 75*(1), 16-30.

Kumar, V., & Pansari, A. (2016). Vantagem competitiva através do envolvimento. *Journal of Marketing Research, 53*(4), 497-514.

Lawler III, E. E. (2010). *Talento: Tornar as pessoas na sua vantagem competitiva vantagem* competitiva. John Wiley & Sons.

Lee, A. H., Wang, W. M., & Lin, T. Y. (2010). Um quadro de avaliação para a transferência de tecnologia transferência de tecnologia de novos equipamentos na indústria de alta tecnologia. *Technological Forecasting and Social Change, 77*(1), 135-150.

Lefcourt, H. M., & Martin, R. A. (2012). *Humor e stress na vida: Antídoto para a adversidade*. Springer Science & Business Media.

Leitão, A., Cunha, P., Valente, F., & Marques, P. (2013). Roteiro para definição de modelos de negócio em empresas transformadoras. *Procedia CIRP, 7*, 383-388.

Levine, C. H. (2018). Declínio organizacional e gestão de cortes. Em *Public Setor Performance* (pp. 230-249). Routledge.

Li, Z., Avgeriou, P., & Liang, P. (2015). Um estudo de mapeamento sistemático sobre dívida técnica e sua gestão. *Journal of Systems and Software, 101*, 193-220.

Lu, J. C., Tsao, Y. C., & Charoensiriwath, C. (2011). Competition under manufacturer service and retail price. *Economic Modelling, 28*(3), 1256-1264.

Lunenburg, F. C. (2011). Teoria da motivação por definição de objectivos. *Revista Internacional de Gestão, Negócios e Administração, 15*(1), 1-6.

Maldonado, T., Vera, D., & Spangler, W. D. (2022). Descompactando a humildade: Humildade do líder, personalidade do líder e por que eles são importantes. *Business Horizons, 65*(2), 125-137.

Marquardt, M. J. (2014). *Liderar com perguntas: Como os líderes encontram as soluções certas sabendo o que perguntar*. John Wiley & Sons.

Marshak, R. J. (2006). *Processos ocultos no trabalho: Managing the five hidden dimensions of organizational change*. Berrett-Koehler Publishers.

Maylett, T., & Wride, M. (2017). *A experiência do funcionário: Como atrair talentos, manter os melhores desempenhos e gerar resultados*. John Wiley & Sons.

McCay-Peet, L., & Toms, E. G. (2010, agosto). O processo de serendipidade no trabalho do conhecimento. In *Proceedings of the Third Symposium on Information Interaction in Context* (pp. 377-382).

McDonald, R., & Gao, C. (2019). Pivotar não é suficiente? Gerenciando a reorientação estratégica em novos empreendimentos. *Ciência da Organização, 30*(6), 1289-1318.

McGrath, R. G. (2013). *O fim da vantagem competitiva vantagem competitiva: como manter a sua estratégia se movendo tão rápido quanto seu negócio*. Harvard Business Review Press.

McPherson, B. (2016). Líderes ágeis e adaptáveis. *Human Resource Management International Digest, 24*(2), 1-3.

Mičík, M., & Mičudová, K. (2018). Construção da marca do empregador: Utilizando as redes sociais e os sítios Web de carreiras para atrair a geração Y. *Economics & Sociology, 11*(3), 171-189.

Miller, M. R. (2012). *Marketing digital B2B: Utilizar a Web para comercializar diretamente com as empresas*. Que publishing.

Mithas, S., Ramasubbu, N., & Sambamurthy, V. (2011). How information management capability influences firm performance. *MIS Quarterly*, 237-256.

Myllykoski, S. (2021). *Resiliência e seu fortalecimento nas organizações: O Papel da Gestão de Recursos Humanos*.

Nafei, W. A. (2016). Agilidade organizacional: A chave para o sucesso organizacional. *Revista Internacional de Negócios e Gestão, 11*(5), 296-309.

Naylor, J. C., Pritchard, R. D., & Ilgen, D. R. (2013). *Uma teoria do comportamento nas organizações*. Academic Press.

Oakland, J. S. (2014). *Qualidade total e excelência operacional*. Routledge.

Odden, L. (2012). *Otimizar: Como atrair e envolver mais clientes através da integração de SEO, redes sociais e marketing de conteúdos*. John Wiley & Sons.

Oladapo, V. (2014). O impacto da gestão de talentos na retenção. *Jornal de Estudos de Negócios Trimestral, 5*(3), 19.

Opreana, A., & Vinerean, S. (2015). Um novo desenvolvimento no marketing online: Introduzindo o inbound marketing digital. *Revista especializada de marketing, 3*(1).

O'Reilly, C. A., Caldwell, D. F., Chatman, J. A., Lapiz, M., & Self, W. (2010). Como a liderança é importante importa: Os efeitos do alinhamento dos líderes na implementação da estratégia implementação da estratégia. *The Leadership Quarterly, 21*(1), 104-113.

Oswald, A. J., Proto, E., & Sgroi, D. (2015). Felicidade e produtividade. *Journal of Labor Economics, 33*(4), 789-822.

Palanski, M. E., & Yammarino, F. J. (2011). Impacto da integridade comportamental no desempenho profissional dos seguidores: A three-study examination. *The Leadership Quarterly, 22*(4), 765-786.

Porath, C. L., & Pearson, C. M. (2010). The cost of bad behavior. *Organizational Dynamics, 39*(1), 64-71.

Porter, M. E., & Heppelmann, J. E. (2015). Como os produtos inteligentes e conectados estão a transformar as empresas. *Harvard Business Review, 93*(10), 96-114.

Post, S. G. (2014). *Altruísmo, felicidade e saúde: It's good to be good. Uma exploração dos benefícios para a saúde dos fatores que nos ajudam a prosperar*, 66-76.

Pressman, S. D., & Black, L. L. (2012). Emoções positivas e imunidade. *O Manual de Oxford de Psiconeuroimunologia*, 92-104.

Priem, R. L., Li, S., & Carr, J. C. (2012). Insights e novas direções das abordagens do lado da demanda para a tecnologia inovaçãoe da investigação em gestão estratégica. *Journal of Management, 38*(1), 346-374.

Rabbi, F., Ahad, N., Kousar, T., & Ali, T. (2015). Gestão de talentos como fonte de vantagem competitiva advantage. *Journal of Asian Business Strategy, 5*(9), 208-214.

Ramaswamy, V., & Gouillart, F. J. (2010). *O poder da co-criação: Construa-o com eles para impulsionar o crescimento, a produtividadee lucros*. Simon and Schuster.

Rozados, I. V., & Tjahjono, B. (2014, dezembro). Análise de Big Data na gestão da cadeia de abastecimento: Tendências e pesquisas relacionadas. Na *6ª Conferência Internacional sobre Operações e Gestão da Cadeia de Abastecimento* (Vol. 1, p. 13).

Safitri, V. A., Sari, L., & Gamayuni, R. R. (2020). Pesquisa e Desenvolvimento (P&D), investimentos ambientais, ecoeficiência e valor da empresa. *The Indonesian Journal of Accounting Research, 22*(3).

Samans, R., & Nelson, J. (2022). Estratégia empresarial e implementação. Em *Criação de valor empresarial sustentável: Implementing Stakeholder Capitalism through Full ESG Integration* (pp. 141-186). Cham: Springer International Publishing.

Sastry, A., & Penn, K. (2014). *Falhar melhor: Conceber erros inteligentes e ter sucesso mais cedo*. Harvard Business Review Press.

Schaefer, S. M., Morozink Boylan, J., Van Reekum, C. M., Lapate, R. C., Norris, C. J., Ryff, C. D., & Davidson, R. J. (2013). O propósito na vida prevê uma melhor recuperação emocional de estímulos negativos. *PloS one, 8*(11), e80329.

Schmitt, P., Skiera, B., & Van den Bulte, C. (2011). Programas de referência e valor para o cliente. *Journal of Marketing, 75*(1), 46-59.

Schneider, B., Macey, W. H., & Young, S. A. (2013). O clima para o serviço: A review of the construct with implications for achieving CLV goals. *Customer Lifetime Value*, 111-132.

Schweyer, A. (2010). *Sistemas de gestão de talentos: Melhores práticas em soluções tecnológicas soluções tecnológicas para recrutamento, retenção e planeamento da força de trabalho*. John Wiley & Sons.

Seibert, S. E., Kraimer, M. L., & Heslin, P. A. (2016). Desenvolvimento de resiliência e adaptabilidade na carreira. *Organizational Dynamics, 45*(3), 245-257.

Seligman, M. E. (2011). Building resilience. *Harvard Business Review, 89*(4), 100-106.

Senge, P. M. (2017). O novo trabalho do líder: Construindo organizações de aprendizagem organizações. Em *Leadership Perspectives* (pp. 51-67). Routledge.

Shahzadi, I., Javed, A., Pirzada, S. S., Nasreen, S., & Khanam, F. (2014). Impacto da motivação dos funcionários no desempenho dos funcionários. *Jornal Europeu de Negócios e Gestão, 6*(23), 159-166.

Sharma, K. K., Tomar, M., & Tadimarri, A. (2023). Otimizando o funil de vendas eficiência: Aprendizagem profunda técnicas para pontuação de chumbo. *Jornal de Aprendizagem do Conhecimento e Tecnologia da Ciência, 2* (2), 261-274.

Sheffi, Y. (2015). *O poder da resiliência: Como as melhores empresas gerem o inesperado*. MIT Press.

Sherifali, D., Berard, L. D., Gucciardi, E., MacDonald, B., MacNeill, G., & Comité de Peritos em Diretrizes de Prática Clínica da Diabetes Canada. (2018). Educação e apoio à auto-gestão. *Jornal Canadiano de Diabetes, 42*, S36-S41.

Sheth, J., Uslay, C., Sisodia, R., Sheth, J., Uslay, C., & Sisodia, R. (2020). *Como as indústrias evoluem, amadurecem e se revitalizam. A Regra Global de Três: Competindo com Estratégia Consciente*, 73-99.

Singh, J., Sharma, G., Hill, J., & Schnackenberg, A. (2013, janeiro). Agilidade organizacional: O que é, o que não é, e porque é importante. In *Academy of Management* Proceedings 1(1), 1-40. Briarcliff Manor, NY 10510: Academy of Management.

Sirota, D., & Klein, D. (2013). *O empregado entusiasta: Como as empresas lucram dando aos trabalhadores o que eles querem*. FT Press.

Smith, A. C., & Stewart, B. (2011). Rituais organizacionais: Caraterísticas, funções e mecanismos. *International Journal of Management Reviews, 13*(2), 113-133.

Snyder, S. (2013). *Liderança e a arte da luta: Como os grandes líderes crescem através do desafio e da adversidade*. Berrett-Koehler Publishers.

Spreier, S. W., Fontaine, M. H., & Malloy, R. L. (2006). Leadership run amok. *Harvard Business Review, 84*(6), 72-82.

Stahl, G., Björkman, I., Farndale, E., Morris, S. S., Paauwe, J., Stiles, P. & Wright, P. (2012). Six principles of effective global talent management. *Sloan Management Review, 53*(2), 25-42.

Staub, E. (2013). *Comportamento social positivo e moralidade: Influências sociais e pessoais*. Elsevier.

Taunton, R. G. (2002). *Y2K Serendipity: Benefits and Spinoffs*.

Tien, J. M. (2012). A próxima revolução industrial: Integrated services and goods. *Journal of Systems Science and Systems Engineering, 21*, 257-296.

Ton, Z. (2014). *A estratégia dos bons empregos: Como as empresas mais inteligentes investem nos trabalhadores para reduzir os custos e aumentar os lucros.* Houghton Mifflin Harcourt.

Uhl-Bien, M., & Arena, M. (2018). Liderança para a adaptabilidade organizacional: A theoretical synthesis and integrative framework. *The Leadership Quarterly, 29*(1), 89-104.

Uphill, K. (2016). *Criar vantagem competitiva vantagem competitiva: como estar estrategicamente à frente em mercados em mudança*. Kogan Page Publishers.

Van Rensburg, D. J. (2023). A empresa preparada: serendipidade, estratégia e o inesperado. *Journal of Business Strategy 45*(5), 293-304.

Vecchiato, R., & Roveda, C. (2010). A prospeção estratégica nas organizações empresariais: Lidando com o efeito e a incerteza de resposta dos fatores de mudança e dos factores sociais de mudança. *Technological Forecasting and Social Change, 77*(9), 1527-1539.

Vischer, J. C. (2012). *Estratégias de espaço de trabalho: O ambiente como ferramenta de trabalho.* Springer Science & Business Media.

Vuong, Q. H. (Ed.). (2022). *Uma nova teoria da serendipidade: Natureza, emergência e mecanismo*. Walter De Gruyter GmbH.

Warrick, D. D. (2017). O que os líderes precisam de saber sobre a cultura organizacional. *Business Horizons, 60*(3), 395-404.

Weinstein, A. (2012). *Valor superior para o cliente: Estratégias para ganhar e reter clientes*. CRC press.

Wellens, L., & Jegers, M. (2014). Governação eficaz em organizações sem fins lucrativos: A literature based multiple stakeholder approach. *European Management Journal, 32*(2), 223-243.

Womack, J. P., & Jones, D. T. (2015). *Soluções Lean: como as empresas e os clientes podem criar valor e riqueza juntos*. Simon and Schuster.

Wördemann, W., Buchholz, A., & Wiley, N. (2010). *A vantagem impossível: Ganhar o jogo competitivo jogo competitivo mudando as regras.* John Wiley & Sons.

Wuthnow, R. (2012). *Actos de compaixão: Cuidando dos outros e ajudando a nós mesmos*. Princeton University Press.

Zablah, A. R., Franke, G. R., Brown, T. J., & Bartholomew, D. E. (2012). Como e quando é que a orientação para o cliente influencia os resultados do trabalho dos empregados da linha da frente? A meta-analytic evaluation. *Journal of Marketing, 76*(3), 21-40.

Zahavy, T., Haroush, M., Merlis, N., Mankowitz, D. J., & Mannor, S. (2018). Aprenda o que não aprender: Eliminação de acções com aprendizagem por reforço profundo. *Avanços nos sistemas de processamento de informações neurais, 31.*

Zwikael, O., & Smyrk, J. (2012). Um quadro geral para avaliar o desempenho de iniciativas para aumentar o valor organizacional. *British Journal of Management, 23*, S6-S22.

Printed by Books on Demand GmbH, Norderstedt / Germany